U0170468

科学出版社"十三五"普通高等教育本科规划教材

工程流体力学

李翠平 王 勇 编

科学出版社

北 京

内 容 简 介

本书详细阐述了流体力学的基础理论及其工程应用,主要内容包括:流体静力学、流体动力学、黏性流体运动及其阻力计算、边界层理论基础、有压管流与明渠流、非牛顿流体的流动、管内多相流、相似原理与量纲分析及计算流体力学基础等.内容齐全,重点突出,深入浅出.

本书可作为高等院校理工类如矿业、资源、土木、安全、机械、热能工程等专业教学用书,也可供相关工程技术人员参考.

图书在版编目(CIP)数据

工程流体力学 / 李翠平,王勇编. —北京:科学出版社,2020.3
科学出版社"十三五"普通高等教育本科规划教材
ISBN 978-7-03-063548-8

Ⅰ.①工…　Ⅱ.①李…②王…　Ⅲ.①工程力学-流体力学-高等学校-教材Ⅳ.①TB126

中国版本图书馆 CIP 数据核字(2019)第 272226 号

责任编辑:罗 吉 杨 探 / 责任校对:杜子昂
责任印制:张 伟 / 封面设计:华路天然工作室

科 学 出 版 社 出版
北京东黄城根北街 16 号
邮政编码:100717
http://www.sciencep.com

北京盛通商印快线网络科技有限公司 印刷
科学出版社发行　各地新华书店经销
*
2020 年 3 月第 一 版　开本:720×1000　1/16
2021 年 1 月第二次印刷　印张:18
字数:363 000

定价: 69.00 元
(如有印装质量问题,我社负责调换)

前　言

　　本书编者已讲授"工程流体力学"课程 15 载，积累了关于工程流体力学丰富的教学经验，从而使本书的内容编写更符合本科教学需求. 本书被列入科学出版社"十三五"普通高等教育本科规划教材，同时也被列入北京科技大学"十三五"规划教材. 本书的编写与出版获得了北京科技大学教材建设经费的资助.

　　全书共 10 章，内容具体包括：第 1 章绪论，第 2 章流体静力学，第 3 章流体动力学，第 4 章黏性流体运动及其阻力计算，第 5 章边界层理论基础，第 6 章有压管流与明渠流，第 7 章非牛顿流体的流动，第 8 章管内多相流，第 9 章相似原理与量纲分析，第 10 章计算流体力学基础. 其中第 7 章、第 8 章与第 10 章是编者根据多年教学经验调整增加的，编者认为非常有必要在 48 学时的本科教学中增添这 3 章内容.

　　本书编写过程中，参考了谢振华的《工程流体力学》、黄卫星等的《工程流体力学》、刘宏升等的《工程流体力学》、倪玲英的《工程流体力学》、李良等的《工程流体力学》、车得福等的《多相流及其应用》、李万平的《计算流体力学》等教材，借此表示诚挚的感谢. 同时感谢颜丙恒、侯贺子、李雪、陈格仲、李荣、田相俊、韦毅鹏等研究生对本书的贡献.

　　虽然书中的主要内容已在教学中讲授多次且反响良好，但由于编者水平有限，书中难免有疏漏与不妥之处，敬请广大读者与专家批评指正.

编　者

2019 年 10 月

目　　录

第1章 绪 论

流体力学作为力学的一个分支学科，是人类在生产实践中逐步发展起来的.流体力学现已发展为基础学科体系的一部分，在生产、生活中具有重要的应用价值. 通过本章了解流体力学的发展，理解流体质点与连续介质的概念，掌握流体的黏性、压缩性和膨胀性，进而重点掌握流体黏度的实质.

1.1 流体力学的发展

1.1.1 流体力学的研究对象

流体力学的研究对象是流体(fluid). 流体是容易变形的物体，没有固定的形状.在力学中，常根据应力理论来给流体下定义. 在静力平衡时，不能承受拉力或剪切力的物体就是流体. 因此，通常可以将物体区分为两种状态：固体与流体(流体又包括液体和气体).

固体具有一定的形状和体积，能承受拉力、压力和剪切力，内部相应产生拉应力、压应力和切应力以抵抗变形. 外力或应力不达到一定数值，固体形状不会被破坏. 流体具有不同于固体的两个特征：一是流体不能承受拉力，因而流体内部永远不存在抵抗拉伸变形的拉应力；二是流体在宏观平衡状态下不能承受剪切力，任何微小的剪切力都会导致流体连续变形、平衡破坏，产生流动.

为了说明固体与流体的差别，设有两块金属板以铆钉连接，如图 1-1 所示. 两个平行的拉力反向作用于金属板，一个金属板相对于另一个有滑动的趋势，铆钉承受剪切力. 当拉力不大时，固体铆钉产生剪应力，保持静力平衡. 但若不用金属铆钉，而在孔中充满流体，如油、水或空气，使其受剪切力的作用，不管这个剪切力怎样小，这些流体都要产生相对运动.

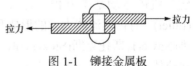

图 1-1 铆接金属板

液体具有一定的体积，与盛装液体的容器大小无关，有自由面. 分子间的空隙大约等于其分子的平均直径. $1cm^3$ 的水中约有 3.4×10^{22} 个分子. 关于液体状态的理论，虽然现在尚不完善，但可以知道，液体中的每一个分子，常常是在其邻近分子的强凝聚力场中. 液体的分子有些是分散的，有些却集合成群，形成队列，并周期性地分裂成较小的群. 施于液体上的任何剪切力, 都将引起其变形, 只要剪切力仍在继续施加, 变形的量就继续增加.

气体既无一定的形状, 也无一定的体积, 它充满所占据的空间. 气体的显著特点是分子间距大, 因而密度较低. 在 0℃ 及 1atm(1atm=1.01325×10⁵Pa)时, 1cm³ 的气体大约有 $2.7×10^{19}$ 个分子, 分子间平均间距为 $3.3×10^{-7}$cm. 分子的平均直径约为 $3.5×10^{-8}$cm, 即分子的平均间距约为平均直径的 10 倍, 比液体中的分子间距大. 因此, 在正常情况下, 气体中的分子是相互远离的, 只有微弱的凝聚力作用. 在通常的时间内, 每个分子以定速在直线上自由移动. 经实验发现, 自由移动的平均行程约为分子平均直径的 200 倍.

气体与蒸气(如水蒸气、氨等)不同, 区别在于蒸气容易凝结成液体, 而气体则较难.

1.1.2 流体力学的研究进展

流体力学的任务是研究流体的平衡和运动规律, 以及这些规律在工程实际中的应用, 它属于力学的一个分支.

流体力学的研究和其他自然科学一样, 是随着生产的发展需要而发展起来的. 在古代, 例如, 我国的春秋战国和秦朝时代(公元前 770～公元前 207 年), 为了满足农业灌溉的需要, 修建了都江堰、郑国渠和灵渠, 对水流运动的规律已有了一些认识. 在古埃及、古希腊和古印度等地, 为了发展农业和航运事业, 修建了大量的渠系. 古罗马人为了发展城市修建了大规模的供水管道系统, 也对水流运动的规律有了一些认识. 当然, 应当特别提到的是古希腊的阿基米德(Archimedes), 在公元前 250 年左右提出了浮力原理, 即阿基米德原理, 一般认为是他真正奠定了流体静力学的基础.

到了 17 世纪前后, 由于资本主义制度的兴起, 生产迅速发展, 对流体力学的发展需要也就更为迫切. 这个时期对流体力学的研究出现了两条途径, 这两条发展途径互不联系, 各有特色. 一条是古典流体力学途径, 它运用严密的数学分析, 建立流体运动基本方程, 并力图求其解, 其奠基人是伯努利(Bernoulli)和欧拉(Euler), 对古典流体力学的形成和发展有重大贡献的还有拉格朗日(Lagrange)、纳维(Navier)、斯托克斯(Stokes)和雷诺(Reynolds)等, 他们多为数学家和物理学家. 古典流体力学中由于某些理论的假设与实际有出入, 或者由于对基本方程的求解遇到了数学上的困难, 所以古典流体力学无法用以解决实际问题. 为了适应当时工程技术迅速发展的需要, 另一条水力学(工程流体力学)途径应运而生, 它采用实验手段用以解决实际工程问题, 如管流、堰流、明渠流、渗流等, 在水力学上有卓越成就的基本是工程师, 包括毕托(Pitot)、谢才(Chézy)、文丘里(Venturi)、达西(Darcy)、曼宁(Manning)和弗劳德(Froude)等. 但是这一时期的水力学由于理论指导不足, 仅依靠实验, 因此在应用上有一定的局限性, 难以解决复杂的工程问题.

　　20 世纪以来, 现代工业发展突飞猛进, 新技术不断涌现, 推动着古典流体力学和水力学也进入了新的发展时期, 并走上了融合为一体的道路. 1904 年, 德国工程师普朗特(Prandtl)提出了边界层理论, 使纯理论的古典流体力学开始与工程实际相结合, 逐渐形成了理论与实际并重的现代流体力学. 随后的几十年间, 现代流体力学获得了飞速发展, 并渗透到现代工农业生产的各个领域, 例如, 在航空航天工业、造船工业、电力工业、环境保护、水利工程、核能工业、机械工业、冶金工业、化学工业、采矿工业、石油工业、交通运输、生物医学等广泛领域, 都应用到现代流体力学的有关知识.

1.1.3　流体力学的研究方法

　　流体力学有三种研究方法. 第一种是理论方法, 通过分析问题的主次因素提出适当的假设, 抽象出理论模型(如连续介质、理想流体、不可压缩流体等), 运用数学工具寻求流体运动的普遍解; 第二种是实验方法, 它将实际流动问题概括为相似的实验模型, 利用风洞、水池、水洞等实验装置, 在实验中观测现象、测定数据进而按照一定的方法推测实际结果; 第三种是计算方法, 根据理论分析与实验观测拟定计算方案, 使用有限差分法、有限元法, 通过编制程序输入数据用计算机算出数值解, 例如, 应用于飞机外形设计、环境污染预报、可控核聚变等. 这三种研究方法各有侧重, 相辅相成推进流体力学的发展. 随着计算机技术和现代测量技术的不断发展以及在流体力学研究中的应用, 流体力学必将取得更大的发展, 在生产实际中发挥更大的作用.

1.2　连续介质的提出

1.2.1　连续介质假设

　　流体与固体一样, 具有物质的三个基本属性: 由大量分子组成; 分子不断做随机热运动; 分子与分子之间存在着分子力的作用. 从微观结构上看, 流体分子具有一定的形状, 因而分子与分子之间必然存在着一定间隙, 尽管分子间的空隙很小. 这是分子物理学研究物质属性及流体物理性质的出发点, 否则无法解释流体性质中的许多现象, 例如, 流体的体积压缩及质量的离散分布等. 流体的性质及运动与分子的形状密切相关.

　　从微观结构看, 流体的物理量(如密度、压强、流速等)在空间上分布不连续, 因分子随机运动, 任一空间点上的流体物理量在时间上变化也不连续, 可见, 从微观角度看, 流体分布在空间和时间上都不连续. 但是对于研究流体宏观规律的流体力学来说，一般不需要考虑分子的微观结构，而是考虑大量分子的综合作用效果. 要解决的实际问题不是流体微观运动的特性，是流体宏观运动的特性，即大量分子运动的统计平均特性.

为此，1753 年欧拉提出了流体的连续介质假设：采用连续介质作为流体宏观流动模型，即不考虑流体分子的存在，将真实流体看成是由无限多流体质点组成的稠密、无间隙的连续介质，甚至在流体与固体边壁距离接近零的极限情况下也是如此.

1.2.2 流体质点

流体质点是指流体中宏观尺寸非常小而微观尺寸又足够大的任意一个物理实体，它包括以下四个方面的含义.

(1) 流体质点的宏观尺寸非常小，甚至可以小到肉眼无法观察、工程仪器无法测量的程度，用数学观点来说就是流体质点所占据的宏观体积极限为零，即 $\lim \Delta V \to 0$，但极限为零并不等于零.

(2) 流体质点的微观尺寸足够大. 流体质点的微观体积远大于流体分子尺寸的数量级，在流体质点内任何时刻都包含足够多的流体分子，个别分子的行为不会影响质点总体的统计平均特性.

(3) 流体质点是包含足够多分子的一个物理实体，因而在任何时刻都具有一定的宏观物理量. 例如，

流体质点具有质量，这质量就是所包含分子质量之和；

流体质点具有温度，这温度就是所包含分子热运动动能的统计平均值；

流体质点具有压强，这压强就是所包含分子热运动相互碰撞从而在单位面积上产生的压力的统计平均值.

同样，流体质点也具有密度、流速、动量、动能等宏观物理量.

(4) 流体质点的形状可以任意划定，因而质点和质点之间可以没有空隙，流体所在的空间中，质点紧密相邻、连绵不断、无所不在，于是也就引出下述连续介质的概念.

假定组成流体的最小物理实体是流体质点而不是流体分子，因而也就假定了流体是由无穷多个、无穷小的、紧密相邻、连绵不断的流体质点所组成的一种绝无间隙的连续介质.

通常把流体中任意小的一个微元部分称为流体微团，当流体微团的体积无限缩小并以某一坐标点为极限时，流体微团就成为处在这个坐标点上的一个流体质点，它在任何瞬间都应该具有一定的物理量，如质量、密度、压强、流速等. 因而在连续介质中，流体质点的一切物理量必然都是坐标与时间(x, y, z, t)变量的单值、连续、可微函数，从而形成各种物理量的标量场和矢量场(也称为流场)，这

样就可以顺利地运用连续函数和场论等数学工具研究流体运动和平衡问题, 这就是连续介质假定的重要作用.

1.3 流体的主要物理性质

流体运动形态和运动的规律, 除与外部因素(如边界条件、动力条件等)有关外, 更重要的是由内因——流体的物理性质决定的.

1.3.1 密度与重度

流体所包含的物质的量称为流体的质量, 流体具有质量并受重力作用. 根据牛顿第二定律, 流体的重量 G 等于流体的质量 m 与重力加速度 g 的乘积, 即

$$G = mg \tag{1-1}$$

式中, G、m、g 的单位分别为 N(牛)、kg(千克)、m/s^2(米/秒^2). 流体的质量不因流体所在位置不同而改变, 但重力加速度却因位置差异而有不同的值, 在中纬度附近约为 9.806m/s^2. 因此, 质量相同的流体在不同的地方可能有不同的重量.

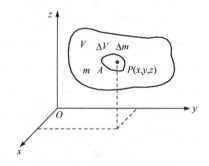

图 1-2 流体微团

如图 1-2 所示, 在流体中任取一个流体微团 A, 其微元体积为 ΔV, 微元质量为 Δm. 当微元无限小而趋近 $P(x, y, z)$ 点成为一个流体质点时, 定义流体的密度 ρ 为

$$\rho = \lim_{\Delta V \to 0} \frac{\Delta m}{\Delta V} = \frac{\mathrm{d}m}{\mathrm{d}V} \tag{1-2}$$

如果流体是均质的, 则

$$\rho = \frac{m}{V} \tag{1-3}$$

密度 ρ 在国际单位制中, 量纲为 [ML^{-3}], 单位为 kg/m^3(千克/米^3), g/cm^3(克/厘米^3)等.

流体的重度 γ 是单位体积的流体所受的重力, 对于均质流体

$$\gamma = \frac{G}{V} = \frac{mg}{V} = \rho g \tag{1-4}$$

对于非均质流体

$$\gamma = \lim_{\Delta V \to 0} \frac{\Delta G}{\Delta V} = \frac{\mathrm{d}G}{\mathrm{d}V} \tag{1-5}$$

重度 γ 在国际单位制中，量纲为 $[ML^{-2}T^{-2}]$，单位为 N/m^3(牛/米^3).

不同流体的密度和重度各不相同，同一种流体的密度和重度则随温度和压强而变化. 各种常见流体在 1atm 下的密度、重度值见表 1-1，水在 1atm 而温度不同时的密度、重度值见表 1-2.

表 1-1　1atm 下常见流体的物理性质

流体名称	温度/℃	密度/(kg/m³)	重度/(N/m³)	动力黏度 μ/(kg/(m·s))	运动黏度 ν/(m²/s)
蒸馏水	4	1000	9800	1.52×10^{-3}	1.52×10^{-6}
海水	20	1025	10045	1.08×10^{-3}	1.05×10^{-6}
四氯化碳	20	1588	15562	0.97×10^{-3}	0.61×10^{-6}
汽油	20	678	6644	0.29×10^{-3}	0.43×10^{-6}
石油	20	856	8389	7.2×10^{-3}	8.4×10^{-6}
润滑油	20	918	8996	440×10^{-3}	479×10^{-6}
煤油	20	808	7918	1.92×10^{-3}	2.4×10^{-6}
酒精(乙醇)	20	789	7732	1.19×10^{-3}	1.5×10^{-6}
甘油	20	1258	12328	1490×10^{-3}	1184×10^{-6}
松节油	20	862	8448	1.49×10^{-3}	1.73×10^{-6}
蓖麻油	20	960	9408	0.961×10^{-3}	1.00×10^{-6}
苯	20	895	8771	0.65×10^{-3}	0.73×10^{-6}
水银	0	13600	133280	1.70×10^{-3}	0.125×10^{-6}
液氢	−257	72	705.6	0.021×10^{-3}	0.29×10^{-6}
液氧	−195	1206	11819	82×10^{-3}	68×10^{-6}
空气	20	1.20	11.76	1.83×10^{-5}	1.53×10^{-5}
氧	20	1.33	13.03	2.0×10^{-5}	1.5×10^{-5}
氢	20	0.0839	0.8222	0.9×10^{-5}	10.7×10^{-5}
氮	20	1.16	11.37	1.76×10^{-5}	1.52×10^{-5}
一氧化碳	20	1.16	11.37	1.82×10^{-5}	1.57×10^{-5}
二氧化碳	20	1.84	18.03	1.48×10^{-5}	0.8×10^{-5}
氨	20	0.166	1.627	1.97×10^{-5}	11.8×10^{-5}
沼气	20	0.668	6.546	1.34×10^{-5}	2.0×10^{-5}

表 1-2 水在不同温度下的物理性质(1atm 时)

温度/℃	密度ρ /(kg/m³)	重度γ /(N/m³)	动力黏度 μ/(×10⁻³kg/(m·s))	运动黏度 ν/(×10⁻⁶m²/s)	弹性模量 E/(×10⁹N/m²)	表面张力 σ/(N/m)
0	999.9	9805	1.792	1.792	2.04	0.0762
5	1000.0	9806	1.519	1.519	2.06	0.0754
10	999.7	9803	1.308	1.308	2.11	0.0748
15	999.1	9798	1.140	1.141	2.14	0.0741
20	998.2	9789	1.005	1.007	2.20	0.0731
25	997.1	9779	0.894	0.897	2.22	0.0726
30	995.7	9767	0.801	0.804	2.23	0.0718
35	994.1	9752	0.723	0.727	2.24	0.0710
40	992.2	9737	0.656	0.661	2.27	0.0701
45	990.2	9720	0.599	0.650	2.29	0.0692
50	988.1	9697	0.549	0.556	2.30	0.0682
55	985.7	9679	0.506	0.513	2.31	0.0674
60	983.2	9658	0.469	0.477	2.28	0.0668
70	977.8	9600	0.406	0.415	2.25	0.0650
80	971.8	9557	0.357	0.367	2.21	0.0630
90	965.3	9499	0.317	0.328	2.16	0.0612
100	958.4	9438	0.284	0.296	2.07	0.0594

1.3.2 黏性

流体在平衡时不能抵抗剪切力,因而在平衡流体内部不存在切应力,可是在流体运动时情况就完全不同了. 流体运动时,其内部质点沿接触面相对运动,产生内摩擦力以抗阻流体变形的性质,就是流体的黏性.

1. 牛顿内摩擦定律与流体的黏度

如图 1-3 所示,在相互平行且相距为 h 的两个足够大的平板之间充满流体,下板固定不动,上板受力 F 的作用并以匀速度v_0 沿 x 方向运动. 由于流体与固体分子间的附着力,紧贴上板附近的一层流体黏附于上板一起以速度v_0 运动,紧贴下板附近的一层流体黏附于下板而固定不动. 假定流体是分层运动,没有不规则的流体运动及脉动加入其中,则由上板到下板之间有许多流体层,其速度由v_0 逐渐减小为零. 由于上层流体流动较快,下层流体流动较慢,因而

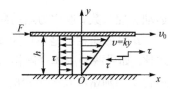

图 1-3 流体黏性实验示意图

上层流体质点与下层流体质点在接触面上发生相对滑动. 快层对慢层的作用力与运动同方向，带动慢层加速；慢层对快层也有一作用力，与运动方向相反，阻滞快层的运动，这一对作用力称为流体的内摩擦力. 这种内摩擦力阻止两相邻的流体层做相对运动，从而表现为阻止流体的变形. 为了使上板能匀速运动，克服流体层相互间的内摩擦力，维持两板间流体的流动，流体层间接触面上的内摩擦力 T 应等于 F. 设平板与流体的接触面积为 A，则内摩擦切应力 $\tau = T / A$.

设流体中的速度为线性分布(如两板距离很小时)，如图 1-3 所示. 根据实验可知：流体的内摩擦切应力 τ 与上板运动速度 v_0 成正比，与两板之间的距离 h 成反比，比例系数 μ 是表征流体特性的黏性系数，即

$$\tau = \mu \frac{v_0}{h} \tag{1-6}$$

μ 称为流体的动力黏性系数或动力黏度，它能反映流体黏性的大小，随流体的不同而有不同的值，故常称为绝对黏度.

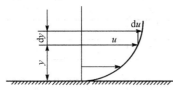

图 1-4　流体速度非线性分布

若流体中的速度 u 为非线性分布，如图 1-4 所示，则流体中的切应力是逐点变化的，有

$$\tau = \pm \mu \frac{\mathrm{d}u}{\mathrm{d}y} \tag{1-7}$$

式中，$\frac{\mathrm{d}u}{\mathrm{d}y}$ 称为速度梯度或剪切速率. 当 $\frac{\mathrm{d}u}{\mathrm{d}y} > 0$ 时取 "+" 号，当 $\frac{\mathrm{d}u}{\mathrm{d}y} < 0$ 时取 "-" 号，以保持切应力永为正值.

式(1-7)是由牛顿提出的，称为牛顿内摩擦定律或黏性定律，它表明了流体做层状运动时，流体内摩擦力的变化规律.

牛顿内摩擦定律适用于空气、水、石油等工程中常用的流体. 凡内摩擦力按这个定律变化的流体称为牛顿流体，否则为非牛顿流体.

流体的动力黏性系数 μ 与其密度 ρ 之比，称为流体的运动黏性系数，用 ν 表示，即

$$\nu = \frac{\mu}{\rho} \tag{1-8}$$

运动黏性系数 ν 也称为运动黏度.

μ 的物理意义是单位速度梯度下的切应力，ν 的物理意义是动力黏度与密度之比. 如果两种流体密度相差很多，单从 ν 的值判断不出它们黏性的大小，ν 值只适合于判别密度几乎恒定的同一种流体在不同温度和压强下黏性的变化情况.

动力黏度 μ 的量纲是 $[ML^{-1}T^{-1}]$，单位为 N·s/m²(牛·米/秒²)或 Pa·s(帕·秒).
运动黏度 ν 的量纲是 $[L^2T^{-1}]$，单位为 m²/s(米²/秒)或 cm²/s(厘米²/秒)等.

2. 黏度的测定

流体黏度的测定方法有两种. 一种是直接测定法, 借助于黏性流动理论中的某一基本公式, 测量该公式中除黏度外的所有参数, 从而直接求出黏度. 直接测定法的黏度计有转筒式、毛细管式、落球式等, 这种黏度计的测试手段比较复杂, 使用不太方便. 另一种方法是间接测定法, 这种方法中首先利用仪器测定经过某一标准孔口流出一定量流体所需的时间, 然后再利用仪器所特有的经验公式间接地算出流体的黏度. 这种方法所用仪器简单、操作方便, 故多为工业界所采用. 工程中采用的恩氏黏度计如图 1-5 所示. 容器 1 中盛足够量的水, 借恒温加热器 2 及搅拌器 3 使容器 4 中的待测液体稳定在某一待测温度下, 其温度 t(单位为℃)用温度计 5 读出. 拔开柱塞 6, 让事先装入的定量待测液体自直径为 2.8mm 的标准铂金孔口流入量杯 7 中, 测出待测流体在温度 t 下流出 $200cm^3$ 所需的时间 T_1(单位为 s), 再将待测液体换成 20℃的蒸馏水, 测出流出 $200cm^3$ 所需的时间为 $T_2=51s$, 于是比值 $T_1/T_2=r$ 称为待测流体在 t 时的恩氏度. 然后利用恩氏黏度计的经验公式

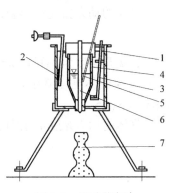

图 1-5　恩氏黏度计

$$v = \left(7.31r - \frac{6.31}{r}\right) \times 10^{-6} (m^2/s)$$

$$= 7.31r - \frac{6.31}{r}(mm^2/s)$$

(1-9)

即可由 r 求出流体在 t 时的运动黏度 v, 再根据 $\mu = \rho v$ 即可求出流体的动力黏度 μ.

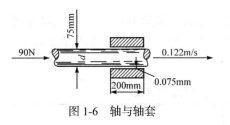

图 1-6　轴与轴套

例1.1　如图 1-6 所示, 轴置于轴套中, 其间充满流体. 以 90N 的力 F, 从左端推轴向右移动. 轴移动的速度 v 为 0.122m/s, 轴的直径 d 为 75mm, 轴宽 l 为 200mm, 轴与轴套间距 h 为 0.075mm. 求轴与轴套间流体的动力黏性系数 μ.

解　由于轴与轴套间距 h 很小, 可以认为流体的速度按线性规律分布, 则由式(1-6)得

$$\mu = \frac{\tau h}{v}$$

式中, $\tau = \dfrac{T}{A} = \dfrac{F}{A}$,　$A = \pi d l$.

故

$$\mu=\frac{Fh}{\pi dlv}=\frac{90\times0.075\times10^{-3}}{3.142\times75\times10^{-3}\times0.2\times0.122}\approx1.174(\text{Pa}\cdot\text{s})$$

3. 黏度的变化规律

流体的黏度随温度和压强而变化，但压强对黏度的影响较小，一般情况下可忽略不计，仅考虑温度对流体黏度的影响.

液体的动力黏度μ与温度的关系，可由下述指数形式表示：

$$\mu=\mu_0\text{e}^{-\lambda(t-t_0)} \tag{1-10}$$

式中，μ_0是温度为t_0(可取t_0=0℃，15℃或20℃等)时液体的动力黏度. λ为温度升高时反映液体黏度降低快慢程度的一个指数，一般称为液体的黏温指数，为0.035~0.052.

气体的动力黏度μ与温度的关系，可由下式确定：

$$\mu=\mu_0\frac{1+\dfrac{C}{273}}{1+\dfrac{C}{T}}\sqrt{\frac{T}{273}} \tag{1-11}$$

式中，μ_0为0℃时的动力黏度；T为气体的绝对温度，$T=273+t$，单位为K；C为常数，几种气体的C值见表1-3.

表1-3　几种气体的C值

气体	空气	氢	氧	氮	水蒸气	二氧化碳	一氧化碳
C值	122	83	110	102	961	260	100

几种液体与气体的动力黏度μ随温度的变化曲线如图1-7所示，其运动黏度ν随温度的变化曲线如图1-8所示. 常压下不同温度时水与空气的黏度值如表1-4所示.

表1-4　常压下不同温度时水与空气的黏度值

温度 t/℃	水		空气	
	μ/(Pa·s)	ν/(m²/s)	μ/(Pa·s)	ν/(m²/s)
0	1.792×10^{-3}	1.792×10^{-6}	0.0172×10^{-3}	13.7×10^{-6}
10	1.308×10^{-3}	1.308×10^{-6}	0.0178×10^{-3}	14.7×10^{-6}
20	1.005×10^{-3}	1.005×10^{-6}	0.0183×10^{-3}	15.3×10^{-6}
30	0.801×10^{-3}	0.801×10^{-6}	0.0187×10^{-3}	16.6×10^{-6}

续表

温度 t/℃	水		空气	
	μ/(Pa·s)	ν/(m²/s)	μ/(Pa·s)	ν/(m²/s)
40	0.656×10⁻³	0.661×10⁻⁶	0.0192×10⁻³	17.6×10⁻⁶
50	0.549×10⁻³	0.556×10⁻⁶	0.0196×10⁻³	18.6×10⁻⁶
60	0.469×10⁻³	0.477×10⁻⁶	0.0201×10⁻³	19.6×10⁻⁶
70	0.406×10⁻³	0.415×10⁻⁶	0.0204×10⁻³	20.6×10⁻⁶
80	0.357×10⁻³	0.367×10⁻⁶	0.0210×10⁻³	21.7×10⁻⁶
90	0.317×10⁻³	0.328×10⁻⁶	0.0216×10⁻³	22.9×10⁻⁶
100	0.284×10⁻³	0.296×10⁻⁶	0.0218×10⁻³	23.6×10⁻⁶

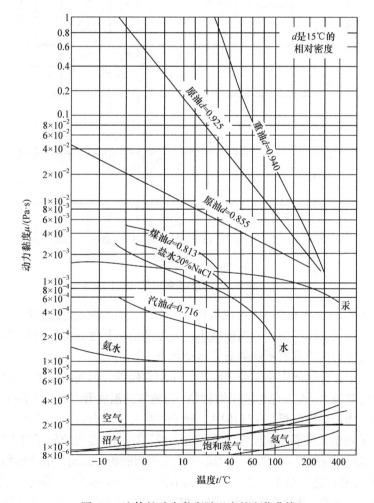

图 1-7 流体的动力黏度随温度的变化曲线

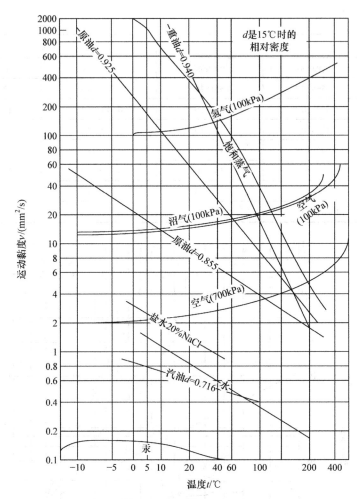

图 1-8　流体的运动黏度随温度的变化曲线

　　由图 1-7、图 1-8 和表 1-4 可以看出，液体和气体的黏度变化规律是迥然不同的：液体的运动黏度随温度升高而减小，气体的运动黏度随温度的升高而增大，这是由于液体与气体具有不同的分子运动状态.

　　在液体中，分子间距小，分子间相互作用力较强，因而阻止了质点间相对滑动而产生内摩擦力，即表现为液体的黏性. 当液体的温度升高时，分子间距加大，引力减弱，因而黏度降低. 在气体中，分子间距大，引力弱，分子运动的自由行程大，分子间相互掺混，速度慢的分子进入慢层中，速度快的分子进入快层中，两相邻流体层间进行动量交换，从而阻止了质点间的相对滑动，呈现出黏性. 分子引力的作用，相比之下微乎其微，可以忽略不计. 当气体的温度升高时，内能增加，分子运动更加剧烈，动量交换更大，阻止相对滑动的内摩擦力增大，所以黏度增大.

4. 理想流体的概念

流体具有黏性，在流动中将产生阻力. 为了克服阻力，维持流体的流动，就需要供给流体能量. 因此，流体的黏性在流体的运动过程中起着很重要的作用. 但是为了研究问题的方便，使问题简化，在某些场合，可不考虑流体的黏性，即 $\mu = \nu = 0$，这种流体称为理想流体或无黏性流体.

理想流体是流体力学中一个重要的假设模型. 这种流体在运动时不仅内部不存在摩擦力而且在它与固体接触的边界上也不存在摩擦力. 理想流体虽然事实上并不存在，但这种理论模型却有重大的理论和实际价值. 因为在某些问题中，例如，边界层以外区域的流体运动，黏性并不起重大作用，忽略黏性可以容易地分析其力学关系，所得结果与实际并无太大出入. 有些问题虽然流体黏性不可忽略，但作为由浅入深的一种手段，也可以先讨论理想流体的运动规律，然后再考虑有黏性影响时的修正方法，这样问题就容易解决. 因为黏性影响非常复杂，在研究流体运动时如果将实际因素全部考虑在内，则问题有时难以解决.

理想流体运动学和动力学立论严谨，范围广泛，这些理论对于分析实际问题都有重大作用，不可因为没有理想流体而忽视理想流体理论的重要性. 这种思想对于学过理论力学熟知刚体概念的同学来说是不难理解的.

1.3.3 压缩性和膨胀性

流体的密度和体积会随着温度和压强的变化而改变. 温度一定时，流体的体积随压强的增加而缩小的特性称为流体的压缩性；压强一定时，流体的体积随温度的升高而增大的特性称为流体的膨胀性. 气体的压缩性和膨胀性较液体更为显著.

1. 液体的压缩性和膨胀性

液体压缩性的大小以体积压缩系数 β_p 来表示，指当温度一定时，每增加单位压强所引起的体积相对变化量，即

$$\beta_p = -\frac{\dfrac{dV}{V}}{dp} = -\frac{1}{V}\frac{dV}{dp}(m^2/N) \tag{1-12}$$

因为压强增加，体积减小，即 dp 为正时，dV 为负，故上式右端冠以负号，使 β_p 为正.

在式(1-12)中，也可以用密度 ρ 的变化代替体积 V 的变化. 因为 $\rho = m/V$，当液体的质量 m 为定值时，则 $dV = -m\rho^{-2}d\rho$，代入式(1-12)中得

$$\beta_p = \frac{1}{\rho}\frac{d\rho}{dp}(m^2/N) \tag{1-13}$$

由式(1-13)可知，体积压缩系数也可表示为压强变化时所引起的密度变化率.

体积压缩系数 β_p 的倒数，称为弹性模量 E，即

$$E = \frac{1}{\beta_p}(\text{N/m}^2) \qquad (1\text{-}14)$$

液体的弹性模量与压强、温度有关. 水在不同温度与压强下的弹性模量如表 1-5 所示.

表 1-5　水在不同温度与压强下的弹性模量 （单位：N/m²）

温度/℃	弹性模量				
	0.5/MPa	1/MPa	2/MPa	4/MPa	8/MPa
0	1.852×10^9	1.862×10^9	1.882×10^9	1.911×10^9	1.940×10^9
5	1.891×10^9	1.911×10^9	1.931×10^9	1.970×10^9	2.030×10^9
10	1.911×10^9	1.931×10^9	1.970×10^9	2.009×10^9	2.078×10^9
15	1.931×10^9	1.960×10^9	1.985×10^9	2.048×10^9	2.127×10^9
20	1.940×10^9	1.980×10^9	2.019×10^9	2.078×10^9	2.173×10^9

从表中可以看出，水的弹性模量受温度及压强的影响而变化的量是很微小的. 在工程中常将这种微小变化忽略不计，并近似地取水的 $E = 2.058\times10^9\,\text{N/m}^2$. 这样，水的体积压缩系数 $\beta_p = 1/(2.058\times10^9) \approx 4.859\times10^{-10}\,(\text{m}^2/\text{N})$，显然很小，所以工程上认为水是不可压缩的.

液体膨胀性的大小用体积膨胀系数 β_t 来表示，指当压强一定时，每增加单位温度所产生的体积相对变化量，即

$$\beta_t = \frac{\dfrac{\mathrm{d}V}{V}}{\mathrm{d}t} = \frac{1}{V}\frac{\mathrm{d}V}{\mathrm{d}t}(\text{℃}^{-1}) \qquad (1\text{-}15)$$

因温度增加，体积膨胀，故 $\mathrm{d}t$ 与 $\mathrm{d}V$ 同符号.

液体的膨胀系数也与液体的压强、温度有关. 水在不同温度与压强下的体积膨胀系数 β_t 如表 1-6 所示.

表 1-6　水在不同温度与压强下的体积膨胀系数 （单位：℃⁻¹）

压强/MPa	体积膨胀系数				
	1～10℃	10～20℃	40～50℃	60～70℃	90～100℃
0.1	0.14×10^{-4}	1.50×10^{-4}	4.22×10^{-4}	5.56×10^{-4}	7.19×10^{-4}
10	0.43×10^{-4}	1.65×10^{-4}	4.22×10^{-4}	5.48×10^{-4}	7.04×10^{-4}
50	1.49×10^{-4}	2.36×10^{-4}	4.29×10^{-4}	5.23×10^{-4}	6.61×10^{-4}
90	2.29×10^{-4}	2.89×10^{-4}	4.37×10^{-4}	5.14×10^{-4}	6.21×10^{-4}

从表中可以看出，水的膨胀性或膨胀系数是很小的. 其他液体也与水类似，其压缩系数和膨胀系数也是很小的，所以常将液体称为不可压缩流体.

例 1.2　在容器中压缩一种液体. 当压强为 10^6Pa 时，液体的体积为 1L；当压强增大为 2×10^6Pa 时，其体积为 995cm^3. 求此液体的弹性模量.

解　从式(1-14)得

$$E = \frac{1}{\beta_p} = -\frac{\mathrm{d}p}{\dfrac{\mathrm{d}V}{V}} = -\frac{2\times10^6 - 1\times10^6}{\dfrac{995-1000}{1000}} = 2\times10^8 (\mathrm{Pa})$$

2. 气体的压缩性和膨胀性

压强与温度的变化，都会引起气体体积的显著变化，其密度或重度也随之改变. 气体压强、温度及密度间的关系用理想气体状态方程表示，即

$$pV = mRT \quad \text{或} \quad p = \rho RT \tag{1-16}$$

式中，p 为气体的绝对压强，单位为 Pa；T 为气体的绝对温度，单位为 K；R 为气体常数，单位为 N·m/(kg·K)，其值随气体种类不同而异，可由下式确定：

$$R = \frac{\text{摩尔气体常数}}{\text{气体的相对分子质量}M_r} = \frac{8314}{M_r}$$

例如，干燥空气的相对分子质量是 29，则 $R=287$；中等潮湿空气的 $R=288$.

式(1-16)说明，一定质量的气体，其密度随压强的增加而变大，随温度的升高而减小. 对于实际气体，在一般温度下，压强的变化不大时，应用式(1-16)可得正确的结果. 但如果对气体强加压缩，特别是把温度降低到气体液化的程度，则不能应用式(1-16)，可用相关图表.

例 1.3　1kg 的氢气，温度为 –40℃，密闭在 0.1m^3 的容器中，求氢气的压强.

解　氢的相对分子质量 M_r=2.016，则氢的气体常数 R 为

$$R = \frac{8314}{M_r} = \frac{8314}{2.016} \approx 4124 (\mathrm{J/(kg\cdot K)})$$

由式(1-16)得

$$p = \frac{m}{V}RT = \frac{1}{0.1}\times4124\times(273-40) \approx 9.6\times10^6 (\mathrm{Pa})$$

气体是易于被压缩的流体，一般称气体为可压缩流体. 空气在 1atm 时，密度和重度随温度变化的情况见表 1-7.

表 1-7　1atm 时空气的密度和重度随温度变化的情况

温度/℃	–20	0	20	40	60	80	100	200	500
密度 ρ/(kg/m^3)	1.40	1.29	1.20	1.12	1.06	1.00	0.95	0.746	0.393
重度 γ/(N/m^3)	13.729	12.651	11.708	10.983	10.395	9.807	9.316	7.316	3.854

3. 不可压缩流体的概念

流体具有一定的压缩性和膨胀性，但有时为了研究问题的方便，可将流体的压缩系数和膨胀系数都看作零，称为不可压缩流体. 这种流体的体积与温度及压强无关，其密度和重度也为恒定常数. 这样讨论其平衡和运动规律自然简单得多.

绝对不可压缩的流体实际上并不存在，但是在通常条件下，液体以及低温、低速运动的气体的压缩性对其运动和平衡问题并无太大影响，可以忽略其压缩性，看成不可压缩流体.

可压缩与不可压缩却又是截然不同的概念. 液体平衡和运动的绝大多数问题可以用不可压缩流体理论来解决，但当遇到液体压缩性起关键作用的水击现象、液压冲击、水中爆炸波的传播等问题时，就必须考虑流体的压缩性. 气体平衡和运动的大多数问题需要按可压缩流体理论处理，但是在低温、低速条件下，考虑或不考虑气体的压缩性，所得结果并无太大差别，因此可采用不可压缩流体理论处理这类问题，这样既简化了计算，又可得到具有一定准确度的结果. 例如，对于通风机、低速压气机、内燃机进气系统、低温烟道等气流计算问题，一般可采用不可压缩流体理论分析. 实践证明，不可压缩流体模型有很大的理论和实用价值.

1.3.4 表面张力

1. 表面张力的概念

按分子引力理论，分子间的引力与其距离的平方成正比，超过一定距离 R(约为 10^{-7}mm)，引力很小，可略去不计，以 R 为半径的空间球域称为分子作用球.

液体内部与液面距离大于或等于 R 的每个分子(如图 1-9 中的 a、b)，受分子球内周围同种分子的作用完全处于平衡状态；但在液面下距离小于 R 的薄层内的分子(如图 1-9 中的 c、d)，其分子作用球内有液体和空气两种分子. 如图 1-10 所示，分子 m 距自由面 NN 的距离为 a，自由面的对称面为 $N'N'$，在 NN 与 $N'N'$ 间的全部液体分子对 m 的作用相互抵消，而在 NN 面以上分子作用球内的空气分子对分子 m 施以向上的拉力，在 $N'N'$面以下分子作用球内的液体分子则对分子 m 施以向下的拉力. 由于液体分子力大于气体分子力，故处在此层内的分子会受到一个不平衡的分子合力 F_N. 此力垂直于液面而指向液体内部，在这个不平衡的分子合力作用下，薄层内的分子都力图向液体内部收缩. 假如没有容器的限制，忽略重力的影响，微小液滴都会收缩成最小表面积的球形，表面上的薄层犹如蒙在液滴上的弹性薄膜一样，紧紧向球心收拢，使得球中液体的分子运动不容易超出其表面界限.

如果将液滴剖开，取下部球台为分离体，如图 1-11 所示，由于球表面向球心收拢，故在球台剖面周线上必有张力 F_T 存在，它连续均匀分布在周线上，方向与液体的球表面相切，这种力称为液体的表面张力. 表面张力的起因是液体表面层中存在着不平衡的分子合力 F_N，但表面张力 F_T 并不是分子合力 F_N，它们是相互垂直的，F_N 指向液球中心，F_T 分布在液球切开的周线上，并且与液球表面相切.

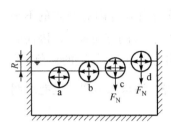 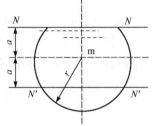 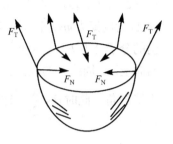

图 1-9　液体的分子作用球　　图 1-10　表面张力的产生　　图 1-11　液体的表面张力

表面张力的大小以表面张力系数 σ 表示，是指作用在单位长度上的表面张力值，单位为 N/m(牛/米). 如果分布有表面张力的周线长为 l，则表面张力 $F_T = \sigma l$.

气体与液体间，或互不掺混的液体间，在分界面附近的分子，都受到两种介质的分子力作用. 这两种相邻介质的特性，决定着分界面张力的大小及分界面的不同形状，如空气中的露珠、水中的气泡、水银表面的水银膜. 在环境工程中，有时需要考虑流体表面张力的影响，例如，在湿式除尘中，为了增加水溶液对粉尘的粘附，提高除尘效率，可以在水中添加表面活性剂，来降低水溶液的表面张力.

温度对表面张力有影响. 当温度由 20℃ 变化到 100℃ 时，水的表面张力由 0.073N/m 变为 0.0584N/m. 几种常见液体在 20℃ 时与空气接触的表面张力 σ 列于表 1-8.

表 1-8　几种常见液体在 20℃ 时与空气接触的表面张力

液体	表面张力 σ/(N/m)	液体		表面张力 σ/(N/m)
酒精	0.0223	原油		0.0233～0.0379
苯	0.0289	水		0.0731
四氯化碳	0.0267	水银	在空气中	0.5137
煤油	0.0233～0.0321		在水中	0.3926
润滑油	0.0350～0.0379		在真空中	0.4857

2. 毛细管现象

表面张力不仅表现在液体与空气接触表面处，而且也表现在液体与固体接触的自由液面处. 液体与固体壁接触时，液体沿壁上升或下降的现象，称为毛细管现象. 如图 1-12(a)表示水与玻璃接触的情况，O 点的分子作用球内有玻璃、水和空气的分子，玻璃对 O 点的分子引力(也称为附着力)n_1 大于水对 O 点的分子引力(也称为内聚力)n_2，空气分子引力甚小，可忽略. 于是分子作用球内对 O 点的不平衡的分子合力 F_N 必然朝右下方，指向玻璃内部，液面与 F_N 的方向垂直，因而必然向上凹. 周线上的表面张力 F_T 与弯液面相切，指向右上方，F_T 与管壁的夹角 θ 称为接触角，此时 $\theta < \dfrac{\pi}{2}$，这种情况也称为液体湿润管壁. 油与水类似，也能湿润管壁.

图 1-12(b)表示汞与玻璃接触的情况，因为汞对 O 点的内聚力 n_2 大于玻璃对 O 点的附着力 n_1，不平衡的分子合力 F_N 朝左下方指向汞内部，液面与 F_N 垂直而向下凹，表面张力 F_T 指向右下方，F_T 与管壁的接触角 $\theta > \dfrac{\pi}{2}$，这种情况也称为液体不湿润管壁.

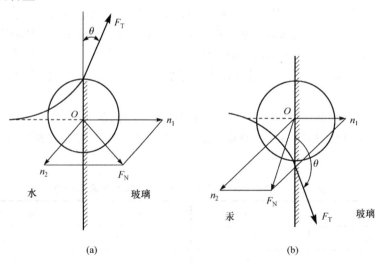

(a)   (b)

图 1-12　液体与固体接触处的分子力与表面张力

表面张力的数值并不大，对一般的工程流体力学问题影响很小，但是毛细管现象是使用液位计、单管式测压计等常用仪器时必须注意的.

习 题 1

1.1 已知空气的重度 $\gamma = 11.82 \text{N/m}^3$，动力黏度 $\mu = 0.0183 \times 10^{-3} \text{Pa} \cdot \text{s}$，求它的运动黏度 ν.

1.2 求在 0.1MPa 下 35℃时空气的动力黏度 μ 及运动黏度 ν.

1.3 相距 10mm 的两块相互平行的板子，水平放置，板间充满 20℃的蓖麻油(动力黏度 $\mu = 0.972 \times 10^{-3} \text{Pa} \cdot \text{s}$). 下板固定不动，上板以 1.5m/s 的速度移动，问在油中的切应力 τ 为多少？

1.4 如图 1-13 所示，底面积为 1.5m^2 的薄板在液面上水平移动速度为 16m/s，液层厚度为 4mm，假定垂直于油层的水平速度为直线分布规律. 如果：(1)液体为 20℃的水；(2)液体为 20℃的原油. 试分别求出移动平板的力.

1.5 如图 1-14 所示，一木块的底面积为 40cm×45cm，厚度为 1cm，质量为 5kg，沿着涂有润滑油的斜面以速度 $\upsilon = 1$m/s 等速下滑，油层厚度 $\delta = 1$mm，求润滑油的动力黏性系数 μ.

1.6 如图 1-15 所示，两种不相混合的液体有一个水平的交界面 O-O，两种液体的动力黏度分别为 $\mu_1 = 0.14 \text{Pa} \cdot \text{s}$，$\mu_2 = 0.24 \text{Pa} \cdot \text{s}$；两液层厚度分别为 $\delta_1 = 0.8$mm，$\delta_2 = 1.2$mm，假定速度分布为直线规律，试求推动底面积 $A = 1000 \text{cm}^2$ 平板在液面上以匀速 $\upsilon_0 = 0.4$m/s 运动所需的力.

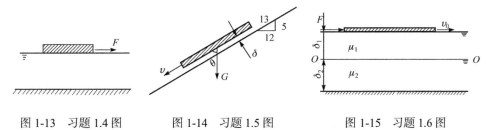

图 1-13 习题 1.4 图　　　图 1-14 习题 1.5 图　　　图 1-15 习题 1.6 图

1.7 直径 76mm 的轴在通心缝隙为 0.03mm，长度为 150mm 的轴承中旋转，轴的转速为 226r/min，测得轴颈上的摩擦力矩为 76N·m，试确定缝隙中油液的动力黏度 μ.

1.8 某流体在圆筒形容器中，当压强为 $2 \times 10^6 \text{Pa}$ 时，体积为 995cm^3；当压强为 $1 \times 10^6 \text{Pa}$ 时，体积为 1000cm^3. 求此流体的体积压缩系数 β_p.

1.9 石油充满油箱，指示箱内压强的压力表读数为 49kPa，油的密度为 8900kg/m^3. 今由油箱排出石油 40kg，箱内的压强降到 9.8kPa. 设石油的弹性模量为 $E = 1.32 \times 10^6 \text{kN/m}^2$，求油箱的容积.

1.10 在容积为 1.77m^3 的气瓶中，原来存在有一定量的 CO，其绝对压强为 103.4kPa，温度为 21℃. 后来又用气泵输入 1.36kg 的 CO，测得输入后的温度为 24℃，试求输入后的绝对压强.

1.11 如图 1-16 所示，发动机冷却水系统的总容量(包括水箱、水泵、管道、汽缸水套等)为 200L. 20℃的冷却水经过发动机后变为 80℃，假如没有风扇降温，试问水箱上部需要空出多大容积才能保证水不外溢(已知水的体积膨胀系数的平均值为 $\beta_t = 5 \times 10^{-4} \text{℃}^{-1}$)？

1.12 一采暖系统如图 1-17 所示，为了防止水温升高体积膨胀将水管及暖气片胀裂，特在系统顶部设置了一个膨胀水箱，使水有自由膨胀的余地. 若系统内水的总体积为 8m³，温度最大升高为 50℃，水的体积膨胀系数为 0.0005，问膨胀水箱最少应为多大的容积？

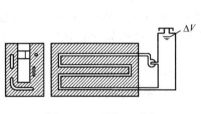

图 1-16　习题 1.11 图

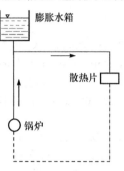

图 1-17　习题 1.12 图

第 2 章　流体静力学

流体静力学研究"静止"流体的力学规律以及这些规律在工程中的应用. 流体的"静止"包括两种情况: 一种是流体相对于地球无运动, 称为绝对静止; 另一种是流体虽然相对于地球有运动, 但对盛装它的容器无相对运动, 例如, 容器做匀加速直线运动或等加速回转运动, 流体质点间没有相对运动, 这种情况称为相对静止.

由于静止流体的流体质点间没有相对运动, 因而流体的黏性显示不出来, 可以看作理想流体. 流体静力学是工程流体力学中独立完整并且严密符合实际的一部分内容, 这里的理论不需要实验修正. 通过本章学习流体的平衡微分方程及其积分, 重力场中流体静压强的分布规律, 流体静压强的测量, 静止流体对壁面的作用力等.

2.1　静止流体上的作用力

如图 2-1 所示, 在静止流体中取体积为 ΔV 的流体微团, 其表面积为 ΔA. 作用在流体微团上的力可以分为两种.

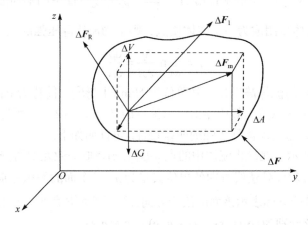

图 2-1　静止流体上的作用力

2.1.1　质量力

质量力是指与流体微团质量大小有关并且集中作用在微团质量中心上的力.

考虑到相对静止的各种实际情况，质量力主要有重力 $\Delta G = \Delta mg$、直线运动惯性力 $\Delta F_l = \Delta m \cdot a$、离心惯性力 $\Delta F_R = \Delta m \cdot r\omega^2$ 等. 这些力的矢量和用 ΔF_m 表示，则

$$\Delta F_m = \Delta m \cdot a_m = \Delta m(Xi + Yj + Zk)$$

如果微团极限缩为一点，即 $\Delta V \to 0$，则

$$dF_m = dm \cdot a_m = dm(Xi + Yj + Zk) \tag{2-1}$$

式中，dF_m 为作用在流体质点上的质量力；a_m 为质量力加速度，等于单位质量力，即单位质量的质量力；X、Y、Z 为单位质量力在 x、y、z 轴上的投影，或简称为单位质量分力.

2.1.2 表面力

表面力是指大小与流体微团表面积有关且分布作用在流体微团表面上的力，它是相邻流体或固体作用于流体微团表面上的力.

表面力按其作用方向可以分为两种：一种是沿表面内法线方向的压力，一种是沿表面切向的摩擦力. 因为流体不能抵抗拉力，所以除液体自由表面处的微弱表面张力外，在流体内部是不存在拉力或张力的. 静止流体不表现出黏性，在静止流体内部也就不存在切向摩擦. 因此，作用在静止流体上的表面力只有沿表面内法线方向的压力，称为流体静压力.

流体静压力是一个有大小、方向、合力作用点的矢量，它的大小和方向都与受压面密切相关. 如图 2-1 所示，设作用于流体微团上的总压力为 Δp，即流体静压力为 Δp，则 ΔA 面积上的平均应力为 $\dfrac{\Delta p}{\Delta A}$，称为受压面上的平均流体静压强. 当 $\Delta A \to 0$ 时，流体微团成为一个流体质点，则平均流体静压强的极限

$$p = \lim_{\Delta A \to 0} \frac{\Delta p}{\Delta A} = \frac{dp}{dA} \tag{2-2}$$

称为流体某一点的流体静压强，其单位为 N/m²(牛/米²)，简称为 Pa(帕).

静止流体中任意点的静压强值仅由该点的坐标位置决定，而与该点静压力的作用方向无关，这是流体静压强的明显特性. 可证明如下.

如图 2-2 所示，在静止流体中的点 $M(x, y, z)$ 处取一微元四面体，其边长分别为 dx、dy、dz，斜面外法线方向的单位矢量为 n，各个面的面积分别为 dA_x、dA_y、dA_z、dA_n(符号的下标表示该面的法线方向)，微元四面体斜面 dA_n 的法线与 x、y、z 轴的方向余弦分别为 $\cos(n, x)$、$\cos(n, y)$、$\cos(n, z)$.

作用在微元四面体上的力有以下两个.

(1) 表面力. 假设微元四面体各面上的压强均匀分布，任一点的压强分别用 p_x、p_y、p_z、p_n 表示，则各个面上的表面力分别为

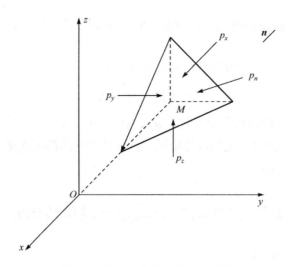

图 2-2　静止流体中的微元四面体

$$P_x = p_x \mathrm{d}A_x = \frac{1}{2} p_x \mathrm{d}y\mathrm{d}z$$

$$P_y = p_y \mathrm{d}A_y = \frac{1}{2} p_y \mathrm{d}x\mathrm{d}z$$

$$P_z = p_z \mathrm{d}A_z = \frac{1}{2} p_z \mathrm{d}x\mathrm{d}y$$

$$P_n = p_n \mathrm{d}A_n$$

P_n 在 x、y、z 轴方向的投影分别为 $P_n \cos(n,x)$、$P_n \cos(n,y)$、$P_n \cos(n,z)$.

(2) 质量力. 作用在微元四面体上的质量力只有重力, 它在各坐标轴方向的分量分别为 F_x、F_y、F_z. 设流体的密度为 ρ, 则

$$F_x = \Delta m \cdot X = \rho \cdot \frac{1}{6} \mathrm{d}x\mathrm{d}y\mathrm{d}z X = \frac{1}{6} \rho \mathrm{d}x\mathrm{d}y\mathrm{d}z X$$

$$F_y = \frac{1}{6} \rho \mathrm{d}x\mathrm{d}y\mathrm{d}z Y$$

$$F_z = \frac{1}{6} \rho \mathrm{d}x\mathrm{d}y\mathrm{d}z Z$$

由于流体处于平衡状态, 则 $\sum F = 0$, 在 x 轴方向 $\sum F_x = 0$, 有

$$P_x - P_n \cos(n,x) + F_x = 0$$

即

$$\frac{1}{2} p_x \mathrm{d}y\mathrm{d}z - p_n \mathrm{d}A_n \cos(n,x) + \frac{1}{6} \rho \mathrm{d}x\mathrm{d}y\mathrm{d}z X = 0$$

上式中的第三项与前两项相比为高阶无穷小量, 可以忽略不计, 而 $\mathrm{d}A_n\cos(n,x)=\mathrm{d}A_x$, 所以 $p_x=p_n$.

同理, 由 y 轴和 z 轴方向的平衡方程可得 $p_y=p_n$, $p_z=p_n$, 故

$$p_x=p_y=p_z=p_n \tag{2-3}$$

当微元四面体的边长趋于零时, p_x、p_y、p_z、p_n 就是作用在 M 点各个方向的压强. 因此, 式(2-3)表明流体中某一点任意方向的静压强是相等的, 是位置坐标的连续函数, 即 $p=p(x,y,z)$.

2.2　流体的平衡微分方程及其积分

2.2.1　欧拉平衡微分方程

如图 2-3 所示, 在平衡流体中任取一个微元六面体 $abdcc'd'b'a'$, 其边长分别为 $\mathrm{d}x$、$\mathrm{d}y$、$\mathrm{d}z$, 形心点为 $M(x,y,z)$, 该点压强为 $p(x,y,z)$, 作用在微元六面体上的力有以下两个。

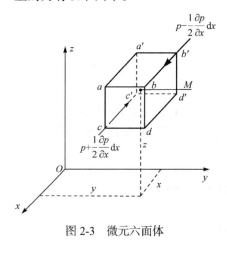

图 2-3　微元六面体

(1) 表面力. 由于流体压强是位置坐标的连续函数, 因此沿 x 方向作用在 ad 面和 $a'd'$ 面的压强可用泰勒级数展开并略去二阶以上无穷小量, 可得 ad 面压强为 $p+\dfrac{1}{2}\dfrac{\partial p}{\partial x}\mathrm{d}x$, $a'd'$ 面压强为 $p-\dfrac{1}{2}\dfrac{\partial p}{\partial x}\mathrm{d}x$. 同样, y 方向作用在 ac' 和 bd' 面的压强分别为 $p-\dfrac{1}{2}\dfrac{\partial p}{\partial y}\mathrm{d}y$ 和 $p+\dfrac{1}{2}\dfrac{\partial p}{\partial y}\mathrm{d}y$; z 方向作用在 $a'b$ 和 $c'd$ 面的压强分别为 $p+\dfrac{1}{2}\dfrac{\partial p}{\partial z}\mathrm{d}z$ 和 $p-\dfrac{1}{2}\dfrac{\partial p}{\partial z}\mathrm{d}z$.

(2) 质量力. 质量力在坐标轴方向的投影分别为 F_x、F_y、F_z, 有

$$F_x=\rho\mathrm{d}x\mathrm{d}y\mathrm{d}zX$$

$$F_y=\rho\mathrm{d}x\mathrm{d}y\mathrm{d}zY$$

$$F_z=\rho\mathrm{d}x\mathrm{d}y\mathrm{d}zZ$$

根据平衡条件, 所有作用在该微元六面体上的表面力和质量力的合力为零, 故沿 x 轴有

$$P_x + F_x = 0$$

即

$$-\left(p + \frac{1}{2}\frac{\partial p}{\partial x}dx\right)dydz + \left(p - \frac{1}{2}\frac{\partial p}{\partial x}dx\right)dydz + \rho dxdydzX = 0$$

化简得

$$-\frac{\partial p}{\partial x}dxdydz + \rho Xdxdydz = 0$$

同理

$$\left.\begin{array}{l} x方向，\quad X - \dfrac{1}{\rho}\dfrac{\partial p}{\partial x} = 0 \\[2mm] y方向，\quad Y - \dfrac{1}{\rho}\dfrac{\partial p}{\partial y} = 0 \\[2mm] z方向，\quad Z - \dfrac{1}{\rho}\dfrac{\partial p}{\partial z} = 0 \end{array}\right\} \tag{2-4}$$

式(2-4)是欧拉(瑞士)在 1755 年首先导出的流体的平衡微分方程，通常称为欧拉平衡微分方程. 该方程说明，平衡流体所受的质量力分量等于表面力分量. 欧拉平衡微分方程是平衡流体中普遍适用的一个基本公式，无论流体受的质量力有哪些种类，流体是否可压缩，流体有无黏性，欧拉平衡微分方程都是普遍适用的.

2.2.2 平衡微分方程的积分

将式(2-4)中各式分别乘以 dx 、 dy 、 dz ，然后相加，经变化可得

$$\frac{\partial p}{\partial x}dx + \frac{\partial p}{\partial y}dy + \frac{\partial p}{\partial z}dz = \rho(Xdx + Ydy + Zdz)$$

因为

$$p = p(x, y, z)$$

故

$$dp = \frac{\partial p}{\partial x}dx + \frac{\partial p}{\partial y}dy + \frac{\partial p}{\partial z}dz$$

有

$$dp = \rho(Xdx + Ydy + Zdz) \tag{2-5}$$

式(2-5)称为欧拉平衡微分方程的综合形式，也称为压强微分公式.

压强微分公式的左端是压强的全微分，积分后得到某一点的静压强，因此式(2-5)的右端括号内的三项必须也是一个坐标函数 $W = F(x, y, z)$ 的全微分，这样才能保证积分结果的唯一性. 即有

$$dW = Xdx + Ydy + Zdz = \frac{\partial W}{\partial x}dx + \frac{\partial W}{\partial y}dy + \frac{\partial W}{\partial z}dz$$

由此得

$$X = \frac{\partial W}{\partial x}, \quad Y = \frac{\partial W}{\partial y}, \quad Z = \frac{\partial W}{\partial z} \tag{2-6}$$

式(2-5)变为

$$dp = \rho dW \tag{2-7}$$

满足式(2-6)的函数称为势函数,当质量力可以用这样的函数表示时,则称为有势的质量力. 重力、惯性力都是有势的质量力. 式(2-7)称为静止流体中压强 p 的全微分方程,它表明:只有在有势质量力的作用下,流体才能保持平衡状态.

将式(2-7)积分,可得

$$p = \rho W + c$$

式中, c 为积分常数. 假设平衡液体自由面上某点 (x_0, y_0, z_0) 处的压强 p_0 及势函数 W_0 已知,则

$$c = p_0 - \rho W_0$$

因此,欧拉平衡微分方程的积分为

$$p = p_0 + \rho(W - W_0) \tag{2-8}$$

由式(2-8)可知,如果知道表示质量力的势函数 W,则可求出平衡流体中任意一点的压强 p. 因此,式(2-8)表述了平衡流体中的压强分布规律,是流体力学中的重要方程.

2.2.3 等压面

流体中压强相等的各点所组成的平面或曲面称为等压面,等压面上

$$p = C, \quad dp = 0$$

将其代入式(2-5)可得

$$Xdx + Ydy + Zdz = 0 \tag{2-9}$$

等压面有以下三个性质.

(1) 等压面也是等势面. 由式(2-7)可知,当 $dp = 0$ 时

$$dW = 0, \quad W = C$$

质量力函数等于常数的面叫作等势面,所以等压面也就是等势面.

(2) 等压面与单位质量力垂直. 由式(2-9)可知, X、Y、Z 是单位质量力在各轴上的投影, dx、dy、dz 是等压面上的微元长度 ds 在各轴上的投影,则式(2-9)表示单位质量力 $\boldsymbol{a}_m$ 在等压面内移动微元长度 ds 时所做的功为零,即 $\boldsymbol{a}_m \cdot d\boldsymbol{s} = 0$.

一般地，单位质量力 a_m 和微元位移 ds 均不为零，而它们的点积为零. 因此，等压面与单位质量力相互垂直.

(3) 两种不相混合液体的交界面是等压面. 如图 2-4 所示，密度分别为 ρ_1 和 ρ_2 的两种不相混合的液体在容器中处于平衡状态. 如果两种液体的交界面 a-a 不是等压面，则交界面上两点 A、B 的压强差从两种平衡液体中可以分别得到

$$\left. \begin{aligned} \mathrm{d}p = \rho_1 \mathrm{d}W \\ \mathrm{d}p = \rho_2 \mathrm{d}W \end{aligned} \right\}$$

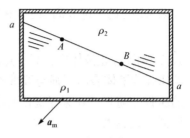

图 2-4　两平衡液体的交界面

因为 $\rho_1 \neq \rho_2$，这组等式在 $\mathrm{d}p \neq 0$，$\mathrm{d}W \neq 0$ 的情况下是不可能同时成立的. 只有 $\mathrm{d}p = 0$，$\mathrm{d}W = 0$ 时这组等式才能同时成立，因此交界面 a-a 必然是等压面.

2.3　流体静力学基本方程

在工程中经常遇到的是重力作用下的流体平衡方程，如果流体处于绝对静止状态，则流体所受的质量力只有重力. 本节讨论静止液体的压强分布规律及其计算等问题.

2.3.1　静止液体的压强分布规律

如图 2-5 所示的静止液体，建立其坐标系. 单位质量的质量力在各轴上的投影 $X = 0$、$Y = 0$、$Z = -g$，代入式(2-5)可得

$$\mathrm{d}p = \rho(-g\mathrm{d}z) = -\gamma \mathrm{d}z$$

对于均质液体 ρ =常数，对上式积分得

$$p = -\gamma z + c \tag{2-10}$$

$$z + \frac{p}{\gamma} = 常数 \tag{2-11}$$

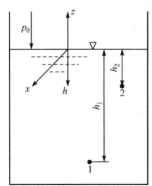

图 2-5　静止液体

式(2-11)表示静止液体中的压强分布规律,称为流体静力学基本方程. 它表明静止液体中，各处 $z + \dfrac{p}{\gamma}$ 的值均相等. 例如，对于图中的 1、2 两点，有

$$z_1 + \frac{p_1}{\gamma} = z_2 + \frac{p_2}{\gamma} \tag{2-12}$$

2.3.2 静止液体的压强计算

式(2-10)中的 c 是由边界条件确定的积分常数. 如果假定在液面上 $z=0$, $p=p_0$, 则由式(2-10)可得 $c=p_0$, 故

$$p = p_0 - \gamma z \qquad (2\text{-}13)$$

如果选取 h 的坐标方向与 z 轴相反, 则

$$p = p_0 + \gamma h \qquad (2\text{-}14)$$

式(2-14)即静止液体中任意一点的压强计算公式. 该式表明:静止液体中任意一点的压强为液体表面压强与液重压强 γh 之和. 在同一均质静止液体中, 任意位置处的压强是随其所处深度变化而增减的. 在液面以下的深度 h 越大, 则其所具有的压强 p 也越大.

因为平衡流体的等压面垂直于质量力, 而静止液体中的质量力只有重力, 所以静止液体中的等压面必然为水平面.

任意形式的连通器, 在紧密连续而又属同一性质的静止均质液体中, 深度相同的点, 其压强必然相同. 在图 2-6 中, 有 $p_1 = p_2$, $p_3 = p_4$, $p_C = p_D$. 而 $p_1 \neq p_3$, $p_2 \neq p_4$, 因为 A、B 两容器中的液体既不相连, 也不是同一性质的液体.

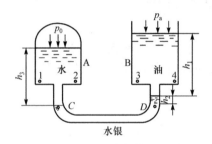

图 2-6 连通器

例 2.1 如图 2-6 所示静止液体中, 已知: $p_a = 98\text{kPa}$, $h_1 = 1\text{m}$, $h_2 = 0.2\text{m}$, 油的重度 $\gamma_{\text{oil}} = 7450\text{N}/\text{m}^3$, 水银的重度 $\gamma_M = 133\text{kN/m}^3$, C 点与 D 点同高, 求 C 点的压强.

解 由式(2-14)可得 D 点的压强为

$$\begin{aligned}
p_D &= p_a + \gamma_{\text{oil}} h_1 + \gamma_M h_2 \\
&= (98 + 7.45 \times 1 + 133 \times 0.2)\text{kPa} \\
&= 132.05\text{kPa}
\end{aligned}$$

C 点与 D 点同高且在同一连续液体中, 因此它们的压强相等, 故

$$p_C = p_D = 132.05\text{kPa}$$

2.3.3 绝对压强与相对压强

流体压强的大小可以不同的基准面起算, 常用绝对压强和相对压强表示. 以绝对真空或完全真空为基准计算的压强称为绝对压强, 以大气压强为基准计算的压强称为相对压强. 在式(2-14)中, p 为绝对压强; 如果液体表面与大气接触, 其表面压强 p_0 即为大气压强 p_a , 则 $p - p_0 = \gamma h$ 为相对压强 p' . 在一般工程中, 大

气压强处处存在并自相平衡,显示不出影响,所以绝大多数测压仪表是以当地大气压强为起点来测定压强的,即测压仪表所测出的压强是相对压强,因此相对压强又称计示压强或表压强.

绝对压强恒为正或零,而相对压强可正可负或为零.如果某点的压强小于大气压强,说明该点有真空存在,该点压强小于大气压强的数值称为真空度 p_v.

绝对压强、计示压强与真空度的关系如图2-7所示.当 $p > p_a$ 时,$p = p_a + p'$(绝对压强=大气压强+相对压强),$p' = p - p_a$;当 $p < p_a$ 时,$p = p_a - p_v$,$p_v = p_a - p$.

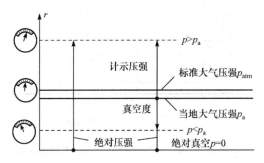

图 2-7　绝对压强、计示压强与真空度的关系

例 2.2　图 2-8 为一封闭水箱,已知箱内水面到 N-N 面的距离 $h_1 = 0.2\text{m}$,N-N 面到 M 点的距离 $h_2 = 0.5\text{m}$,求 M 点的绝对压强和相对压强. 箱内液面 p_0 为多少? 箱内液面处若有真空,求其真空度. 大气压强 p_a 取 101.3kPa.

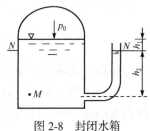

图 2-8　封闭水箱

解　N-N 为等压面,由式(2-14)可得 M 点的压强为

$$p_M = p_a + \gamma h_2 = (101.3 + 9.8 \times 0.5)\text{kPa} = 106.2\text{kPa}$$

$$p_M' = p_M - p_a = \gamma h_2 = (9.8 \times 0.5)\text{kPa} = 4.9\text{kPa}$$

箱内液面绝对压强为

$$p_0 = p_M - \gamma(h_1 + h_2) = (106.2 - 9.8 \times (0.2 + 0.5))\text{kPa} = 99.34\text{kPa}$$

由于 $p_0 < p_a$,故液面处有真空存在,真空度为

$$p_v = p_a - p_0 = (101.3 - 99.34)\text{kPa} = 1.96\text{kPa}$$

2.3.4　方程的几何意义与能量意义

如图 2-9 所示,以水平面 O-O 为基准,在容器中的 A、B 两点(分别距 O-O 为 z_A 及 z_B),各接一支上端开口(通大气)的测压管,液体将分别沿管上升 $\dfrac{p_A'}{\gamma}$ 及 $\dfrac{p_B'}{\gamma}$

的高度；再在容器的 C、D 两点(分别距 O-O 为 z_C 及 z_D)各接一支上端封闭(内部完全真空)的玻璃管，液体将分别沿管上升 $\dfrac{p_C}{\gamma}$ 及 $\dfrac{p_D}{\gamma}$ 的高度.

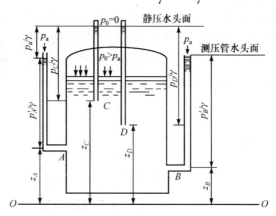

图 2-9　静力学基本方程的物理意义

z_A、z_B、z_C、z_D 为 A、B、C、D 点高于基准面 O-O 的位置高度，称为位置水头，亦即单位重量液体对基准面 O-O 的位能，称为比位能.

$\dfrac{p'_A}{\gamma}$、$\dfrac{p'_B}{\gamma}$ 为 A、B 点处的液体在压强 p'_A、p'_B 作用下能够上升的高度，称为测压管高度或相对压强高度.

$\dfrac{p_C}{\gamma}$、$\dfrac{p_D}{\gamma}$ 为 C、D 点处的液体在压强 p_C、p_D 作用下能够上升的高度，称为静压高度或绝对压强高度.

相对压强高度与绝对压强高度，均称为压强水头，也可理解为单位重量液体所具有的压力能，称为比压能.

位置水头与测压管高度之和 $z_A + \dfrac{p'_A}{\gamma}$，称为测压管水头. 位置水头与静压高度之和 $z_C + \dfrac{p_C}{\gamma}$，称为静压水头. 比位能与比压能之和，表示单位重量液体对基准面具有的势能，称为比势能. 根据式(2-14)可得

$$z_A + \frac{p'_A}{\gamma} = z_B + \frac{p'_B}{\gamma}$$

及

$$z_C + \frac{p_C}{\gamma} = z_D + \frac{p_D}{\gamma}$$

因为 A、B、C、D 均是在静止液体中任意选定的点，可以推广到其他各点. 因此，在同一静止液体中，许多点的测压管水头是相等的，许多点的静压水头也是相等的. 在这些点处，单位重量液体的比位能可以不相等，比压能也可以不相等，但其比位能与比压能可以相互转化，比势能总是相等的. 这就是流体静力学基本方程的几何意义与能量意义，即物理意义.

由图 2-9 可知，静压水头与测压管水头之差，就相当于大气压强 p_a 的液柱高度.

2.4　流体静压强的测量

2.4.1　静压强的单位

静压强的单位有三种表示形式.

(1) 应力单位. 以单位面积上的受力表示，单位为 N/m^2(Pa)或 kN/m^2(kPa). 应力单位多用于理论计算.

(2) 液柱高单位. 因为 $h = \dfrac{p}{\gamma}$，将应力单位的压强除以 γ 即为该压强的液柱高度. 测压计中常用水或汞作工作介质，因此液柱高单位有米水柱(mH$_2$O)、毫米汞柱(mmHg)等. 不同液柱高度的换算关系可由 $p = \gamma_1 h_1 = \gamma_2 h_2$ 求得为 $h_2 = \dfrac{\gamma_1}{\gamma_2} h_1 = \dfrac{\rho_1}{\rho_2} h_1$. 液柱高单位来源于实验测定，因此多用于实验室计量和通风、排水等工程测量中.

(3) 大气压单位. 标准大气压(atm)是根据北纬 45°海平面上 15°时测定的数值

$$1 \text{ 标准大气压(atm)} = 760 \text{mmHg} = 1.01325 \times 10^5 \text{Pa}$$

工程上为了计算方便，常以工程大气压(at)作为计算压强的单位，即

$$1 \text{ 工程大气压(at)} = 9.8 \times 10^4 \text{ Pa} = 735.6 \text{mmHg} = 10 \text{mH}_2\text{O}$$

大气压与大气压强是两个不同的概念，切勿相混. 大气压是计算压强的一种单位，其量是固定的；而大气压强是指某空间大气的压强，其量随此空间的地势和温度而变化. 大气压强可以高于 1atm(如北方的冬天)，也可以低于 1atm(如南方的夏天或高空). 若大气压强的数值未给出，可按 1atm 考虑.

表 2-1 列出了各种压强单位的换算关系. 表中巴(bar)不是我国法定计算单位，仅供参考. 1bar=0.987atm，即 1bar 近似等于 1atm.

表 2-1　压强单位及其换算关系表

帕(Pa)	巴(bar)	毫米汞柱(mmHg)	米水柱(mH$_2$O)	标准大气压(atm)	工程大气压(at)
1	10^{-5}	750×10^{-5}	10.2×10^{-5}	0.987×10^{-5}	1.02×10^{-5}
10^5	1	750	10.2	0.987	1.02
133	0.00133	1	0.0136	0.00132	0.00136

续表

帕(Pa)	巴(bar)	毫米汞柱(mmHg)	米水柱(mH₂O)	标准大气压(atm)	工程大气压(at)
9800	0.098	73.5	1	0.0968	0.1
1.013×10^5	1.013	760	10.33	1	1.033
98000	0.98	735.6	10	0.968	1

例 2.3 水体中某点压强产生 6m 的水柱高度，则该点的相对压强为多少？相当于多少标准大气压和工程大气压？

解 该点的相对压强为

$$p = \gamma h = (9800 \times 6) \text{Pa} = 58800 \text{Pa} = 58.8 \text{kPa}$$

标准大气压的倍数

$$\frac{p}{p_{\text{atm}}} = \frac{58800}{1.013 \times 10^5} \approx 0.58$$

工程大气压的倍数

$$\frac{p}{p_{\text{at}}} = \frac{58800}{98000} = 0.6$$

2.4.2 静压强的测量

流体静压强的测量仪表主要有液柱式、金属式和电测式三类. 液柱式仪表测量精度高，但量程较小，一般用于低压实验场所. 金属式仪表利用金属弹性元件的变形来测量压强，可测计示压强的称为压力表，可测真空度的称为真空表. 电测式将弹性元件的机械变形转化成电阻、电容、电感等电量，便于远距离测量及动态测量. 电测式压力计与流体力学基本理论联系不大，故在此只介绍液柱式和金属式测压仪表.

(1) 测压管. 在欲测压强处，直接连一根顶端开口直通大气、直径为 5～10mm 的玻璃管，即为测压管，如图 2-10 所示. 在 A 点的压强 p_A' 的作用下，测压管中的液面上升直到维持平衡，此时测压管的液面高度 $h_A = \dfrac{p_A'}{\gamma}$. 这种测压管可以测量小于 20kPa 的压强，如果压强大于此值，就不便使用.

将上述测压管改成如图 2-11 所示形式，则为倒式测压管或真空计. 量取 h_v 的数值，便可算出容器 D 中自由液面处的真空度.

有时为了提高测量精度，可将测压管改成如图 2-12 所示的形式，称为倾斜测压管或斜管压力计. 此时 $p_0 = p_a + \gamma h \approx p_a + \gamma l \sin\theta$. 通常 θ 为固定值，如果量取

了 l 值，即可计算出压强.

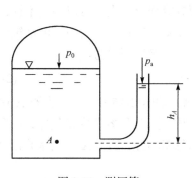

图 2-10　测压管

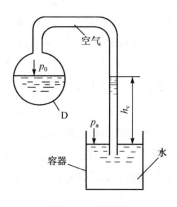

图 2-11　真空计

(2) U 形测压管. 为了克服测压管测量范围和工作液体的限制，常使用 U 形测压管和 U 形管真空计来测量 0.3MPa 以内的压强.

如图 2-13 所示 U 形测压管，$N\text{-}N$ 面为等压面.

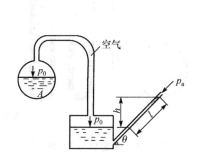

图 2-12　倾斜测压管

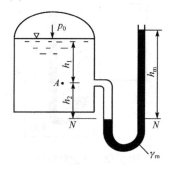

图 2-13　U 形测压管

在 U 形测压管的左边

$$p_N = p_0 + \gamma(h_1 + h_2)$$

在 U 形测压管的右边

$$p_N = p_a + \gamma_m h_m$$

所以

$$p_0 + \gamma(h_1 + h_2) = p_a + \gamma_m h_m$$

$$p_0 = p_a + \gamma_m h_m - \gamma(h_1 + h_2)$$

$$p_A = p_0 + \gamma h_1 = p_a + \gamma_m h_m - \gamma h_2$$

测出 h_1、h_2、h_m 的值，即可算出 p_0 和 p_A.

(3) 杯式测压计和多支 U 形管测压计. 杯式测压计是一种改良的 U 形测压管, 如图 2-14 所示. 它是由一个内盛水银的金属杯与装在刻度板上的开口玻璃管相连接而组成的测压计. 一般测量时, 杯内水银面升降变化不大, 可以略去不计, 故以此面为刻度零点. 要求精确的测量时, 可移动刻度零点, 使之与杯内水银面齐平. 设水和水银的重度分别为 γ_W、γ_M, 则 C 点的绝对压强为

$$p_C = p_a + \gamma_M h - \gamma_W L \tag{2-15}$$

多支 U 形管测压计是几个 U 形管的组合物, 如图 2-15 所示. 当容器 A 中气体的压强大于 0.3MPa 时, 可采用这种形式的测压计. 如果容器内是气体, U 形管上端接头处也充以气体时, 气体重量影响可以忽略不计, 容器 A 中气体的相对压强为

$$p'_A = \gamma_M h_1 + \gamma_M h_2 \tag{2-16}$$

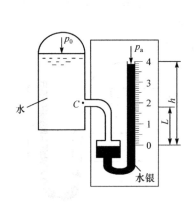

图 2-14　杯式测压计

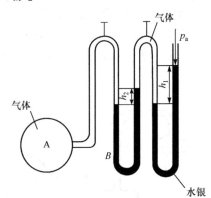

图 2-15　多支 U 形管测压计

也可在右边多装几支 U 形管, 以测更大的压强. 如果 U 形管上部接头处充满的是水, 则图中 B 点的相对压强为

$$p'_B = \gamma_M h_1 + (\gamma_M - \gamma_W) h_2 \tag{2-17}$$

求出 B 点压强后, 可以推算出容器 A 中任意一点的压强.

(4) 差压计. 在工程实际中, 有时并不需要具体知道某点压强的大小而是要了解某两点的压强差, 测量两点压强差的仪器称为差压计. 图 2-16 为测量 A、B 两点压强差的差压计, 在 A、B 两点压力差的作用下, 水银面产生一高差 Δh, 经分析计算可得 A、B 两点的压强差为

$$p_B - p_A = \gamma_A(h_1 + h_2) + \gamma_m \Delta h - \gamma_B(h_2 + \Delta h) \tag{2-18}$$

如果 A、B 两处均为水, 则

$$p_B - p_A = \gamma_W h_1 + 12.6\gamma_W \Delta h$$
$$= \gamma_W (z_A - z_B) + 12.6\gamma_W \Delta h$$

(5) 金属压力表与真空表. 金属式测压仪器具有构造简单、测压范围广、携带方便、测量精度足以满足工程需要等优点，因而在工程中被广泛采用. 常用的金属式测压计有弹簧管压力计，它的工作原理是利用弹簧元件在被测压强作用下产生弹簧变形带动指针指示压力.

图 2-17 为一弹簧管压力计示意图，它的主要部分为一环形金属管，管的断面为椭圆形，开口端与测点相通，封闭端有联动杆与齿轮相连. 当大气进入管中时，指针的指示值为零，当传递压力的介质进入管中时，压力的作用使金属伸展，通过拉杆和齿轮带动，指针在刻度盘上指出压强数值. 压力表测出的压强是相对压强，又称表压强. 习惯上称只测正压的表为压力表.

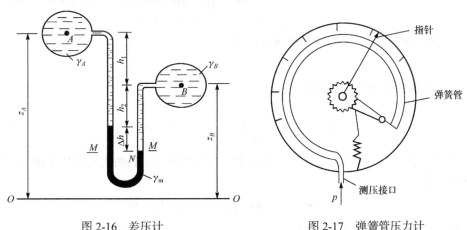

图 2-16　差压计　　　　　　　图 2-17　弹簧管压力计

另有一种金属真空计，其结构与压力表相似. 当大气进入管中时，指针的指示值仍为零，当传递压力的介质进入管中时，由于压力小于大气压力，金属管将发生收缩变形，这时指针的指示值为真空值. 常称这种只测负压的表为真空表.

例 2.4　如图 2-13 所示，在容器的侧面装一支水银 U 形测压管. 已知 $h_m = 1\text{m}$，$h_1 = 0.3\text{m}$，$h_2 = 0.4\text{m}$，则容器液面的相对压强为多少? 相当于多少工程大气压?

解　容器液面的相对压强为

$$p_0 = \gamma_m h_m - \gamma (h_1 + h_2) = (133280 \times 1 - 9800 \times (0.3 + 0.4))\text{Pa}$$
$$= 126420\text{Pa} = 126.42\text{kPa}$$

工程大气压的倍数

$$\frac{p_0}{p_{at}} = \frac{126420}{98000} = 1.29$$

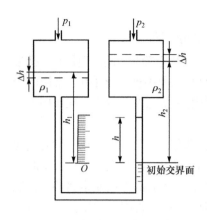

图 2-18　杯式二液式微压计

例 2.5　测量较小压强或压强差的仪器称为微压计. 如图 2-18 所示的微压计是由 U 形管连接的两个相同圆环所组成的, 两杯中分别装入互不混合而又密度相近的两种工作液体, 如酒精溶液和煤油. 当气体压强 $\Delta p = p_1 - p_2 = 0$ 时, 两种液体的初始交界面在标尺 O 点处, 已知 U 形管直径 $d = 5\,\text{mm}$, 杯直径 $D = 50\,\text{mm}$, 酒精溶液 $\gamma_1 = 8500\,\text{N/m}^3$, 煤油 $\gamma_2 = 8130\,\text{N/m}^3$. 试确定使交界面升至 $h = 280\,\text{mm}$ 时的压强差 Δp.

解　设两杯中初始液面距离为 h_1 及 h_2. 当 U 形管中交界面上升 h 时, 左杯液面下降及右杯液面上升均为 Δh. 由初始平衡状态可知

$$\gamma_1 h_1 = \gamma_2 h_2 \tag{1}$$

由于 U 形管与杯中升降的液体体积相等, 可得

$$\Delta h \cdot \frac{\pi}{4} D^2 = h \cdot \frac{\pi}{4} d^2, \quad \Delta h = \left(\frac{d}{D}\right)^2 h \tag{2}$$

以变动后的 U 形管中的交界面为基准, 分别列出左、右两边的液体平衡基本公式可得

$$p_1 + \gamma_1 \left(h_1 - \Delta h - h\right) = p_2 + \gamma_2 \left(h_2 + \Delta h - h\right)$$

将式(1)及(2)代入后整理, 可得

$$\begin{aligned}
\Delta p = p_1 - p_2 &= \left[\gamma_1 - \gamma_2 + (\gamma_1 + \gamma_2)\left(\frac{d}{D}\right)^2\right] h \\
&= \left[8500 - 8130 + (8500 + 8130) \times \left(\frac{5}{50}\right)^2\right] \times 0.28 \\
&\approx 150.2(\text{Pa})
\end{aligned}$$

或换算成水柱, 则

$$h = \frac{\Delta p}{\gamma_\text{W}} = \frac{150.2}{9800}\,\text{mH}_2\text{O} \approx 0.015\,\text{mH}_2\text{O} = 15\,\text{mmH}_2\text{O}$$

由计算结果可知, 要测量的压强差只有 15mm H_2O 之微, 而用微压计却可以得到 280mm 的读数, 这充分显示出微压计的放大效果. U 形管与杯直径之比及两种液体的重度差越小, 放大效果越显著.

例 2.6　如图 2-19 所示为烟气脱硫除尘工程中的气水分离器,其右侧装一个水银 U 形测压管,量得 $\Delta h = 200\text{mm}$,此时分离器中水面高度 H 为多少?

解　分离器中水面处的真空度为

$$p_v = \gamma_M \Delta h = 133280 \times 0.2 = 26656(\text{Pa})$$

自分离器到水封槽中的水,可以看成是静止的,在 A、B 两点列出流体静力学基本方程

$$0 + \frac{p_a}{\gamma} = H + \frac{p_B}{\gamma}$$

即

$$0 + \frac{p_a}{\gamma} = H + \frac{p_a - p_v}{\gamma}$$

故

$$H = \frac{p_v}{\gamma} = \frac{26656}{9800} = 2.72(\text{m})$$

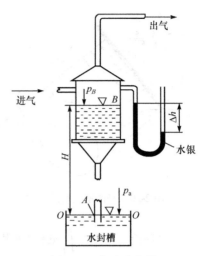

图 2-19　气水分离器

2.5　静止流体对平面壁的作用力

工程上常遇到计算水坝、水库闸门、水箱、容器、管道或水池等结构物的强度,计算液体中潜浮物体的受力,以及液压油缸、活塞及各种形状闸门的受力等问题,这种静止流体作用在壁面上的力就是流体静压力. 流体静压力的大小、方向、作用点与受压面的形状及受压面上流体静压强的分布有关. 2.5 节和 2.6 节分别讨论静止流体对平面壁和曲面壁的作用力.

2.5.1　平面壁上的总压力

如图 2-20 所示,设平面壁与水平面的夹角为 α ,将液体拦蓄在其左侧. 取如图所示坐标系,将平面壁绕 z 轴旋转 $90°$,绘在右下方.

液体作用在平面壁上的总压力为平面壁上所受静压强的总和,因此总压力的方向重合于平面壁的内法线,下面仅讨论总压力的大小.

在平面壁上取微元面积 $\text{d}A$,并假设其形心位于液面下 h 深处,其形心处的压强为

$$p = p_0 + \gamma h$$

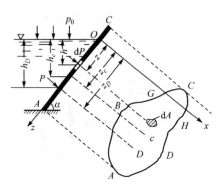

图 2-20　平面壁上的总压力

此微元面积 dA 所受的压力为

$$dP = (p_0 + \gamma h)dA$$

由图可知

$$h = z \sin \alpha$$

作用在平面壁上的总压力为

$$P = \int_A (p_0 + \gamma h)dA$$

$$= \int_A (p_0 + \gamma z \sin \alpha)dA$$

$$= p_0 A + \gamma \sin \alpha \int_A z dA$$

由理论力学知, $\int_A z dA$ 是面积 $GBADH$ 绕 x 轴的静力矩, 其值为 $z_c A$. 其中 z_c 是面积 A 的形心 c 到 x 轴的距离. 因此

$$P = p_0 A + \gamma \sin \alpha z_c A = p_0 A + \gamma h_c A \tag{2-19}$$

式中, h_c 为受压面 $GBADH$ 的形心 c 在水面以下的深度.

就平面壁 $GBADH$ 来说, 其左、右两侧都承受 p_0 的作用, 互相抵消其影响. 因此

$$P = \gamma h_c A \tag{2-20}$$

式(2-20)表明:静止液体作用于任意形状平面壁上的总压力等于形心处液体静压强与受压面积的乘积, 其方向为受压面的内法线方向.

2.5.2　总压力的作用点

设总压力的作用点为 D , 其坐标为 z_D , 在液面以下的深度为 h_D . 由理论力学知, 合力对任一轴的力矩等于其分力对同一轴的力矩之和, 即

$$P_{z_D} = \int_A \gamma h z dA = \int_A \gamma z^2 \sin \alpha dA = \gamma \sin \alpha \int_A z^2 dA \tag{2-21}$$

式中, $\int_A z^2 dA = I_x$ 为受压面积 $GBADH$ 对 x 轴的惯性矩, 总压力 $P = \gamma h_c A$, 因此

$$\gamma h_c A z_D = \gamma \sin \alpha I_x, \quad z_D = \frac{\sin \alpha I_x}{h_c A}$$

根据惯性矩移轴定理得 $I_x = I_c + z_c^2 A$, I_c 为受压面积对通过其形心 c 且与 x 轴平行的轴的惯性矩, 所以

$$z_D = \frac{\sin \alpha \left(I_c + z_c^2 A \right)}{h_c A} = \frac{\sin \alpha \left(I_c + z_c^2 A \right)}{z_c \sin \alpha A} = z_c + \frac{I_c}{z_c A}$$

即

$$z_D = z_c + \frac{I_c}{z_c A} \tag{2-22}$$

由式(2-22)看出，总压力 P 的作用点 D 总是低于受压面形心 c 点的.

实际工程中的受压壁面大多是轴对称面(此轴与 z 轴平行)，总压力 P 的作用点 D 必然位于此对称轴上. 因此，运用式(2-22)完全可以确定 D 点位置. 如果受压壁面是垂直的，则 z_c、z_D 分别为受压面积形心 c 及总压力作用点 D 在水面下的垂直深度 h_c 及 h_D. 如果受压面水平放置，则其总压力的作用点与受压面的形心重合.

几种常见平面图形的面积 A、形心坐标 z_c 和惯性矩 I_c 见表 2-2.

表 2-2 几种常见平面图形的面积、形心坐标和惯性矩

平面形状	面积 A	形心坐标 z_c	惯性矩 I_c
矩形	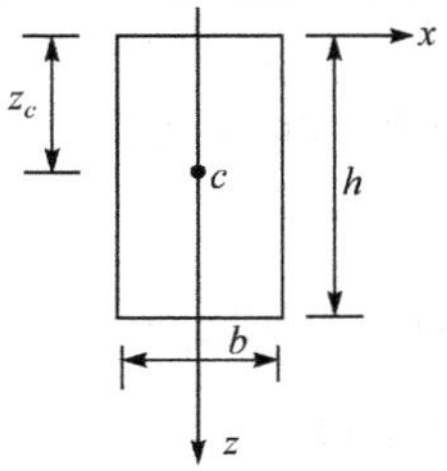 bh	$\frac{1}{2}h$	$\frac{1}{12}bh^3$
三角形	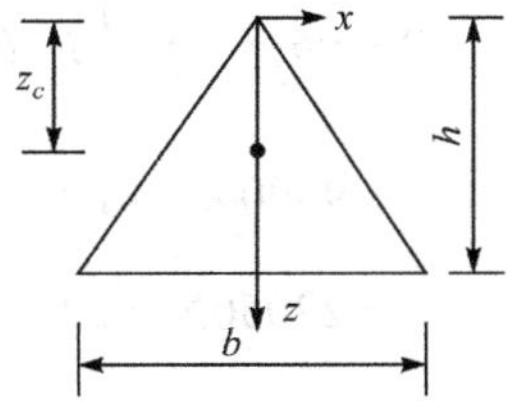 $\frac{1}{2}bh$	$\frac{2}{3}h$	$\frac{1}{36}bh^3$
圆形	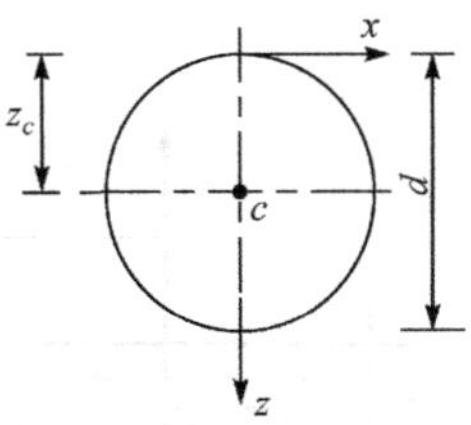 $\frac{1}{4}\pi d^2$	$\frac{d}{2}$	$\frac{\pi}{64}d^4$
半圆形	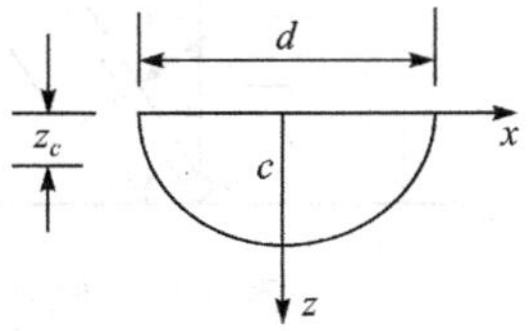 $\frac{1}{8}\pi d^2$	$\frac{2d}{3\pi}$	$\frac{1}{16}\left(\frac{\pi}{8}-\frac{8}{9\pi}\right)$

续表

平面形状		面积 A	形心坐标 z_c	惯性矩 I_c
梯形	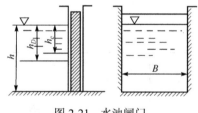	$\dfrac{h}{2}(a+b)$	$\dfrac{h}{3}\left(\dfrac{a+2b}{a+b}\right)$	$\dfrac{h^2}{36}\left(\dfrac{a^2+4ab+b^2}{a+b}\right)$
椭圆形		$\dfrac{\pi}{4}bh$	$\dfrac{h}{2}$	$\dfrac{\pi}{64}bh^3$

例 2.7 图 2-21 为一水池的闸门. 已知宽 $B=2\text{m}$ ，水深 $h=1.5\text{m}$. 求作用于闸门上总压力的大小及作用点位置.

图 2-21 水池闸门

解 已知 $z_c=h_c=\dfrac{1}{2}h$ ，$A=Bh$ ，由式(2-20)得

$$P=\gamma h_c A=\gamma\cdot\frac{1}{2}h\cdot Bh$$

$$=9800\times\frac{1}{2}\times1.5\times2\times1.5\text{N}$$

$$=22050\text{N}=22.05\text{kN}$$

由表 2-2 可知，此矩形闸门 $I_c=\dfrac{1}{12}Bh^3$.

由式(2-22)得总压力的作用点

$$z_D=z_c+\frac{I_c}{z_cA}=h_c+\frac{I_c}{h_cA}=\frac{1}{2}h+\frac{\frac{1}{12}Bh^3}{\frac{1}{2}h\cdot Bh}$$

$$=\frac{1}{2}\times1.5+\frac{\frac{1}{12}\times2\times1.5^3}{\frac{1}{2}\times1.5\times2\times1.5}=1(\text{m})$$

例 2.8 如图 2-22 所示，倾斜闸门

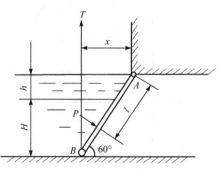

图 2-22 倾斜闸门

AB ，宽度 B 为 1m(垂直于图面)，A 处为铰链轴，整个闸门可绕此轴转动. 已知水深 $H = 3\text{m}$ ，$h = 1\text{m}$ ，闸门自重及铰链中的摩擦力可略去不计. 求升起此闸门时所需垂直向上的力.

解 　由式(2-20)得闸门受液体的总压力为

$$P = \gamma h_c A = \gamma \cdot \frac{1}{2} H \cdot B \cdot \frac{H}{\sin 60°}$$

$$= 9800 \times \frac{1}{2} \times 3 \times 1 \times \frac{3}{\sin 60°} \text{N}$$

$$= 50922\text{N} \approx 50.92\text{kN}$$

由式(2-22)得总压力的作用点 D 到铰链轴 A 的距离为

$$l = \frac{h}{\sin 60°} + \left(z_c + \frac{I_c}{z_c A} \right)$$

$$= \frac{h}{\sin 60°} + \left[\frac{\dfrac{1}{2} H}{\sin 60°} + \frac{\dfrac{1}{12} B \left(\dfrac{H}{\sin 60°} \right)^3}{\dfrac{1}{2} \times \dfrac{H}{\sin 60°} \times B \times \dfrac{H}{\sin 60°}} \right]$$

$$= \frac{h}{\sin 60°} + \frac{H}{2\sin 60°} + \frac{H}{6\sin 60°} = 3.464\text{m}$$

由图可看出

$$x = \frac{H + h}{\tan 60°} = \frac{3 + 1}{\tan 60°} = 2.31(\text{m})$$

根据力矩平衡，当闸门刚刚转动时，力 P 、T 对铰链 A 的力矩代数和应为零，即

$$\sum M_A = Pl - Tx = 0$$

故

$$T = \frac{Pl}{x} = \left(\frac{50.92 \times 3.464}{2.31} \right) \text{kN} \approx 76.36\text{kN}$$

2.6 　静止流体对曲面壁的作用力

2.6.1 　总压力

设二向曲面壁 $EFBC$ 左边承受水压，如图 2-23(a)所示. 现确定此曲面壁上的 $ABCD$ 部分所承受的总压力.

此曲面在 xOz 平面上的投影如图 2-23(b)所示. 在此面上取微元面积 $\text{d}A$ ，其形

心在水面以下的深度为 h，则此微元面积上所承受的压力为

$$\mathrm{d}P = \gamma h \mathrm{d}A$$

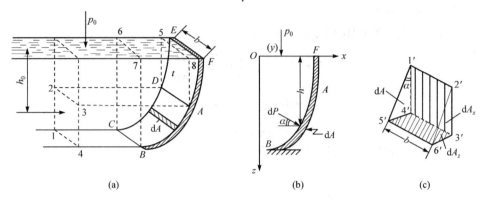

图 2-23　二向曲面壁上的总压力

此压力垂直于微元面积 $\mathrm{d}A$，并指向右下方，与水平面成 α 角. 可将其分解为水平分力和垂直分力

$$\left.\begin{array}{l}\text{水平分力}\quad \mathrm{d}P_x = \mathrm{d}P\cos\alpha = \gamma h \mathrm{d}A\cos\alpha \\ \text{垂直分力}\quad \mathrm{d}P_z = \mathrm{d}P\sin\alpha = \gamma h \mathrm{d}A\sin\alpha\end{array}\right\} \tag{2-23}$$

由图 2-23(c)可知，$\mathrm{d}A\cos\alpha$ 为 $\mathrm{d}A$ 在垂直面 yOz 面上的投影面积 $\mathrm{d}A_x$；$\mathrm{d}A\sin\alpha$ 为 $\mathrm{d}A$ 在水平面 xOy 面上的投影面积 $\mathrm{d}A_z$. 因此式(2-23)可改写为

$$\left.\begin{array}{l}\mathrm{d}P_x = \gamma h \mathrm{d}A_x \\ \mathrm{d}P_z = \gamma h \mathrm{d}A_z\end{array}\right\} \tag{2-24}$$

将式(2-24)沿曲面 $ABCD$ 相应的投影面积积分，可得此曲面所受液体的总压力 P 为

$$\left.\begin{array}{l}\text{水平分力}\quad P_x = \int_{A_x} \gamma h \mathrm{d}A_x = \gamma \int_{A_x} h \mathrm{d}A_x \\ \text{垂直分力}\quad P_z = \int_{A_z} \gamma h \mathrm{d}A_z = \gamma \int_{A_z} h \mathrm{d}A_z\end{array}\right\} \tag{2-25}$$

式中，$\int_{A_x} h \mathrm{d}A_x$ 为曲面 $ABCD$ 的垂直投影面积 A_x（即面积 1234）绕 y 轴的静力矩，可表示为

$$\int_{A_x} h \mathrm{d}A_x = h_0 A_x$$

h_0 为投影面积 A_x 的形心在水面下的深度. 因此，总压力 P 的水平分力为

$$P_x = \gamma h_0 A_x \tag{2-26}$$

式(2-25)中 A_z 为曲面 $ABCD$ 在水平面上的投影面积，则 $\int_{A_z} h \mathrm{d}A_z$ 为曲面 $ABCD$ 以

上的液体体积，即体积 $ABCD5678$，称为实压力体或正压力体，可用 V 表示. 故总压力 P 的垂直分力为

$$P_z = \gamma V \tag{2-27}$$

若二向曲面壁的左边为大气，右边承受水压，则总压力的方向将由右下方指向左上方，其垂直分力 P_z 的大小仍可用式(2-27)计算，但方向却为垂直向上. 此压力体 V 不被液体所充满，称为虚压力体或负压力体.

由式(2-26)及式(2-27)两式可看出：曲面 $ABCD$ 所承受的垂直压力 P_z 恰为体积 $ABCD\,5678$ 内的液体重量，其作用点为压力体 $ABCD\,5678$ 的重心. 曲面 $ABCD$ 所承受的水平压力 P_x 为该曲面的垂直投影面积 A_x 上所承受的压力，其作用点为这个投影面积 A_x 的压力中心.

液体作用在曲面上的总压力为

$$P = \sqrt{P_x^2 + P_z^2} \tag{2-28}$$

总压力的倾斜角为

$$\theta = \arctan \frac{P_z}{P_x} \tag{2-29}$$

总压力 P 作用点的确定：作出 P_x 及 P_z 的作用线，得交点，过此交点，按倾斜角 θ 作总压力 P 的作用线，与曲面壁相交的点，即为总压力 P 的作用点.

2.6.2 浮力

根据以上二向曲面的静水总压力的计算原理及公式，可方便得出浸没于液体中任意形状的物体所受到的总压力.

设有一球形物体浸没于液体中，如图 2-24 所示，该物体在液面以下的某一深度维持平衡. 若物体的重力为 G，其铅直投影面上的力 $P_x = P_{x_1} - P_{x_2} = 0$，压力体由上半曲面形成的压力的方向向下的压力体和下半曲面形成的压力的方向向上的压力体叠加而成，图中重叠的阴影线表示互相抵消，于是垂直方向的力为

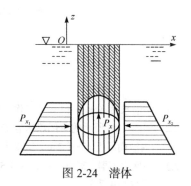

图 2-24 潜体

$$P_z = \gamma V = \text{液体的重度} \times \text{物体的体积}$$

力的方向向上，该力又称为浮力. 也就是说，物体在液体中所受的浮力的大小等于它所排开同体积的水所受的重力，这就是阿基米德原理.

浮力的大小与物体所受重力之比有下列三种情况：

(1) $G > P_z$ 称为沉体. 物体下沉，例如，石块在水中下沉和沉箱充水下沉.

(2) $G = P_z$ 称为潜体. 物体可在任何深度维持平衡，如潜水艇.

(3) $G < P_z$ 称为浮体. 物体部分露出水面，如船舶、浮标、航标等.

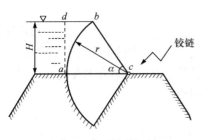

图 2-25　扇形旋转闸门

例 2.9　如图 2-25 所示扇形旋转闸门，中心角 $\alpha = 45°$，宽度 $B = 1\text{m}$（垂直于图面），可以绕铰链 c 旋转，用于蓄(泄)水. 已知水深 $H = 3\text{m}$，确定水作用于此闸门上的总压力 P 的大小和方向.

解　由图可知

$$r = \frac{H}{\sin \alpha} = \frac{3}{\sin 45°} = 4.24(\text{m})$$

$$db = ac - bc \cos \alpha = r(1 - \cos 45°) = 1.24\text{m}$$

由式(2-26)得水平方向的分力为

$$P_x = \gamma h_0 A_x = \gamma \cdot \frac{H}{2} \cdot BH = 9800 \times \frac{3}{2} \times 1 \times 3\text{N}$$

$$= 44100\text{N} = 44.1\text{kN}$$

由式(2-27)得垂直方向的分力为

$$P_z = \gamma V = \gamma[(梯形面积adbc - 扇形面积acb) \times 宽度B]$$

$$= 9800 \times \left[\left(\frac{1.24 + 4.24}{2} \times 3 - \frac{\pi \times 4.24^2 \times 45°}{360°}\right) \times 1\right]\text{N}$$

$$\approx 11370\text{N} = 11.37\text{kN}$$

故总压力

$$P = \sqrt{P_x^2 + P_z^2} = \sqrt{44.1^2 + 11.37^2}\text{kN} \approx 45.54\text{kN}$$

P 对水平方向的倾斜角为

$$\theta = \arctan \frac{P_z}{P_x} = \arctan \frac{11.37}{44.1} = 14°27'$$

习　题　2

2.1　一潜水员在水下 15m 处工作，问潜水员在该处所受的压强是多少？

2.2　如图 2-26 所示的密闭盛水容器，已知：测压管中液面高度 $h = 1.5\text{m}$，$p_a = 101.3\text{kPa}$，容器内液面高度 $h' = 1.2\text{m}$. 试求容器内液面压强 p_0 的值.

2.3　一盛水容器，某点的压强是 $1.5\text{mH}_2\text{O}$，求该点的绝对压强和相对压强，并分别用水柱和水银柱高度表示.

2.4　容器内装有气体，旁边的一个 U 形测压管内盛清水，如图 2-27 所示. 现测得 $h_v = 0.3\text{m}$，问容器中气体的相对压强 p' 为多少？它的真空度为多少？

2.5　在盛水容器的旁边有一支 U 形测压管，内盛水银，并测得有关数据如图 2-28 所示. 问

容器中心 M 处绝对压强、相对压强各为多少?

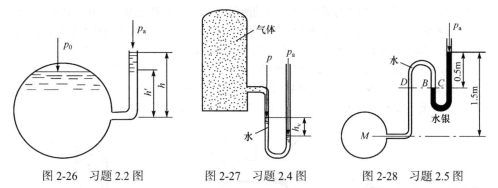

图 2-26　习题 2.2 图　　　　图 2-27　习题 2.4 图　　　　图 2-28　习题 2.5 图

2.6　内装空气的容器与两根水银 U 形测压管相通,水银的重度 $\gamma_M = 133\text{kN/m}^3$,今测得下面开口 U 形测压管中的水银面高差 $h_1 = 30\text{cm}$,如图 2-29 所示. 问上面闭口 U 形测压管中的水银面高度差 h_2 为多少? (气体重度的影响可以忽略不计.)

2.7　如图 2-30 所示,两容器 A、B,容器 A 装的是水,容器 B 装的是酒精,重度为 8kN/m³,用 U 形水银压差计测量 A、B 中心点压差,已知 $h_1 = 0.3\text{m}$, $h = 0.3\text{m}$, $h_2 = 0.25\text{m}$,求其压差.

2.8　如图 2-31 所示,在某栋建筑物的第一层楼处,测得煤气管中煤气的相对压强 p'_A 为 100mmH₂O. 已知第八层楼比第一层高 $H = 32\text{m}$. 问在第八层楼处煤气管中,煤气的相对压强为多少? 空气及煤气的密度可以假定不随高度而变化,煤气的重度 $\gamma_G = 4.9\text{N/m}^3$.

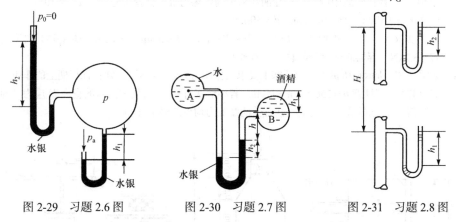

图 2-29　习题 2.6 图　　　　图 2-30　习题 2.7 图　　　　图 2-31　习题 2.8 图

2.9　如图 2-32 所示,试由多管压力计中水银面高度的读数确定压力水箱中 A 的相对压强(所有读数均自地面算起,其单位为 m).

2.10　如图 2-33 所示的环形压差计是用来测量气体微小压强差的一种仪器,直径为 d 的圆管弯成平均直径为 D 的圆环形状,顶部 P 用隔板隔开,下部充入适量汞,圆环用刃口支承在环中心上,下部连接有配重和指针,当压强差 $\Delta p = p_1 - p_2 = 0$ 时,指针指零. 当 $\Delta p > 0$ 时,环中汞被压向右边,而圆环与配重指针则顺时针偏转一定角 θ 以保持仪器平衡. 已知 $D = 50\text{mm}$, $d = 6\text{mm}$,配重心的半径 $a = 60\text{mm}$,要求当 $\Delta p = 30\text{kPa}$ 时,偏转角 $\theta = 30°$,

问配重应选取的质量是多少?

2.11 如图 2-34 所示,为了测量高度差为 z 的两个水管中的微小压强差 $p_B - p_A$,用顶部充有较水轻而与水不相混合的液体的倒 U 形管.(1)已知 A、B 管中的液体相对密度 $d_1 = d_3 = 1$,倒 U 形管中液体相对密度 $d_2 = 0.95$,$h_1 = h_2 = 0.3$ m,$h_3 = 1$ m,试求压强差 $p_B - p_A$;(2)仪器不变,工作液体不变,但两管道中的压强差 $p_B - p_A = 3825.9$ Pa,试求此时液柱高度 h_1、h_2、h_3 及 z;(3)求使倒 U 形管中液面成水平,即 $h_2 = 0$ 时的压强差 $p_B - p_A$;(4)如果换成 $d_2 = 0.6$ 的工作液体,试求使 $p_B - p_A = 0$ 时的 h_1、h_2 及 h_3.

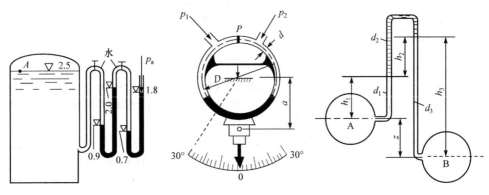

图 2-32 习题 2.9 图   图 2-33 习题 2.10 图   图 2-34 习题 2.11 图

2.12 如图 2-35 所示,在压力筒内需引入多大的压强 p_1,方能在拉杆方向上产生一个力 F 为 7840N.活塞在圆筒中以及拉杆在油封槽中的摩擦力等于活塞上总压力 F 的 10%,已知压强 $p_2 = 98$kPa,$D = 100$mm,$d = 30$mm.

2.13 如图 2-36 所示的圆锥形盛水容器,已知 $D = 1$m,$d = 0.5$m,$h = 2$m.如在盖上加重物 $G = 3.2$kN,容器底部所受的总压力为多少?

2.14 如图 2-37 所示水压机中,大活塞上要求的作用力 $G = 4.9$kN.已知:杠杆柄上的作用力 $F = 147$N,杠杆臂 $b = 75$cm,$a = 15$cm.若小活塞直径为 d,问大活塞的直径 D 应为 d 的多少倍? (活塞的高差、重量及其所受的摩擦力均可忽略不计.)

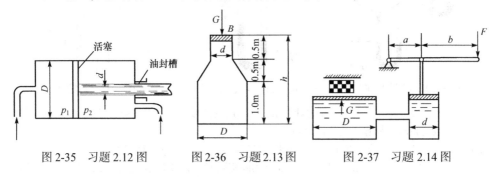

图 2-35 习题 2.12 图   图 2-36 习题 2.13 图   图 2-37 习题 2.14 图

2.15 一矩形平板高为 1.5m,宽度为 1.2m,倾斜放置在水中,其倾角为 $60°$,有关尺寸如图 2-38 所示.求作用在平板上总压力 P 的大小和作用点的液深 h_D.

2.16 如图 2-39 所示,泄水池底部放水孔上放一圆形平面闸门,直径 $d = 1$m,门的倾角 $\theta = 60°$,

求作用在门上的总压力 P 的大小及其作用点的液深 h_D. 已知平面闸门顶上水深 $h = 2m$.

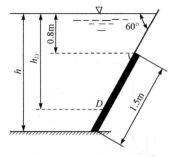

图 2-38 习题 2.15 图

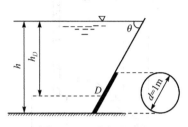

图 2-39 习题 2.16 图

2.17 矩形闸门长 1.5m,宽 2m(垂直于图面),A 端为铰链,B 端连在一条倾斜角 $\alpha = 45°$ 的铁链上,用以开启此闸门,如图 2-40 所示. 量得库内水深,并标在图上. 今欲沿铁链方向用力 T 拉起此闸门,若不计摩擦与闸门自重,问 T 应为多少?

2.18 如图 2-41 所示,船闸宽度 $B = 25m$,上游水位 $H_1 = 63m$,下游水位 $H_2 = 48m$,船闸用两扇矩形闸门开闭,试求作用在每个闸门上的水静压力大小及压力中心距基底的标高.

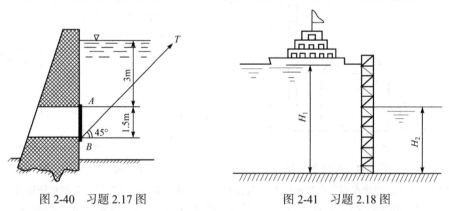

图 2-40 习题 2.17 图   图 2-41 习题 2.18 图

2.19 水池的侧壁上,装有一根直径 $d = 0.6m$ 的圆管,圆管内口切成 $\alpha = 45°$ 的倾角,并在这个切口上装上了一块可以绕上端铰链旋转的盖板,$h = 2m$,如图 2-42 所示. 如果不计盖板自重以及盖板与铰链间的摩擦力,问升起盖板的力 T 为多少?

2.20 在高度 $H = 3m$,宽度 $B = 1m$ 的柱形密闭高压水箱上,用汞 U 形管连接于水箱底部,测得水柱高度 $h_1 = 2m$,汞柱高 $h_2 = 1m$,矩形闸门与水平方向成 $45°$,转轴在 O 点,如图 2-43 所示. 为使闸门关闭,试求在转轴上所需施加的锁紧力矩 M.

2.21 如图 2-44 所示立式圆筒容器,容器底部为平面,上盖为半圆形,容器中装的是水,测管高度 $h = 5m$,圆筒部分高度 $H = 2m$,容器直径 $D = 2m$,求使上盖圆筒部分离开的力.

2.22 一挡水二向曲面 AB 如图 2-45 所示,已知 $d = 1m$、$h_1 = 0.5m$、$h_2 = 1.5m$,门宽 $B = 5m$,求总压力的大小和方向.

2.23 容器底部有一直径为 d 的圆孔,用一个直径为 $D (= 2r)$、重量为 G 的圆球堵塞,圆球底部顶点到容器底部内侧平面的垂直距离为 $r/2$,如图 2-46 所示. 当容器内水深 $H = 4r$ 时,欲将此球向上升起以便放水, 问所需垂直向上的力 P 为多少? 已知 $d = \sqrt{3}r$, 水的重度为 γ.

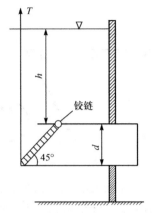

图 2-42 习题 2.19 图

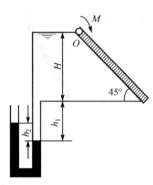

图 2-43 习题 2.20 图

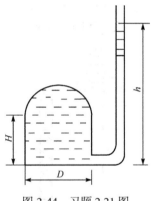

图 2-44 习题 2.21 图

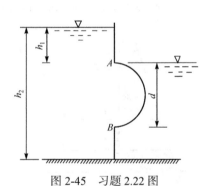

图 2-45 习题 2.22 图

2.24 设计自动泄水阀要求当水位 $h = 25\text{cm}$ 时, 用沉没一半的圆柱形浮标将细杆所连接的堵塞自动提起, 如图 2-47 所示. 已知堵塞直径 $d = 6\text{cm}$, 浮标长 $l = 20\text{cm}$, 活动部件的质量 $m = 0.08\text{kg}$, 试求浮标直径 D, 如果浮标改用圆球形, 其半径 R 应是多少?

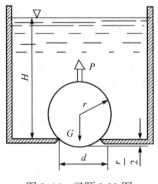

图 2-46 习题 2.23 图

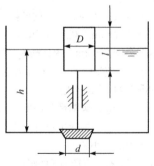

图 2-47 习题 2.24 图

第3章 流体动力学

自然界与工程实际中，流体大多处于流动状态. 本章讨论流体的运动规律以及流体运动与力的关系等基本问题. 流体具有易流动性，极易在外力作用下产生变形而流动. 由于流体具有黏性，因而在运动时会形成内部阻力.

3.1 研究流体运动的方法

表征流体运动的物理量，如流体质点的位移、速度、加速度、密度、压强、动能、动量等统称为流体的流动参数或运动要素. 描述流体运动也就是要表达这些流动参数在各个不同空间位置上随时间连续变化的规律. 研究流体的运动可以用拉格朗日法和欧拉法.

3.1.1 拉格朗日法

拉格朗日法着眼于流体中各质点的流动情况，考察每一质点的运动轨迹、速度、加速度等流动参数，将整个流体运动当成许多流体质点运动的总和来进行考虑. 这种方法本质上就是一般力学研究中的质点系运动的方法，所以也称为质点系法.

用拉格朗日法来研究流体运动时，首先要注意的是某一个质点的运动和描述该质点运动的方法. 例如，假定在运动开始时刻 t_0，某一质点的坐标为 (a,b,c)，则在其运动以后任意时刻 t 的坐标位置可表示如下：

$$\left.\begin{array}{l} x = f_1(a,b,c,t) \\ y = f_2(a,b,c,t) \\ z = f_3(a,b,c,t) \end{array}\right\} \tag{3-1}$$

式中，a、b、c 和 t 称为拉格朗日变数. 对于某一给定质点，a、b、c 是不变的常数. 如果 t 取定值而 a、b、c 取不同的值，式(3-1)便表示了在某一瞬时 t 所有流体质点在该空间区域的分布情况；如果 a、b、c 取定值而 t 取变值，则式(3-1)便是该质点运动轨迹的参数方程，由此可求得该质点的速度在各坐标轴的分量为

$$
\left.\begin{array}{l}
u_x = \dfrac{\partial x}{\partial t} = \dfrac{\partial f_1(a,b,c,t)}{\partial t} \\[3mm]
u_y = \dfrac{\partial y}{\partial t} = \dfrac{\partial f_2(a,b,c,t)}{\partial t} \\[3mm]
u_z = \dfrac{\partial z}{\partial t} = \dfrac{\partial f_3(a,b,c,t)}{\partial t}
\end{array}\right\}
\tag{3-2}
$$

该质点的加速度分量为

$$
\left.\begin{array}{l}
a_x = \dfrac{\partial^2 x}{\partial t^2} = \dfrac{\partial^2 f_1(a,b,c,t)}{\partial t^2} \\[3mm]
a_y = \dfrac{\partial^2 y}{\partial t^2} = \dfrac{\partial^2 f_2(a,b,c,t)}{\partial t^2} \\[3mm]
a_z = \dfrac{\partial^2 z}{\partial t^2} = \dfrac{\partial^2 f_3(a,b,c,t)}{\partial t^2}
\end{array}\right\}
\tag{3-3}
$$

流体的压强、密度等量也可类似地表示为 a、b、c 和 t 的函数 $p = f_4(a,b,c,t)$，$\rho = f_5(a,b,c,t)$.

综上所述，拉格朗日法在物理概念上清晰易懂，但流体各个质点运动的经历情况，除较简单的射流运动、波浪运动等以外，一般是非常复杂的，而且用此方法分析流体的运动，数学上也会遇到很多困难. 因此，这个方法只限于研究流体运动的少数特殊情况，一般都采用下述较为简便的欧拉法.

3.1.2　欧拉法

欧拉法着眼于流体经过空间各固定点时的运动情况，将经过某一流动空间的流体运动当成不同质点在不同时刻经过这些空间位置时的运动总和来考虑. 它的要点为：

(1) 分析流动空间某固定位置处，流体的流动参数随时间的变化规律.

(2) 分析流体由某一空间位置运动到另一空间位置时，流动参数随位置变化的规律.

用欧拉法研究流体运动时，并不关心个别流体质点的运动，只需要仔细观察经过空间每一个位置处的流体运动情况. 正因为这样，凡是表征流体运动特征的物理量都可以表示为时间 t 和坐标 x、y、z 的函数. 例如，在任意时刻通过任意空间位置的流体质点速度 u 在各轴上的分量为

$$
\left.\begin{array}{l}
u_x = F_1(x,y,z,t) \\
u_y = F_2(x,y,z,t) \\
u_z = F_3(x,y,z,t)
\end{array}\right\}
\tag{3-4}
$$

式中，x、y、z 和 t 称为欧拉变数. 运动质点的加速度分量可表示为

$$a_x = \frac{du_x}{dt} = \frac{dF_1(x,y,z,t)}{dt} \\ a_y = \frac{du_y}{dt} = \frac{dF_2(x,y,z,t)}{dt} \\ a_z = \frac{du_z}{dt} = \frac{dF_3(x,y,z,t)}{dt} \qquad (3\text{-}5)$$

流体的压强、密度也可以表示为 $p = F_4(x,y,z,t)$，$\rho = F_5(x,y,z,t)$.

应该指出，拉格朗日法和欧拉法在研究流体运动时，只是着眼点不同而已，并没有本质上的差别，对于同一个问题，用两种方法描述的结果应该是一致的.

3.1.3　质点导数

由欧拉法可知，加速度场是流速场对时间 t 的全导数. 在进行求导运算时，速度表达式(3-4)中的自变量 x、y、z 应当视作流体质点的位置坐标而不是固定空间点的坐标，即应当将 x、y、z 视作时间 t 的函数. 例如，x 方向上的加速度分量为

$$a_x = \frac{du_x}{dt} = \frac{\partial u_x}{\partial t} + \frac{\partial u_x}{\partial x}\frac{dx}{dt} + \frac{\partial u_x}{\partial y}\frac{dy}{dt} + \frac{\partial u_x}{\partial z}\frac{dz}{dt}$$

式中，$\dfrac{dx}{dt}$、$\dfrac{dy}{dt}$、$\dfrac{dz}{dt}$ 为流体质点位置坐标(x,y,z)的时间变化率，应当等于质点的运动速度，即

$$\frac{dx}{dt} = u_x, \quad \frac{dy}{dt} = u_y, \quad \frac{dz}{dt} = u_z \qquad (3\text{-}6)$$

故有

$$a_x = \frac{du_x}{dt} = \frac{\partial u_x}{\partial t} + u_x\frac{\partial u_x}{\partial x} + u_y\frac{\partial u_x}{\partial y} + u_z\frac{\partial u_x}{\partial z} \qquad (3\text{-}7)$$

式中，$\dfrac{du_x}{dt}$ 表示 u_x 对时间 t 的全导数，称为质点导数，或者随体导数. 类似地，可以将 y、z 方向上的加速度分量表示成对应的流速分量的质点导数，即

$$a_y = \frac{du_y}{dt} = \frac{\partial u_y}{\partial t} + u_x\frac{\partial u_y}{\partial x} + u_y\frac{\partial u_y}{\partial y} + u_z\frac{\partial u_y}{\partial z} \qquad (3\text{-}8)$$

$$a_z = \frac{du_z}{dt} = \frac{\partial u_z}{\partial t} + u_x\frac{\partial u_z}{\partial x} + u_y\frac{\partial u_z}{\partial y} + u_z\frac{\partial u_z}{\partial z} \qquad (3\text{-}9)$$

若用 $\boldsymbol{u}$ 表示速度矢量，用 $\boldsymbol{a}$ 表示加速度矢量，则加速度的矢量形式为

$$\boldsymbol{a} = \frac{d\boldsymbol{u}}{dt} = \frac{\partial \boldsymbol{u}}{\partial t} + (\boldsymbol{u}\cdot\nabla)\boldsymbol{u} \qquad (3\text{-}10)$$

式中，$\dfrac{\partial \boldsymbol{u}}{dt}$ 项表示当地加速度或者时变加速度；$(\boldsymbol{u}\cdot\nabla)\boldsymbol{u}$ 项表示迁移加速度或者位

变加速度；符号 ∇ 为哈密顿算子，$\nabla = \dfrac{\partial}{\partial x}\boldsymbol{i} + \dfrac{\partial}{\partial y}\boldsymbol{j} + \dfrac{\partial}{\partial z}\boldsymbol{k}$.

例 3.1 已知流场中质点的速度为 $u_x = kx, u_y = -ky, u_z = 0$，试求流场中质点的加速度.

解 质点的速度为

$$u = \sqrt{u_x^2 + u_y^2} = k\sqrt{x^2 + y^2} = kr$$

质点的加速度分量为

$$a_x = \frac{\mathrm{d}u_x}{\mathrm{d}t} = u_x \frac{\partial u_x}{\partial x} = k^2 x$$

$$a_y = \frac{\mathrm{d}u_y}{\mathrm{d}t} = u_y \frac{\partial u_y}{\partial y} = k^2 y$$

$$a_z = 0$$

则质点的加速度为

$$a = \sqrt{a_x^2 + a_y^2} = k^2\sqrt{x^2 + y^2} = k^2 r$$

3.2 研究流体运动的基本概念

3.2.1 迹线和流线

1. 迹线

迹线是指流体质点的运动轨迹，它表示了流体质点在一段时间内的运动情况. 如图 3-1 所示，某一流体质点 M 在 Δt 时间内从 A 运动到 B，曲线 AB 即为该质点的迹线. 如果在这一迹线上取微元长度 $\mathrm{d}l$ 表示该质点 M 在 $\mathrm{d}t$ 时间内的微小位移，则其速度为

$$u = \frac{\mathrm{d}l}{\mathrm{d}t}$$

它在各坐标轴的分量为

$$\left.\begin{aligned} u_x &= \frac{\mathrm{d}x}{\mathrm{d}t} \\ u_y &= \frac{\mathrm{d}y}{\mathrm{d}t} \\ u_z &= \frac{\mathrm{d}z}{\mathrm{d}t} \end{aligned}\right\} \tag{3-11}$$

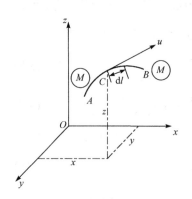

图 3-1 迹线

式中，$\mathrm{d}x$、$\mathrm{d}y$、$\mathrm{d}z$ 为微元位移 $\mathrm{d}l$ 在各个坐标轴上

的投影，由式(3-11)可得

$$\frac{\mathrm{d}x}{u_x} = \frac{\mathrm{d}y}{u_y} = \frac{\mathrm{d}z}{u_z} = \mathrm{d}t \qquad (3\text{-}12)$$

式(3-12)为迹线的微分方程，表示质点 M 的轨迹.

2. 流线

流线是流体流速场内反映瞬时流速方向的曲线，在同一时刻，处在流线上所有点的流体质点的流速方向与该点的切线方向重合，如图 3-2 所示.

流线表示了某一瞬时，许多处在这一流线上的流体质点的运动情况. 流线不表示流体质点的运动轨迹，因此在流线上取微元长度 d*l*，它并不表示某个流体质点的位移，当然也不能就此求出速度表达式.

流线有一个重要特征，就是同一时刻的不同流线不可能相交. 因为根据流线的性质，在交点处的流体质点的流速向量应同时相切于这两条流线，即该质点在同一时刻有两个速度向量，这是不可能的. 由此还可以推断出，流体在不可穿透的固体边界上沿边界法向的流速分量必等于零，流线将与该边界的位置重合.

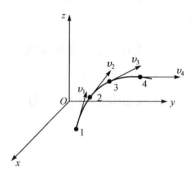

图 3-2　流线

设某一点上的质点瞬时速度为 $\boldsymbol{u} = u_x\boldsymbol{i} + u_y\boldsymbol{j} + u_z\boldsymbol{k}$，流线上的微元线段矢量为 $\mathrm{d}\boldsymbol{s} = \mathrm{d}x\boldsymbol{i} + \mathrm{d}y\boldsymbol{j} + \mathrm{d}z\boldsymbol{k}$. 根据定义，这两个矢量方向一致，矢量积为零，于是可得出流线的矢量表示法为

$$\boldsymbol{u} \times \mathrm{d}\boldsymbol{s} = 0 \qquad (3\text{-}13)$$

写成投影形式，则

$$\frac{\mathrm{d}x}{u_x} = \frac{\mathrm{d}y}{u_y} = \frac{\mathrm{d}z}{u_z} \qquad (3\text{-}14)$$

这就是最常用的流线微分方程.

例 3.2　设有一平面流场，其速度表达式是 $u_x = x + t, u_y = -y + t, u_z = 0$，求 $t = 0$ 时，过 $(-1,-1)$ 点的迹线和流线.

解　(1) 迹线应满足的方程是

$$\frac{\mathrm{d}x}{\mathrm{d}t} = x + t, \qquad \frac{\mathrm{d}y}{\mathrm{d}t} = -y + t$$

式中，t 是自变量，以上两方程的解分别是

$$x = c_1 e^t - t - 1, \quad y = c_2 e^{-t} + t - 1$$

将 $t=0$ 时，$x = y = -1$ 代入得 $c_1 = c_2 = 0$，消去 t 后得迹线方程为

$$x + y = -2$$

(2) 流线的微分方程是

$$\frac{\mathrm{d}x}{x+t} = \frac{\mathrm{d}y}{-y+t}$$

式中，t 是参数，积分得 $(x+t)(-y+t) = c$，将 $t = 0$ 时，$x = y = -1$ 代入得 $c = -1$，所以所求流线方程为

$$xy = 1$$

3.2.2 定常流动和非定常流动

如果流体质点的运动要素只是坐标的函数而与时间无关，这种流动称为定常流动. 其运动要素可表示为

$$\left. \begin{aligned} u &= f_1(x, y, z) \\ p &= f_2(x, y, z) \\ \rho &= f_3(x, y, z) \end{aligned} \right\} \tag{3-15}$$

如图 3-3(a)所示，水头稳定的泄流是定常流动. 在某一瞬间通过某固定点 E 作出的流线 EF 是不随时间而改变的. 因此在定常流动中，流线与迹线重合. 用欧拉法以流线概念来描述和分析定常流动是适合的.

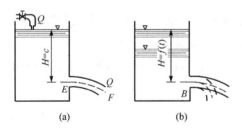

图 3-3　定常流动和非定常流动

如果流体质点的运动要素既是坐标的函数又是时间的函数，则这种流动称为非定常流动. 如图 3-3(b)所示，变水头的泄流是非定常流动.

3.2.3 流面、流管、流束与总流

通过不处于同一流线上的线段上的各点作出流线，可形成由流线组成的一个面，称为流面. 流面上的质点只能沿流面运动，两侧的流体质点不能穿过流面而运动.

通过流场中不在同一流面上的某一封闭曲线上的各点作出流线，则形成由流线所组成的管状表面，称为流管，如图 3-4 所示. 管中的流体称为流束，其质点只能在管内流动，管内、外的流体质点

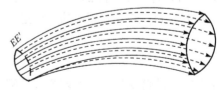

图 3-4　流管示意图

不能交流.

　　充满于微小流管中的流体称为微元流束. 当微元流束的断面积趋近于零时, 微元流束成为流线. 由无限多微元流束所组成的总的流束称为总流. 通常见到的管流与河渠水流都是总流.

3.2.4　过流断面、流速、流量

　　与微元流束(或总流)中各条流线相垂直的截面称为此微元流束(或总流)的过流断面(或过水断面), 如图 3-5 所示.

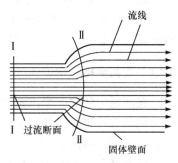

图 3-5　过流断面

　　由过流断面的定义知, 当流线几乎是平行的直线时, 过流断面是平面; 否则过流断面是不同形式的曲面.

　　由于研究对象的不同, 流体的运动速度有两个概念:

　　(1) 点速. 流场中某一空间位置处的流体质点在单位时间内所经过的位移, 称为该流体质点经此处时的速度, 简称为点速, 用 u 表示, 单位为 m/s(米/秒). 严格地说, 同一过流断面上各点的流速是不相等的. 但微元流束的过流断面很小, 各点流速也相差很小, 可以用断面中心处的流速作为各点速度的平均值.

　　(2) 均速. 在同一过流断面上, 求出各点速度 u 对断面 A 的算术平均值, 称为该断面的平均速度, 简称均速, 以 v 表示, 其单位与点速相同.

　　单位时间内通过微元流束(或总流)过流断面的体积, 称为通过该断面的体积流量, 简称流量, 其常用单位是 m³/s(米³/秒)或 L/s (升/秒). 有时也用单位时间内通过过流断面的流体质量来表示流量, 称为质量流量.

　　微元流束的流量以 dQ 表示, 总流的流量以 Q 表示. 因为微元流束的过流断面与速度方向垂直, 所以其过流断面面积与速度的乘积正是单位时间内通过此过流断面的流体体积. 故

$$dQ = u\,dA \tag{3-16}$$

　　总流的流量则为同一过流断面上各个微元流束的流量之和, 即

$$Q = \int_Q dQ = \int_A u\,dA \tag{3-17}$$

　　现在可以看到, 断面平均流速就是体积流量被过流断面面积除得的商, 即

$$v = \frac{Q}{A} = \frac{\int_A u\,dA}{A} \tag{3-18}$$

3.3 流体运动的连续性方程

运动流体经常充满它所占据的空间(即流场),并不出现任何形式的空洞或裂隙,这一性质称为运动流体的连续性.满足这一连续性条件的等式则称为连续性方程.本节先讨论直角坐标系中的连续性方程(即空间运动的连续性方程),再讨论微元流束与总流的连续性方程.

3.3.1 直角坐标系中的连续性方程

在流场中任取一个以 M 点为中心的微元六面体,如图 3-6 所示.六面体的各边分别与直角坐标系各轴平行,其边长分别为 δx、δy、δz.M 点的坐标假定为 (x,y,z),在某一时刻 t,M 点的流速为 u,密度为 ρ.由于六面体取得非常微小,六面体六面上各点 t 时刻的流速和密度可用泰勒级数展开,并略去高阶微量来表达.例如,2 点(图 3-6)的流速为 $u_x + \dfrac{\partial u_x}{\partial x} \cdot \dfrac{\delta x}{2}$,如此类推.

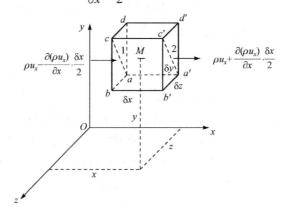

图 3-6 运动流体的微元六面体

现在考虑在微小时间段 δt 中流过平行表面 $abcd$ 与 $a'b'c'd'$ (图 3-6)的流体质量.由于时段微小,可以认为流速没有变化,由于六面体微小,各个面上流速分布可以认为是均匀的,所以,在时间段 δt 内,由 $abcd$ 面流入的流体质量为

$$\left[\rho u_x - \frac{\partial(\rho u_x)}{\partial x} \cdot \frac{\delta x}{2} \right] \delta y \delta z \delta t$$

由 $a'b'c'd'$ 面流出的流体质量为

$$\left[\rho u_x + \frac{\partial(\rho u_x)}{\partial x} \cdot \frac{\delta x}{2} \right] \delta y \delta z \delta t$$

两者之差，即净流入量为

$$-\frac{\partial(\rho u_x)}{\partial x}\cdot\delta x\delta y\delta z\delta t$$

用同样的方法，可得在 y 方向和 z 方向上净流入量分别为

$$-\frac{\partial(\rho u_y)}{\partial y}\cdot\delta y\delta x\delta z\delta t \quad \text{和} \quad -\frac{\partial(\rho u_z)}{\partial z}\cdot\delta z\delta x\delta y\delta t$$

按照质量守恒定律，上述三个方向上净流入量之代数和必定与 δt 时间段内微元六面体内流体质量的增加量(或减少量)相等，这个增加量(或减少量)显然是六面体内连续介质密度加大(或减小)的结果，即

$$\left(\frac{\partial\rho}{\partial t}\delta t\right)\delta x\delta y\delta z$$

由此可得

$$-\left[\frac{\partial(\rho u_x)}{\partial x}+\frac{\partial(\rho u_y)}{\partial y}+\frac{\partial(\rho u_z)}{\partial z}\right]\cdot\delta x\delta y\delta z\delta t=\frac{\partial\rho}{\partial t}\delta t\delta x\delta y\delta z$$

两边除以 $\delta x\delta y\delta z$ 并移项，得

$$\frac{\partial\rho}{\partial t}+\frac{\partial(\rho u_x)}{\partial x}+\frac{\partial(\rho u_y)}{\partial y}+\frac{\partial(\rho u_z)}{\partial z}=0 \tag{3-19}$$

这就是可压缩流体三维流动的欧拉连续性方程.

可压缩流体定常流动的连续性方程为

$$\frac{\partial(\rho u_x)}{\partial x}+\frac{\partial(\rho u_y)}{\partial y}+\frac{\partial(\rho u_z)}{\partial z}=0 \tag{3-20}$$

不可压缩流体(ρ 为常数)定常流动或非定常流动的连续性方程为

$$\frac{\partial u_x}{\partial x}+\frac{\partial u_y}{\partial y}+\frac{\partial u_z}{\partial z}=0 \tag{3-21}$$

式(3-21)表明，不可压缩流体流动时，流速 u 的空间变化是彼此关联、相互制约的，它必须受连续性方程的约束，否则流体运动的连续性将受到破坏，而不能维持正常流动.

3.3.2　微元流束与总流的连续性方程

1. 微元流束的连续性方程

设有微元流束如图 3-7 所示，其过流断面分别为 $\mathrm{d}A_1$ 及 $\mathrm{d}A_2$，相应的速度分别为 u_1 及 u_2，密度分别为 ρ_1 及 ρ_2. 若以可压缩流体的定常流动来考虑，则微元流束的形状不随时间改变，没有流体自流束表面流入与流出. 在 $\mathrm{d}t$ 时间内，经过 $\mathrm{d}A_1$

流入的流体质量为 $\mathrm{d}M_1 = \rho_1 u_1 \mathrm{d}A_1 \mathrm{d}t$，经过 $\mathrm{d}A_2$ 流出的流体质量为 $\mathrm{d}M_2 = \rho_2 u_2 \mathrm{d}A_2 \mathrm{d}t$.

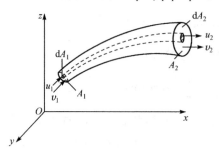

根据质量守恒定律，流入的质量必须等于流出的质量，可得

$$\mathrm{d}M_1 = \mathrm{d}M_2，\quad 即 \quad \rho_1 u_1 \mathrm{d}A_1 = \rho_2 u_2 \mathrm{d}A_2 \qquad (3\text{-}22)$$

对于不可压缩流体，$\rho_1 = \rho_2$，故

$$u_1 \mathrm{d}A_1 = u_2 \mathrm{d}A_2，\quad 即 \quad \mathrm{d}Q_1 = \mathrm{d}Q_2 \qquad (3\text{-}23)$$

图 3-7　微元流束和总流

这就是不可压缩流体定常流动微元流束的连续性方程. 它表明: 在同一时间内通过微元流束上任一过流断面的流量是相等的.

2. 总流的连续性方程

将式(3-22)对相应的过流断面进行积分，得

$$\int_{A_1} \rho_1 u_1 \mathrm{d}A_1 = \int_{A_2} \rho_2 u_2 \mathrm{d}A_2$$

引用式(3-18)，上式可写成

$$\rho_{1\mathrm{m}} v_1 A_1 = \rho_{2\mathrm{m}} v_2 A_2$$

即

$$\rho_{1\mathrm{m}} Q_1 = \rho_{2\mathrm{m}} Q_2 \qquad (3\text{-}24)$$

式中，$\rho_{1\mathrm{m}}$、$\rho_{2\mathrm{m}}$ 分别为断面 1、2 上流体的平均密度. 式(3-24)就是总流的连续性方程.

对于不可压缩流体，则为

$$Q_1 = Q_2 \quad 或 \quad A_1 v_1 = A_2 v_2 \qquad (3\text{-}25)$$

式(3-25)表明: 在保证连续性的运动流体中，过流断面面积是与速度成反比的. 这是流体运动中一条很重要的规律. 救火用的水管喷嘴等是这一规律在工程中的实际应用.

上述总流的连续性方程是在流量沿程不变的条件下导出的. 若沿途有流量流入或流出，总流的连续性方程仍然适用，只是形式有所不同. 对于图 3-8 所示的情况，则

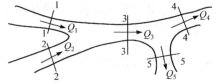

图 3-8　流量的流入与流出

$$Q_3 = Q_1 + Q_2，\quad A_3 v_3 = A_1 v_1 + A_2 v_2 \qquad (3\text{-}26)$$

$$Q_4 + Q_5 = Q_1 + Q_2，\quad A_4 v_4 + A_5 v_5 = A_1 v_1 + A_2 v_2 \qquad (3\text{-}27)$$

例 3.3 在三元不可压缩流动中,已知 $u_x = x^2 + z^2 + 5, u_y = y^2 + z^2 - 3$,求 u_z 的表达式.

解 由连续性方程式(3-21)可知

$$\frac{\partial u_z}{\partial z} = -\left(\frac{\partial u_x}{\partial x} + \frac{\partial u_y}{\partial y}\right) = -2(x + y)$$

积分得

$$\int \frac{\partial u_z}{\partial z} dz = \int -2(x + y) dz$$

$$u_z = -2(x + y)z + C$$

式中,积分常数 C 可以是某一数值常数,也可以是与 z 无关的某一函数 $f(x, y)$,所以

$$u_z = -2(x + y)z + f(x, y)$$

例 3.4 图 3-9 所示为一旋风除尘器,入口处为矩形断面,其面积为 $A_2 = 100\text{mm} \times 20\text{mm}$,进气管为圆形断面,其直径为 100mm,问当入口流速为 $\upsilon_2 = 12\text{m/s}$ 时,进气管中的流速 υ_1 为多大?

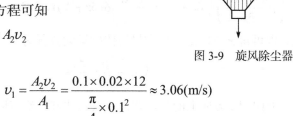

出气管
入口断面
υ_2
进气管
υ_1

图 3-9 旋风除尘器

解 根据连续性方程可知

$$A_1\upsilon_1 = A_2\upsilon_2$$

故

$$\upsilon_1 = \frac{A_2\upsilon_2}{A_1} = \frac{0.1 \times 0.02 \times 12}{\frac{\pi}{4} \times 0.1^2} \approx 3.06(\text{m/s})$$

3.4 无黏性流体的运动微分方程

本节研究无黏性流体运动与力的关系,暂不考虑流体的内摩擦力. 因此,作用在流体表面上的力,只有垂直于受力面并指向内法线方向的流体动压力(由动压强引起).

在无黏性流体中取出一微元六面体,如图 3-10 所示. 六面体各边分别与各坐标轴平行,各边长度分别为 $\delta x, \delta y, \delta z$. 设六面体形心 M 的坐标为 (x, y, z),在所考虑的瞬间,M 点上的动压强为 p,流速为 $\boldsymbol{u}$,其分量为 u_x, u_y, u_z. 又设流体密度为 ρ,流体所受的单位质量力为 $\boldsymbol{J}$,它在各轴上的分力为 X, Y, Z.

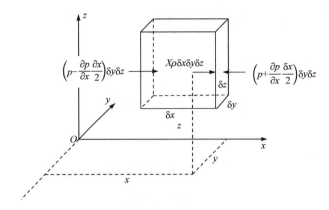

图 3-10　无黏性流体运动和受力情况

由于流体的动压强只是坐标和时间的函数，因此六面体内的流体在 x 轴向上所受的表面力和质量力分别为

$$\left(p-\frac{\partial p}{\partial x}\frac{\delta x}{2}\right)\delta y\delta z-\left(p+\frac{\partial p}{\partial x}\frac{\delta x}{2}\right)\delta y\delta z \text{ 和 } X\rho\delta x\delta y\delta z$$

根据牛顿第二定律，x 轴向上的表面力和质量力之和应等于六面体内流体的质量与 x 轴向上的加速度的乘积，即

$$\left(p-\frac{\partial p}{\partial x}\frac{\delta x}{2}\right)\delta y\delta z-\left(p+\frac{\partial p}{\partial x}\frac{\delta x}{2}\right)\delta y\delta z+X\rho\delta x\delta y\delta z=\rho\delta x\delta y\delta z\frac{\mathrm{d}u_x}{\mathrm{d}t}$$

整理上式，即可得 x 方向上单位质量流体的运动方程为

$$X-\frac{1}{\rho}\frac{\partial p}{\partial x}=\frac{\mathrm{d}u_x}{\mathrm{d}t}$$

同理可得 y 方向和 z 方向上的运动方程，故运动方程整体形式为

$$\left.\begin{array}{l}X-\dfrac{1}{\rho}\dfrac{\partial p}{\partial x}=\dfrac{\mathrm{d}u_x}{\mathrm{d}t}\\[2mm]Y-\dfrac{1}{\rho}\dfrac{\partial p}{\partial y}=\dfrac{\mathrm{d}u_y}{\mathrm{d}t}\\[2mm]Z-\dfrac{1}{\rho}\dfrac{\partial p}{\partial z}=\dfrac{\mathrm{d}u_z}{\mathrm{d}t}\end{array}\right\} \tag{3-28}$$

若写成矢量形式，则为

$$\boldsymbol{J}-\frac{1}{\rho}\nabla p=\frac{\mathrm{d}\boldsymbol{u}}{\mathrm{d}t} \tag{3-29}$$

这就是无黏性流体的运动微分方程，由欧拉 1755 年首次导出，又称欧拉运动微分方程，它奠定了古典流体力学的基础. 式(3-28)中，如 $u_x=u_y=u_z=0$，则欧拉运

动微分方程就变为欧拉平衡微分方程(2-4). 因此，欧拉平衡微分方程是欧拉运动微分方程的特例.

由质点导数的概念，则式(3-28)可变为

$$
\left.
\begin{aligned}
X - \frac{1}{\rho}\frac{\partial p}{\partial x} &= \frac{\partial u_x}{\partial x}u_x + \frac{\partial u_x}{\partial y}u_y + \frac{\partial u_x}{\partial z}u_z + \frac{\partial u_x}{\partial t} \\
Y - \frac{1}{\rho}\frac{\partial p}{\partial y} &= \frac{\partial u_y}{\partial x}u_x + \frac{\partial u_y}{\partial y}u_y + \frac{\partial u_y}{\partial z}u_z + \frac{\partial u_y}{\partial t} \\
Z - \frac{1}{\rho}\frac{\partial p}{\partial z} &= \frac{\partial u_z}{\partial x}u_x + \frac{\partial u_z}{\partial y}u_y + \frac{\partial u_z}{\partial z}u_z + \frac{\partial u_z}{\partial t}
\end{aligned}
\right\}
\qquad (3\text{-}30)
$$

式(3-30)各个方程等号右侧的前三项表示流体质点由于位置移动 dx, dy, dz 而形成的速度分量的变化率，称为位变加速度；最后一项表示流体质点在经过 dt 时间的运动后而形成的速度分量的变化率，称为时变加速度. 因此，运动流体质点的加速度为位变加速度与时变加速度之和.

一般地说，欧拉运动微分方程中有 u_x、u_y、u_z 和 p 四个未知数，但只有三个分量方程，必须与连续性方程结合起来成为封闭方程组才能求解. 从理论上说，无黏性流体动力学问题是完全可以解决的. 但是，对于一般情况的流体运动来说，由于数学上的困难，目前还找不到这些方程的积分，因而还不能求得它们的通解. 因此，只限于在具有某些特定条件的流体运动中，求它们的积分和解.

3.5 无黏性流体运动微分方程的伯努利积分

本节讨论无黏性流体运动微分方程在特定条件下的积分，称为伯努利积分. 这一积分是在下述条件下进行的.

(1) 质量力定常而且有势，即

$$
X = \frac{\partial W}{\partial x}, \quad Y = \frac{\partial W}{\partial y}, \quad Z = \frac{\partial W}{\partial z}
$$

所以，势函数 $W = f(x, y, z)$ 的全微分是

$$
dW = \frac{\partial W}{\partial x}dx + \frac{\partial W}{\partial y}dy + \frac{\partial W}{\partial z}dz = Xdx + Ydy + Zdz
$$

(2) 流体是不可压缩的，即 ρ =常数.

(3) 流体运动是定常的，即

$$
\frac{\partial p}{\partial t} = 0, \quad \frac{\partial u_x}{\partial t} = \frac{\partial u_y}{\partial t} = \frac{\partial u_z}{\partial t} = 0
$$

此时流线与迹线重合，即对流线来说，符合条件

$$dx = u_x dt$$
$$dy = u_y dt$$
$$dz = u_z dt$$

在满足上述条件的情况下，如将式(3-28)中的各个方程对应地乘以 dx、dy、dz，然后相加，可得

$$(Xdx + Ydy + Zdz) - \frac{1}{\rho}\left(\frac{\partial p}{\partial x}dx + \frac{\partial p}{\partial y}dy + \frac{\partial p}{\partial z}dz\right) = \frac{du_x}{dt}dx + \frac{du_y}{dt}dy + \frac{du_z}{dt}dz$$

根据积分条件，可得

$$dW - \frac{1}{\rho}dp = \frac{du_x}{dt}u_x dt + \frac{du_y}{dt}u_y dt + \frac{du_z}{dt}u_z dt = u_x du_x + u_y du_y + u_z du_z$$

$$dW - \frac{1}{\rho}dp = d\left(\frac{u_x^2 + u_y^2 + u_z^2}{2}\right) = d\left(\frac{u^2}{2}\right)$$

因为 ρ 为常数，上式可写成

$$d\left(W - \frac{p}{\rho} - \frac{u^2}{2}\right) = 0$$

沿流线将上式积分，得

$$W - \frac{p}{\rho} - \frac{u^2}{2} = 常数 \tag{3-31}$$

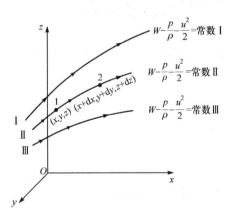

图 3-11　不同流线的伯努利积分

此即无黏性流体运动微分方程的伯努利积分. 它表明在有势质量力的作用下，无黏性不可压缩流体作定常流动时，函数值 $W - \frac{p}{\rho} - \frac{u^2}{2}$ 是沿流线不变的. 即处于同一流线上的流体质点，其所具有的函数值 $W - \frac{p}{\rho} - \frac{u^2}{2}$ 是相同的，但对不同流线上的流体质点来说，其函数值 $W - \frac{p}{\rho} - \frac{u^2}{2}$ 是不同的. 如图 3-11 所示，在同一流线上任取 1、2 两点，则有

$$W_1 - \frac{p_1}{\rho} - \frac{u_1^2}{2} = W_2 - \frac{p_2}{\rho} - \frac{u_2^2}{2} \tag{3-32}$$

一般地说，运动流体将受到各种不同性质的质量力作用，如惯性力、质量力

等. 但在许多实际工程中, 流体所受的质量力常常只有重力. 此时, 重力在各坐标轴的分量为

$$X = 0 , \quad Y = 0 , \quad Z = -g$$

因此

$$\mathrm{d}W = -g\mathrm{d}z$$

积分得

$$W = -gz + C \quad (C \text{ 为积分常数})$$

代入式(3-31), 可得

$$gz + \frac{p}{\rho} + \frac{u^2}{2} = 常数$$

式中各项是对单位质量流体而言的. 如将上式两端同除以 g, 并考虑到 $\gamma = \rho g$, 则有

$$z + \frac{p}{\gamma} + \frac{u^2}{2g} = 常数 \tag{3-33}$$

若对同一流线上的任意两点应用以上方程, 则式(3-33)可写为

$$z_1 + \frac{p_1}{\gamma} + \frac{u_1^2}{2g} = z_2 + \frac{p_2}{\gamma} + \frac{u_2^2}{2g} \tag{3-34}$$

式(3-34)通常称为不可压缩无黏性流体伯努利方程. 由于微元流束过流面积很小, 同一断面上各点的运动要素 z、p、u 可以看成是相等的, 因此式(3-33)和式(3-34)均可推广到微元流束中去使用, 称为不可压缩无黏性流体微元流束的伯努利方程.

例 3.5 物体绕流如图 3-12 所示, 上游无穷远处流速为 $u_\infty = 4.2\mathrm{m/s}$, 压强为 $p_\infty = 0$ 的水流受到迎面物体的阻碍后, 在物体表面上的顶冲点 S 处的流速减全零, 压强升高, 称 S 点为滞流点或驻点. 求点 S 处的压强.

解 设滞流点 S 处的压强为 p_S, 黏性作用可以忽略. 根据通过 S 点的流线上伯努利方程式(3-34), 有

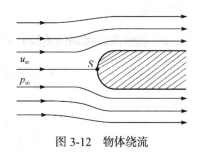

图 3-12　物体绕流

$$z_\infty + \frac{p_\infty}{\gamma} + \frac{u_\infty^2}{2g} = z_S + \frac{p_S}{\gamma} + \frac{u_S^2}{2g}$$

$z_\infty = z_S$, 代入数据, 得

$$\frac{p_S}{\gamma} = \frac{p_\infty}{\gamma} + \frac{u_\infty^2}{2g} - \frac{u_S^2}{2g} = \frac{4.2^2}{2 \times 9.8} = 0.9(\mathrm{m})$$

故滞流点 S 处的压强 $p_S = 0.9\text{mH}_2\text{O}$.

3.6　黏性流体的运动微分方程及伯努利方程

3.6.1　黏性流体的运动微分方程

黏性流体的运动微分方程可以仿照欧拉运动微分方程去推导. 这里不加推导直接给出不可压缩黏性流体的运动微分方程(3-35)，称为纳维-斯托克斯(Navier-Stokes, N-S)方程.

$$
\left.
\begin{aligned}
X - \frac{1}{\rho}\frac{\partial p}{\partial x} + \nu\nabla^2 u_x &= \frac{\mathrm{d}u_x}{\mathrm{d}t} = \frac{\partial u_x}{\partial t} + u_x\frac{\partial u_x}{\partial x} + u_y\frac{\partial u_x}{\partial y} + u_z\frac{\partial u_x}{\partial z} \\
Y - \frac{1}{\rho}\frac{\partial p}{\partial y} + \nu\nabla^2 u_y &= \frac{\mathrm{d}u_y}{\mathrm{d}t} = \frac{\partial u_y}{\partial t} + u_x\frac{\partial u_y}{\partial x} + u_y\frac{\partial u_y}{\partial y} + u_z\frac{\partial u_y}{\partial z} \\
Z - \frac{1}{\rho}\frac{\partial p}{\partial z} + \nu\nabla^2 u_z &= \frac{\mathrm{d}u_z}{\mathrm{d}t} = \frac{\partial u_z}{\partial t} + u_x\frac{\partial u_z}{\partial x} + u_y\frac{\partial u_z}{\partial y} + u_z\frac{\partial u_z}{\partial z}
\end{aligned}
\right\}
\tag{3-35}
$$

式中，符号 ∇^2 为拉普拉斯算子， $\nabla^2 = \dfrac{\partial^2}{\partial x^2} + \dfrac{\partial^2}{\partial y^2} + \dfrac{\partial^2}{\partial z^2}$.

与理想流体的欧拉运动微分方程相比较，N-S 方程增加了黏性项 $\nu\nabla^2 u$ ，因此是更为复杂的非线性偏微分方程. 从理论上讲，N-S 方程加上连续性方程共四个方程，完全可以求解四个未知量 u_x、u_y、u_z 及 p，但在实际流动中，大多边界条件复杂，所以很难求解. 随着计算机和计算技术的发展，已有多种数值求解 N-S 方程的方法.

3.6.2　黏性流体运动的伯努利方程

和 3.5 节一样，我们只讨论在有势质量力作用下的黏性流体运动微分方程的积分. 式(3-35)可变化为'

$$
\left.
\begin{aligned}
\frac{\partial}{\partial x}\left(W - \frac{p}{\rho} - \frac{u^2}{2}\right) + \nu\nabla^2 u_x &= 0 \\
\frac{\partial}{\partial y}\left(W - \frac{p}{\rho} - \frac{u^2}{2}\right) + \nu\nabla^2 u_y &= 0 \\
\frac{\partial}{\partial z}\left(W - \frac{p}{\rho} - \frac{u^2}{2}\right) + \nu\nabla^2 u_z &= 0
\end{aligned}
\right\}
\tag{3-36}
$$

如果流体运动是定常的，流体质点沿流线运动的微元长度 $\mathrm{d}l$ 在各轴上的投影分别为 $\mathrm{d}x, \mathrm{d}y, \mathrm{d}z$. 将式(3-36)中各方程分别乘以 $\mathrm{d}x, \mathrm{d}y, \mathrm{d}z$，然后相加，得

$$\mathrm{d}\left(W - \frac{p}{\rho} - \frac{u^2}{2}\right) + \nu\left(\nabla^2 u_x \mathrm{d}x + \nabla^2 u_y \mathrm{d}y + \nabla^2 u_z \mathrm{d}z\right) = 0 \tag{3-37}$$

式中，$\nu\nabla^2 u_x$、$\nu\nabla^2 u_y$、$\nu\nabla^2 u_z$ 等项是单位质量黏性流体所受切向应力对相应轴的投影，因此上式中的第二项即为这些切向应力在流线微元长度 $\mathrm{d}l$ 上所做的功. 因为在黏性流体运动中，这些切向应力合力的方向总是与流体运动方向相反的，故所做的功为负功. 由此可将式(3-37)中的第二项表示为 $\nu\left(\nabla^2 u_x \mathrm{d}x + \nabla^2 u_y \mathrm{d}y + \nabla^2 u_z \mathrm{d}z\right) = -\mathrm{d}w_R$，$w_R$ 为阻力功. 代入式(3-37)，则有

$$\mathrm{d}\left(W - \frac{p}{\rho} - \frac{u^2}{2} - w_R\right) = 0$$

将上式沿流线积分，可得

$$W - \frac{p}{\rho} - \frac{u^2}{2} - w_R = 常数 \tag{3-38}$$

此即黏性流体运动微分方程的伯努利积分. 它表明在有势质量力的作用下，黏性不可压缩流体作定常流动时，函数值 $W - \dfrac{p}{\rho} - \dfrac{u^2}{2} - w_R$ 是沿流线不变的. 在同一流线上任取 1、2 两点，则有

$$W_1 - \frac{p_1}{\rho} - \frac{u_1^2}{2} - w_{R1} = W_2 - \frac{p_2}{\rho} - \frac{u_2^2}{2} - w_{R2} \tag{3-39}$$

当作用于流体的质量力只有重力，且取垂直向上的坐标为 z 轴时，有

$$W_1 = -gz_1 , \quad W_2 = -gz_2$$

代入式(3-39)，经整理可得到

$$z_1 + \frac{p_1}{\gamma} + \frac{u_1^2}{2g} = z_2 + \frac{p_2}{\gamma} + \frac{u_2^2}{2g} + \frac{1}{g}\left(w_{R2} - w_{R1}\right) \tag{3-40}$$

式中，$w_{R2} - w_{R1}$ 表示单位质量黏性流体自点 1 运动到点 2 的过程中内摩擦力所做功的增量. 令 $h_1' = \dfrac{1}{g}\left(w_{R2} - w_{R1}\right)$，它表示单位重量黏性流体沿流线从点 1 到点 2 的路程上所受到的摩阻功，则式(3-40)可写成

$$z_1 + \frac{p_1}{\gamma} + \frac{u_1^2}{2g} = z_2 + \frac{p_2}{\gamma} + \frac{u_2^2}{2g} + h_1' \tag{3-41}$$

此即黏性流体运动的伯努利方程. 它表明单位重量黏性流体在沿流线运动时，其有关值(即与 z、p、u 有关的函数值)的总和是沿流向而逐渐减少的. 式(3-41)也可推广到微元流束，称为黏性流体微元流束的伯努利方程.

3.6.3　伯努利方程的能量意义和几何意义

伯努利方程中的每一项都具有相应的能量意义，方程中 z、$\dfrac{p}{\gamma}$ 分别表示单位重量流体流经某点时所具有的位能(称为比位能)和压能(称为比压能). $\dfrac{u^2}{2g}$ 是单位重量流体流经给定点时的动能，称为比动能. h_l' 是单位重量流体在流动过程中所损耗的机械能，称为能量损失.

无黏性流体运动的伯努利方程表明单位重量无黏性流体沿流线自位置 1 流到位置 2 时，其位能、压能、动能可能有变化，或互相转化，但它们的总和(称为总比能)是不变的. 因此，伯努利方程是能量守恒与转化定律在流体力学中的体现.

黏性流体运动的伯努利方程表明单位重量黏性流体沿流线自位置 1 流到位置 2 时，不但各项能量可能有变化，或互相转化，而且它的总机械能也是有损失的.

参照流体静力学中水头的概念，也可看出伯努利方程中每一项都具有相应的几何意义. 方程中 z，$\dfrac{p}{\gamma}$ 分别表示单位重量流体流经某点时所具有的位置水头(简称位头)和压强水头(简称压头). $\dfrac{u^2}{2g}$ 是单位重量流体流经给定点时，因其具有速度 u，可以向上自由喷射而能够达到的高度，称为速度水头，简称速度头.

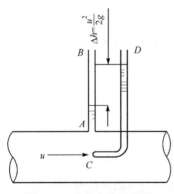

图 3-13　速度水头示意图

速度头可由实验测出. 如图 3-13 所示，在管路中某处装上一个顶端开一小孔，并弯成 90° 的小玻璃管 CD，使小孔正对流来的流体；同时在 C 点上方的管壁上，也装一个一般的测压管 AB(工程上把这种形式的测速管称为毕托管). 当水在管中流动时，可明显测出 AB 和 CD 两管水面所形成的高度差 Δh. 这是由于水流以速度 u 流入 CD 管中到达一定的高度后，不再流动，它所具有的动量便转变为冲量，形成压强而出现的压强高度. 当不考虑任何阻力时，$\Delta h = \dfrac{u^2}{2g}$.

h_l' 也是一个具有长度量纲的值，称为损失水头.

无黏性流体运动伯努利方程的几何意义是：无黏性流体沿流线自位置 1 流到位置 2 时，其各项水头可能有变化，或互相转化，但其各项水头之和(称为总水头)是不变的，是一常数. 黏性流体运动的伯努利方程表明黏性流体沿流线自位置 1 流到位置 2 时，其各项水头不但可能有变化，或互相转化，而且总水头也必然沿流向降低.

由于伯努利方程中每一项都具有水头意义，因此可用几何图形表达伯努利方程的意义. 图 3-14(a)所示为无黏性流体微元流束伯努利方程，图 3-14(b)所示则为黏性流体微元流束伯努利方程.

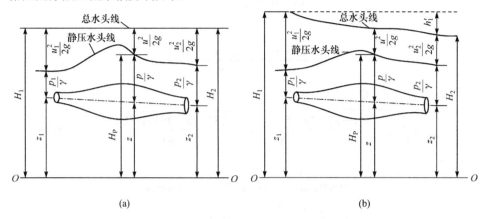

(a)   (b)

图 3-14 伯努利方程的图形表示
(a) 无黏性流体运动；(b) 黏性流体运动

在无黏性流体运动中，沿同一流线上各点的总水头是相等的，其总水头顶点的连线(称为总水头线)是一条水平线. 压强顶点的连线(称为静压水头线或测压管水头线)是一条随过流断面改变而起伏的曲线. 在黏性流体运动中，总水头是沿着流向减少的，所以其总水头线是一条沿流向向下倾斜的曲线(如果微元流束的过流断面是相等的，则为直线).

例 3.6 在 $D = 150\text{mm}$ 的水管中，装一带水银压差计的毕托管，用来测量管轴心处的流速，如图 3-15 所示，管中水流均速 v 为管轴处流速 u 的 0.84 倍，如果 1、2 两点相距很近而且毕托管加工良好，不计水流阻力，求水管中流量.

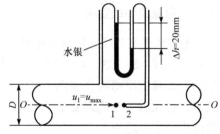

解 取管轴水平面为基准面 $O\text{-}O$，过水断面 1-1、2-2 经过 1、2 两点并垂直于流向. 由于可以忽略水流自点 1 流到点 2 时的能量损失，因此可列出 1、2 两点间的伯努利方程

图 3-15 毕托管测流速

$$z_1 + \frac{p_1}{\gamma_\text{W}} + \frac{u_1^2}{2g} = z_2 + \frac{p_2}{\gamma_\text{W}} + \frac{u_2^2}{2g}$$

因为 $z_1 = z_2 = 0$，$u_1 = u_\text{max}$，$u_2 = 0$，故得

$$u_{max} = \sqrt{2g \times \frac{p_2 - p_1}{\gamma_W}} \quad (1)$$

由流体静力学知

$$p_2 - p_1 = (\gamma_M - \gamma_W)\Delta h$$

即

$$\frac{p_2 - p_1}{\gamma_W} = \frac{(\gamma_M - \gamma_W)\Delta h}{\gamma_W}$$

将其代入式(1)，可得

$$u_{max} = \sqrt{2g \times \frac{(\gamma_M - \gamma_W)\Delta h}{\gamma_W}} = \sqrt{2 \times 9.8 \times \frac{(133280 - 9800) \times 0.02}{9800}} \approx 2.22 (m/s)$$

由此可得

$$v = 0.84 u_{max} = 0.84 \times 2.22 \approx 1.86 (m/s)$$

$$Q = Av = \frac{\pi \times 0.15^2}{4} \times 1.86 \approx 0.033 (m^3/s) = 33 (L/s)$$

3.7 黏性流体总流的伯努利方程

为了应用伯努利方程来解决工程中的实际流体流动问题，应将微元流速的伯努利方程推广到总流，得出总流的伯努利方程. 但总流的情况比较复杂，同一过流断面上各点的 z、p、u 等值变化较大，不能用前述方法处理. 因此，这里先分析总流的情况，然后推导总流的伯努利过程.

3.7.1 急变流和缓变流

急变流是指流线之间的夹角 β 很大或流线的曲率半径 r 很小的流动. 如图3-16所示，流段1-2、2-3、4-5内的流动是急变流. 在急变流中，不但有不能忽略的惯性力，而且内摩擦力在垂直于流线的过流断面上也有分量. 在这种流段的过流断面上，存在着一些成因复杂的力. 因此，将伯努利方程中的过流断面取在这样的流段当中是不适当的.

缓变流是指流线之间的夹角很小或流线的曲率半径很大的近乎平行直线或平行直线的流动. 如图3-16中的流段3-4、5-6内的流动是缓变流. 在缓变流段中，过流断面基本上都是平面. 由于流线曲率半径很大，形成的离心惯性力很小，可以忽略，而且内摩擦力在过流断面上也几乎没有分量. 因此，在这种过流断面上的压强分布符合流体静压强分布规律.

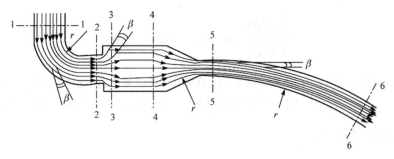

图 3-16　急变流与缓变流

可以证明，在缓变流中同一过流断面的任一点，其压强与位置的关系满足下式：

$$z + \frac{p}{\gamma} = 常数 \tag{3-42}$$

但需要指出的是，如果过流断面不同，则式(3-42)中的常数值也不同. 如果在缓变流段中的过流断面上安装一些测压管，可以看出，凡是安装在同一过流断面上的测压管，其水头面都处在同一高度上，但不同过流断面上的测压管水头高度不同.

3.7.2　动量校正系数和动能校正系数

设流体过流断面上的均速用 v 表示，某点的速度用 u 表示，则根据流量的定义可知，用均速 v 表示的流量 Q_v 和用点速 u 表示的流量 Q_u 是相等的，即有

$$Q_v = Av = Q_u = \int_A u \mathrm{d}A \tag{3-43}$$

但用点速和均速来分别表示过流断面上的流体动量或动能时，其值并不相等.

1. 动量校正系数

设以点速 u 表示的流体动量为 M_u，以均速 v 表示的流体动量为 M_v，则

$$M_u = \int_A \rho u \mathrm{d}A u = \rho \int_A u^2 \mathrm{d}A , \quad M_v = \rho v A v = \rho v^2 A = \rho \int_A v^2 \mathrm{d}A$$

故

$$\frac{M_u}{M_v} = \frac{\rho \int_A u^2 \mathrm{d}A}{\rho \int_A v^2 \mathrm{d}A} = \frac{\int_A u^2 \mathrm{d}A}{\int_A v^2 \mathrm{d}A}$$

v 是过流断面上 u 的算术平均值，从数学上知道，任何 n 个数值平方的总和，总是大于其算术平均值平方的 n 倍. 因此

$$\frac{\int_A u^2 \mathrm{d}A}{\int_A v^2 \mathrm{d}A} = \alpha_0 > 1, \quad \text{即} \quad M_u = \alpha_0 M_v \tag{3-44}$$

式中，α_0 称为动量校正系数，据实测，在直管(或直渠)的高速水流中，$\alpha_0 = 1.02 \sim 1.05$，在一般工程计算中，为了简化计算，可取 $\alpha_0 \approx 1$，即实际上可以不需校正.

2. 动能校正系数

当用点速 u 表示流经过流断面 A 的流体动能 E_u 时，有

$$E_n = \int_A \frac{1}{2}(\rho u \mathrm{d}A)u^2 = \frac{1}{2}\int_A \rho u^3 \mathrm{d}A = \frac{1}{2}\int_A \rho(v \pm \Delta u)^3 \mathrm{d}A$$
$$= \frac{1}{2}\left(\int_A \rho v^3 \mathrm{d}A \pm 3v^2 \rho \int_A \Delta u \mathrm{d}A + 3v\rho \int_A \Delta u^2 \mathrm{d}A \pm \rho \int_A \Delta u^3 \mathrm{d}A\right)$$

因为 $\int_A \Delta u \mathrm{d}A = 0$，且等式右端第四项之值很小，可以忽略，故上式可写成

$$E_u = \frac{1}{2}\left(\rho v^3 \int_A \mathrm{d}A + 3v\rho \int_A \Delta u^2 \mathrm{d}A\right)$$

用均速 v 表示过流断面的流体动能为

$$E_v = \frac{1}{2}(\rho v A)v^2 = \frac{1}{2}\rho v^3 A$$

可以看出，$E_u > E_v$，有

$$E_u = \alpha E_v \tag{3-45}$$

式中，α 称为动能校正系数，据实测，在实际流体流动中，$\alpha = 1.05 \sim 1.10$. 在一般工程计算中，也可取 $\alpha \approx 1$.

3.7.3 总流的伯努利方程

设有不可压缩黏性流体作定常流动，如图 3-17 所示. 在其中取一微元流束，则其伯努利方程为

$$z_1 + \frac{p_1}{\gamma} + \frac{u_1^2}{2g} = z_2 + \frac{p_2}{\gamma} + \frac{u_2^2}{2g} + h_1'$$

设单位时间内通过沿此微元流束的流体重量为 $\gamma \mathrm{d}Q$，则其能量关系为

$$z_1 \gamma \mathrm{d}Q + \frac{p_1}{\gamma}\gamma \mathrm{d}Q + \frac{u_1^2}{2g}\gamma \mathrm{d}Q = z_2 \gamma \mathrm{d}Q + \frac{p_2}{\gamma}\gamma \mathrm{d}Q$$
$$+ \frac{u_2^2}{2g}\gamma \mathrm{d}Q + h_1' \gamma \mathrm{d}Q$$

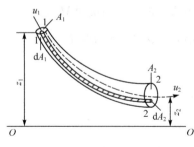

图 3-17　总流伯努利方程的推导

将式中各项沿相应过流断面对流量进行积分，则得总流的能量方程为

$$\int_Q z_1 \gamma \mathrm{d}Q + \int_Q \frac{p_1}{\gamma} \gamma \mathrm{d}Q + \int_Q \frac{u_1^2}{2g} \gamma \mathrm{d}Q = \int_Q z_2 \gamma \mathrm{d}Q + \int_Q \frac{p_2}{\gamma} \gamma \mathrm{d}Q + \int_Q \frac{u_2^2}{2g} \gamma \mathrm{d}Q + \int_Q h_1' \gamma \mathrm{d}Q$$

(3-46)

式(3-46)中的积分可分解为三部分，第一部分为等式两端的前两项，可写成

$$\int_Q z \gamma \mathrm{d}Q + \int_Q \frac{p}{\gamma} \gamma \mathrm{d}Q = \int_Q \left(z + \frac{p}{\gamma} \right) \gamma \mathrm{d}Q = \gamma \int_A \left(z + \frac{p}{\gamma} \right) u \mathrm{d}A$$

若过流断面取在缓变流段中，则 $z + \dfrac{p}{\gamma} = $ 常数，因此

$$\gamma \int_A \left(z + \frac{p}{\gamma} \right) u \mathrm{d}A = \gamma \left(z + \frac{p}{\gamma} \right) \int_A u \mathrm{d}A = \left(z + \frac{p}{\gamma} \right) \gamma Q$$

第二部分为等式中的第三项 $\int_Q \dfrac{u_1^2}{2g} \gamma \mathrm{d}Q$，它可以用均速表示，即

$$\int_Q \frac{u_1^2}{2g} \gamma \mathrm{d}Q = \int_A \frac{1}{2} \rho u^3 \mathrm{d}A = \int_A \frac{1}{2} (\rho u \mathrm{d}A) u^2 = \alpha \left(\frac{1}{2} \rho v^3 A \right) = \frac{\alpha v^2}{2g} \gamma Q$$

第三部分为式中最后一项 $\int_Q h_1' \gamma \mathrm{d}Q$，它表示流体质点从过流断面 1-1 流到断面 2-2 时的机械能损失之和. 若用 h_1 表示单位重量流体的平均能量损失，则可得到

$$\int_Q h_1' \gamma \mathrm{d}Q = h_1 \gamma Q$$

将三部分积分结果代入式(3-46)，并将各项同除以 γQ，即可得单位重量流体总流的能量表达式

$$z_1 + \frac{p_1}{\gamma} + \frac{\alpha_1 v_1^2}{2g} = z_2 + \frac{p_2}{\gamma} + \frac{\alpha_2 v_2^2}{2g} + h_1 \tag{3-47}$$

式(3-47)即为不可压缩流体在重力场中作定常流动时的总流伯努利方程，是工程流体力学中很重要的方程. 在使用总流伯努利方程时，要注意其适用条件：

(1) 流体是不可压缩的；

(2) 流体作定常流动；

(3) 作用于流体上的力只有重力；

(4) 所取过流断面 1-1、2-2 都在缓变流区域，但两断面之间不必都是缓变流段，而且过流断面上所取的点并不要求在同一流线上；

(5) 所取两过流断面间没有流量汇入或流量分出，也没有能量的输入或输出.

3.7.4 其他几种形式的伯努利方程

1. 气流的伯努利方程

定常流动总流的伯努利方程(3-47)应该说也适用于不可压缩气体流动情况,但气体流动时,其重度 γ 一般是变化的. 如果不考虑气体内能的影响,则气流的伯努利方程为

$$z_1 + \frac{p_1}{\gamma_1} + \frac{\alpha_1 v_1^2}{2g} = z_2 + \frac{p_2}{\gamma_2} + \frac{\alpha_2 v_2^2}{2g} + h_1 \tag{3-48}$$

2. 有能量输入输出的伯努利方程

如果在流体流动的两过流断面之间有能量的输入或输出,此输入或输出的能量可以用 $\pm E$ 表示,则伯努利方程为

$$z_1 + \frac{p_1}{\gamma} + \frac{\alpha_1 v_1^2}{2g} \pm E = z_2 + \frac{p_2}{\gamma} + \frac{\alpha_2 v_2^2}{2g} + h_1 \tag{3-49}$$

如果流体机械对流体做功,即向系统输入能量,式(3-49)中 E 取正号,如水泵或风机;如果流体对流体机械做功,即系统输出能量,式(3-49)中 E 取负号,如水轮机管路系统.

3. 有流量分流或汇流的伯努利方程

如果在所取两过流断面之间有流量的流入,如图 3-18(a)所示,则伯努利方程为

$$\left. \begin{aligned} z_1 + \frac{p_1}{\gamma} + \frac{\alpha_1 v_1^2}{2g} &= z_3 + \frac{p_3}{\gamma} + \frac{\alpha_3 v_3^2}{2g} + h_{11\text{-}3} \\ z_2 + \frac{p_2}{\gamma} + \frac{\alpha_2 v_2^2}{2g} &= z_3 + \frac{p_3}{\gamma} + \frac{\alpha_3 v_3^2}{2g} + h_{22\text{-}3} \end{aligned} \right\} \tag{3-50}$$

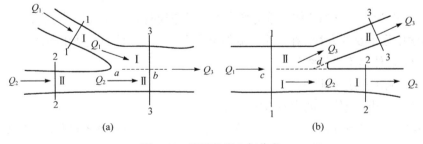

图 3-18　流量的流入与分出

如果在所取两过流断面之间有流量的分出,如图 3-18(b)所示,则伯努利方程为

$$z_1 + \frac{p_1}{\gamma} + \frac{\alpha_1 v_1^2}{2g} = z_2 + \frac{p_2}{\gamma} + \frac{\alpha_2 v_2^2}{2g} + h_{11\text{-}2}$$

$$z_1 + \frac{p_1}{\gamma} + \frac{\alpha_1 v_1^2}{2g} = z_3 + \frac{p_3}{\gamma} + \frac{\alpha_3 v_3^2}{2g} + h_{11\text{-}3}$$

(3-51)

这两种情况中流体连续性方程分别为

汇流情况：$Q_1 + Q_2 = Q_3$

分流情况：$Q_1 = Q_2 + Q_3$

3.7.5 伯努利方程的应用举例

例 3.7 某厂从高位水池引出一条供水管路 *AB*，如图 3-19 所示. 已知管道直径 $D = 300\text{mm}$，管中流量 $Q = 0.04\text{m}^3/\text{s}$，安装在 *B* 点的压力表读数为 $9.8 \times 10^4 \text{Pa}$，高度 $H = 20\text{m}$，求管路 *AB* 中的水头损失.

解 选取水平基准面 *O-O*，过水断面 1-1、2-2，如图 3-19 所示. 可列出 1-1、2-2 两断面间的伯努利方程

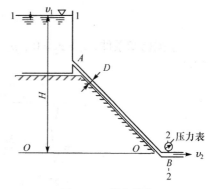

$$z_1 + \frac{p_1}{\gamma} + \frac{\alpha_1 v_1^2}{2g} = z_2 + \frac{p_2}{\gamma} + \frac{\alpha_2 v_2^2}{2g} + h_1$$

根据已知条件，$z_1 = H = 20\text{m}$，$z_2 = 0$.

伯努利方程两端使用相对压强，因而

图 3-19 供水管路

$$\frac{p_1}{\gamma} = 0, \quad \frac{p_2}{\gamma} = \frac{1 \times 9.8 \times 10^4}{9800}\text{mH}_2\text{O} = 10\text{mH}_2\text{O}, \quad \alpha_1 = \alpha_2 = 1, \quad v_1 \approx 0$$

$$v_2 = \frac{Q}{A} = \frac{0.04}{\frac{\pi}{4} \times 0.3^2} \approx 0.566(\text{m}/\text{s})$$

将上述各值代入伯努利方程，得

$$h_1 = z_1 + \frac{p_1}{\gamma} + \frac{\alpha_1 v_1^2}{2g} - z_2 - \frac{p_2}{\gamma} - \frac{\alpha_2 v_2^2}{2g} = \left(20 - 10 - \frac{0.566^2}{2 \times 9.8}\right)\text{mH}_2\text{O} \approx 9.98\text{mH}_2\text{O}$$

即管路 *AB* 中的水头损失为 9.98mH₂O.

例 3.8 图 3-20 为轴流式通风机的吸入管，已知管内径 *D*=0.3m，空气重度 $\gamma_a = 12.6\text{N/m}^3$，由装在管壁下侧的 U 形测压管测得 $\Delta h = 0.2\text{m}$，求此通风机的风量 *Q*.

解 选取水平基准面 *O-O*，过水断面 1-1、2-2，如图 3-20 所示. 吸入管由于不长，可忽略能量损失，并将空气视为不可压缩流体，列出 1-1、2-2 两断面间无

黏性流体总流的伯努利方程

$$z_1 + \frac{p_1}{\gamma_a} + \frac{\alpha_1 v_1^2}{2g} = z_2 + \frac{p_2}{\gamma_a} + \frac{\alpha_2 v_2^2}{2g}$$

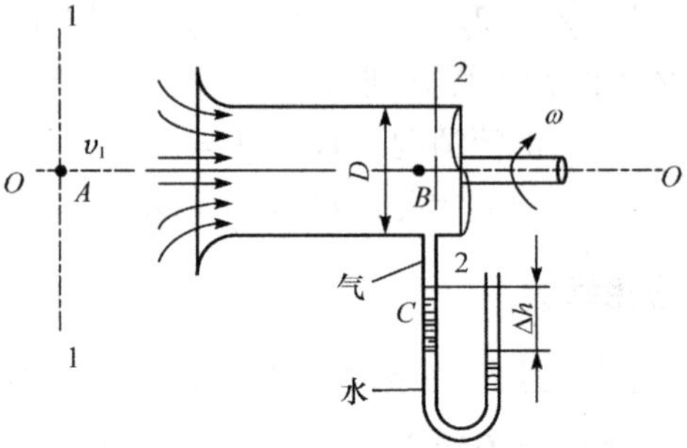

图 3-20　轴流式通风机的吸入管

根据已知条件, $z_1 = z_2 = 0$, $p_1 = p_A = p_a$, $p_2 = p_B = p_C = p_a - \gamma_W \Delta h$, $v_1 \approx 0$, 因此

$$
\begin{aligned}
v_2 &= \sqrt{2g\frac{p_1 - p_2}{\gamma_a}} = \sqrt{2g\frac{p_a - (p_a - \gamma_W \Delta h)}{\gamma_a}} \\
&= \sqrt{2g\frac{\gamma_W \Delta h}{\gamma_a}} = \sqrt{2 \times 9.8 \times \frac{9800 \times 0.2}{12.6}} \\
&\approx 55.2 (\text{m/s})
\end{aligned}
$$

通风机风量

$$Q = A_2 v_2 = \frac{\pi \times 0.3^2}{4} \times 55.2 \approx 3.90 (\text{m}^3/\text{s})$$

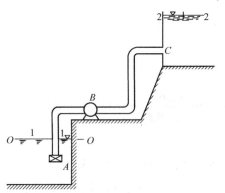

图 3-21　水泵管路系统

例 3.9　图 3-21 为水泵管路系统. 已知吸水管和压水管直径 D 均为 200mm, 管中流量 $Q = 0.06\text{m}^3/\text{s}$, 排水池与吸水池的水面高差 $H = 25\text{m}$. 设管路 A-B-C 中的水头损失 $h_1 = 5\text{m}$, 求水泵向系统输入的能量 E .

解　选取吸水池水面为水平基准面 O-O 及过水断面 1-1, 排水池水面为过流断面 2-2. 列 1-1、2-2 两断面间的伯努利方程

$$z_1 + \frac{p_1}{\gamma} + \frac{\alpha_1 v_1^2}{2g} + E = z_2 + \frac{p_2}{\gamma} + \frac{\alpha_2 v_2^2}{2g} + h_1$$

根据已知条件，$z_1 = 0$，$z_2 = 25$，$p_1 = p_2 = p_a$，$v_1 = v_2 \approx 0$，$h_1 = 5\text{m}$，因此

$$E = z_2 + h_1 = (25+5)\text{mH}_2\text{O} = 30\text{mH}_2\text{O}$$

工程上常以 $E = H$，称为水泵的扬程，它用来提高水位和克服管路中的阻力损失.

3.8　测量流速和流量的仪器

工程上常用的测量流速和流量的仪器，大多是以伯努利方程为工作原理而制成的，下面分别介绍测量流速和流量的仪器——毕托管和文丘里流量计.

3.8.1　毕托管

毕托管是将流体动能转化为压能，从而通过测压计测定流体运动速度的仪器，它具有可靠度高、成本低、耐用性好、使用简便等优点.

最简单的毕托管就是一根弯成 90°的开口细管，如图 3-22(a)所示. 测量管中某点 M 的流速时，就将弯管一端的开口放在 M 点，并正对流向，流体进入管中上升至某一高度后，速度变为零(M 点称为停滞点). 在过 M 点的同一流线上，有一与 M 点极为接近的 M_0 点，其流速为 u，根据伯努利方程可得

$$z_{M_0} + \frac{p_{M_0}}{\gamma} + \frac{u^2}{2g} = z_M + H = z_M + \frac{p_M}{\gamma} + h$$

$z_{M_0} = z_M$，因为 M_0 与 M 非常接近，可认为 $p_{M_0} = p_M$，因此可得到

$$u = \sqrt{2gh} \tag{3-52}$$

这表明，M_0 点的流体动能 $\dfrac{u^2}{2g}$ 转化成停滞点 M 的流体压能 h. 但由于实际流体具有黏性，能量转换时会有损失，所以对式(3-52)进行修正后得到

$$u = c\sqrt{2gh} \tag{3-53}$$

式中，c 称为毕托管的流速系数，一般条件下 $c = 0.97 \sim 0.99$. 如果毕托管制作精密，头部及尾柄对流动扰动不大时，c 可近似取为 1.

毕托管经常与测压管组合在一起使用，如图 3-22(b)、(c)所示，用以测定水管、风管、渠道和矿井巷道中任意一点的流体速度.

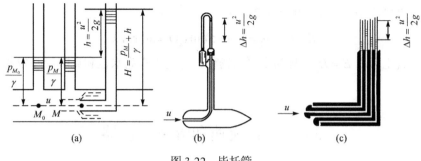

图 3-22 毕托管

3.8.2 文丘里流量计

文丘里流量计是节流式流量计的一种，用来测量管路中流体的流量. 它由渐缩管 A、喉管 B 和渐扩管 C 三部分组成，如图 3-23 所示.

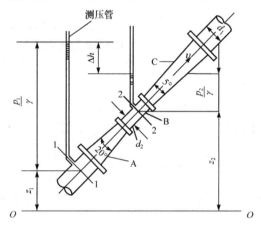

图 3-23 文丘里流量计

假定无黏性流体在此管路中作定常流动，在渐缩管和喉管上各安装一根测压管，并设置水平基准面 O-O，取过流断面 1-1 及 2-2，列伯努利方程

$$z_1 + \frac{p_1}{\gamma} + \frac{v_1^2}{2g} = z_2 + \frac{p_2}{\gamma} + \frac{v_2^2}{2g}$$

由流体连续性方程，得

$$A_1 v_1 = A_2 v_2 , \quad v_2 = \frac{A_1}{A_2} v_1 = \left(\frac{\pi d_1^2}{4} \Big/ \frac{\pi d_2^2}{4} \right) v_1 = \frac{d_1^2}{d_2^2} v_1$$

代入上述伯努利方程，得

$$\left(z_1 + \frac{p_1}{\gamma} \right) - \left(z_2 + \frac{p_2}{\gamma} \right) = \frac{v_1^2}{2g} \left(\frac{d_1^4}{d_2^4} - 1 \right)$$

$$v_1 = \frac{1}{\sqrt{\dfrac{d_1^4}{d_2^4} - 1}} \sqrt{2g\left[\left(z_1 + \frac{p_1}{\gamma}\right) - \left(z_2 + \frac{p_2}{\gamma}\right)\right]}$$

设 $\dfrac{\sqrt{2g}}{\sqrt{\dfrac{d_1^4}{d_2^4} - 1}} = k$，$\left(z_1 + \dfrac{p_1}{\gamma}\right) - \left(z_2 + \dfrac{p_2}{\gamma}\right) = \Delta h$，则

$$v_1 = k\sqrt{\Delta h} \tag{3-54}$$

k 称为仪器常数，对于某一固定尺寸的文丘里流量计，k 为常数. 故流体流量为

$$Q = A_1 v_1 = \frac{\pi d_1^2}{4} k\sqrt{\Delta h} \tag{3-55}$$

由于没有考虑能量损失，式(3-55)计算得到的值将大于实际流量，加以修正后得

$$Q = \mu \frac{\pi d_1^2}{4} k\sqrt{\Delta h} \tag{3-56}$$

式中，μ 称为文丘里流量计的流量系数，其值与管子的材料、尺寸、加工精度、安装质量、流体黏性及运动速度等因素有关，只能通过实验来确定，通常绘制成图表供测定流量时选用. 在一般情况下，μ 在 $0.95 \sim 0.98$.

工程上为了尽量减少运动流体的能量损失，常把文丘里流量计的内壁做成流线型，称为文丘里喷管. 文丘里流量计和文丘里喷管在工程中有广泛应用，使用时应注意如下事项.

(1) 喉管中压强不能过低，否则会产生汽化现象，破坏液流的连续性，使流量计不能正常工作.

(2) 在流量计前面 15 倍管径的长度内，不要安装闸门、阀门、弯管或其他局部装置，以免干扰流动，影响流量系数的数值.

(3) 测试前应设法排除掉测压管内的气泡.

例 3.10 用文丘里流量计测流量如图 3-24 所示. 已知管径 $D = 100\text{mm}$，$d = 50\text{mm}$，测压管高度 $z_1 + \dfrac{p_1}{\gamma} = 1.0\text{m}$，$z_2 + \dfrac{p_2}{\gamma} = 0.6\text{m}$，流量系数 $\mu = 0.98$. 求管路中的流量 Q.

解 选取过水断面 1-1、2-2 如图 3-24 所示. 两测压管高差

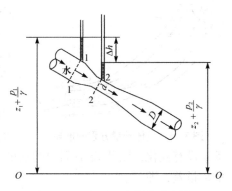

图 3-24　文丘里流量计测流量

$$\Delta h = \left(z_1 + \frac{p_1}{\gamma} \right) - \left(z_2 + \frac{p_2}{\gamma} \right) = 1.0 - 0.6 = 0.4(\mathrm{m})$$

由式(3-56)可得

$$Q = \mu \frac{\pi d_1^2}{4} k \sqrt{\Delta h} = \mu \frac{\pi d_1^2 \sqrt{2g}}{4 \sqrt{\dfrac{d_1^4}{d_2^4} - 1}} \sqrt{\Delta h}$$

$$= 0.98 \times \frac{\pi \times 0.1^2 \sqrt{2 \times 9.8}}{4 \times \sqrt{(0.1 / 0.05)^4 - 1}} \sqrt{0.4}$$

$$= 0.00556 (\mathrm{m}^3 / \mathrm{s})$$

3.9　定常流动总流的动量方程及其应用

流体动量方程是自然界动量守恒定律在流体运动中的具体表达式,它反映了流体动量变化与作用力之间的关系. 工程中许多流体力学问题,例如,水在弯管中流动时对管壁的作用力、射流对壁面的冲击力、快艇在水中航行时水流给快艇的巨大推力、水流作用于闸门上的动水总压力等,都需要用流体的动量方程来分析.

3.9.1　定常流动总流的动量方程

由物理学可知,动量定理是:物体在运动过程中,动量对时间的变化率,等于作用在物体上各外力的合力矢量,即

$$\frac{\mathrm{d}}{\mathrm{d}t}\left(\sum m\boldsymbol{v} \right) = \frac{\mathrm{d}\boldsymbol{M}}{\mathrm{d}t} = \sum \boldsymbol{F} \tag{3-57}$$

现将这一定理应用到流体的定常流动中. 设在总流中任取一微元流束段1-2,

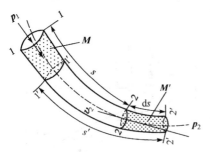

图3-25　流体动量方程的推导

其过流断面分别为1-1及2-2,如图3-25所示,过流断面1-1及2-2上的压强分别为 p_1、p_2,速度分别为 $\boldsymbol{u}_1$、$\boldsymbol{u}_2$. 经过 $\mathrm{d}t$ 时间后,流束段1-2将沿着流线运动到1′-2′的位置,流束段的动量因而发生变化.

流束段的动量变化为流束段1′-2′的动量 $\boldsymbol{M}_{1'\text{-}2'}$ 与流束段1-2的动量 $\boldsymbol{M}_{1\text{-}2}$ 之差,但因为是定常流动,在 $\mathrm{d}t$ 时间内,经过流束段1′-2的动量没有变化,因此 $\mathrm{d}t$ 时间内的动量变化,应等于流束段2-2′与流束段1-1′两者的动量差,即

$$\mathrm{d}\boldsymbol{M} = \boldsymbol{M}_{2\text{-}2'} - \boldsymbol{M}_{1\text{-}1'} = \mathrm{d}m_2 \boldsymbol{u}_2 - \mathrm{d}m_1 \boldsymbol{u}_1 = \rho \mathrm{d}Q_2 \mathrm{d}t \boldsymbol{u}_2 - \rho \mathrm{d}Q_1 \mathrm{d}t \boldsymbol{u}_1$$

将上式推广到总流中，则得

$$\sum \mathrm{d}\boldsymbol{M} = \int_{Q_2} \rho \mathrm{d}Q_2 \mathrm{d}t\boldsymbol{u}_2 - \int_{Q_1} \rho \mathrm{d}Q_1 \mathrm{d}t\boldsymbol{u}_1 = \rho \mathrm{d}t \left(\int_{Q_2} \mathrm{d}Q_2 \boldsymbol{u}_2 - \int_{Q_1} \mathrm{d}Q_1 \boldsymbol{u}_1 \right) \tag{3-58}$$

根据定常总流的连续性方程，有

$$\int_{Q_2} \mathrm{d}Q_2 = Q_2 = \int_{Q_1} \mathrm{d}Q_1 = Q_1 = Q$$

根据动量校正系数的概念，将均速 υ 引入式(3-58)，得到

$$\sum \mathrm{d}\boldsymbol{M} = \rho Q \mathrm{d}t \left(\alpha_{02}\boldsymbol{v}_2 - \alpha_{01}\boldsymbol{v}_1 \right)$$

由式(3-57)，即得

$$\sum \boldsymbol{F} = \rho Q \left(\alpha_{02}\boldsymbol{v}_2 - \alpha_{01}\boldsymbol{v}_1 \right) \tag{3-59}$$

式(3-59)即为不可压缩流体定常流动总流的动量方程. $\sum \boldsymbol{F}$ 为作用于流体上所有外力的合力，包括流束段 1-2 的重力 $\boldsymbol{G}$，两过流断面上的流体动压力 $\boldsymbol{P}_1$、$\boldsymbol{P}_2$ 及其他边界面上所受到的表面压力的总值 $\boldsymbol{R}$，因此，式(3-59)也可写为

$$\sum \boldsymbol{F} = \boldsymbol{G} + \boldsymbol{P}_1 + \boldsymbol{P}_2 + \boldsymbol{R} = \rho Q \left(\alpha_{02}\boldsymbol{v}_2 - \alpha_{01}\boldsymbol{v}_1 \right) \tag{3-60}$$

在一般工程计算中，可取 $\alpha_{02} = \alpha_{01} = 1$，并将上述矢量方程投影在三个坐标轴上，可得到动量方程的实用形式，即

$$\left. \begin{array}{l} \sum F_x = \rho Q \left(\upsilon_{2x} - \upsilon_{1x} \right) \\ \sum F_y = \rho Q \left(\upsilon_{2y} - \upsilon_{1y} \right) \\ \sum F_z = \rho Q \left(\upsilon_{2z} - \upsilon_{1z} \right) \end{array} \right\} \tag{3-61}$$

动量方程通常用来确定流体与固体壁面之间的相互作用力，是一个重要方程.

3.9.2 动量方程的应用

1. 流体对管壁的作用力

如图 3-26(a)所示的渐缩弯管，流体流入 1-1 断面的平均速度为 υ_1，流出 2-2 断面的平均速度为 υ_2. 以断面 1-1、2-2 间的流体为控制体(图 3-26(b))，其受力包括：流体的重力 G，弯管对流体的作用力 R，过流断面上外界流体对控制体内流体的作用力 $p_1 A_1$、$p_2 A_2$. 取如图 3-26(a)所示坐标系，可列出 x 轴、z 轴方向的动量方程

$$\left. \begin{array}{l} \sum F_x = p_1 A_1 - p_2 A_2 \cos\theta - R_x = \rho Q \left(\upsilon_{2x} - \upsilon_{1x} \right) \\ \sum F_z = -p_2 A_2 \sin\theta - G + R_z = \rho Q \left(\upsilon_{2z} - \upsilon_{1z} \right) \end{array} \right\}$$

解得

$$\left. \begin{array}{l} R_x = p_1 A_1 - p_2 A_2 \cos\theta - \rho Q \left(\upsilon_2 \cos\theta - \upsilon_1 \right) \\ R_z = p_2 A_2 \sin\theta + G + \rho Q \upsilon_2 \sin\theta \end{array} \right\} \tag{3-62}$$

合力的大小 $R = \sqrt{R_x^2 + R_z^2}$ ，合力的方向 $\alpha = \arctan \dfrac{R_z}{R_x}$ ．

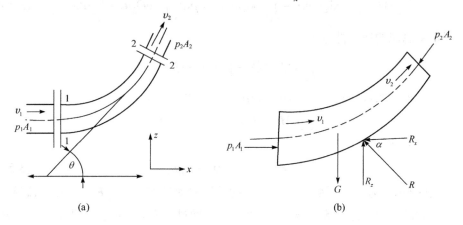

图 3-26　流体对弯管的作用力

流体作用于弯管上的力 F ，大小与 R 相等，方向与 R 相反．

特别地，当 $\theta = 90°$ 时为直角变径弯管，$Q = A_1 v_1 = A_2 v_2$ ，此时流体对弯管的作用力为

$$
\left.
\begin{aligned}
F_x &= \left(p_1 + \rho v_1^2 \right) A_1 \\
F_z &= \left(p_2 + \rho v_2^2 \right) A_2 + G
\end{aligned}
\right\}
\tag{3-63}
$$

当 $\theta = 90°$ ，且 $A_1 = A_2 = A$ 时为直角等径弯管，如果管道在水平平面内，则流体对弯管的作用力为

$$
\left.
\begin{aligned}
F_x &= \left(p_1 + \rho v^2 \right) A \\
F_z &= \left(p_2 + \rho v^2 \right) A
\end{aligned}
\right\}
\tag{3-64}
$$

2. 射流对平板的冲击力

流体自管嘴射出，形成射流．射流四周及冲击转向后流体表面都是大气压强，如果忽略重力的影响，则作用在流体上的力只有平板对射流的阻力，其反作用力则为射流对平板的冲击力．

如图 3-27 所示为水平射流射向一个与之成 θ 角的固定平板．当流体自喷嘴射出时，其断面积为 A_0 ，平均流速为 v_0 ，射向平板后分散成两股，其速度分别为 v_1 与 v_2 ．取射流为控制体，平板沿其法线方向对射流的作用力设为 R ．设射流口离平板很近，可不考虑流体扩散；板面光滑，可不计板面阻力和空气阻力，水头损失可忽略，因此，由伯努利方程可得 $v_1 = v_2 = v_0$ ．

以平板方向为 x 轴，平板法线方向为 y 轴，可列出动量方程

$$\left.\begin{array}{l}\sum F_x = 0 = \rho\left(Q_1 v_1 - Q_2 v_2 - Q_0 v_0 \cos\theta\right) \\ \sum F_y = -R = -\rho Q_0 v_0 \sin\theta\end{array}\right\} \quad (3\text{-}65)$$

由连续性方程有 $Q_1 + Q_2 = Q_0$，解方程得

$$\left.\begin{array}{l}Q_1 = \dfrac{Q_0}{2}(1 + \cos\theta), \quad Q_2 = \dfrac{Q_0}{2}(1 - \cos\theta) \\ R = \rho Q_0 v_0 \sin\theta = \rho A_0 v_0^2 \sin\theta\end{array}\right\} \quad (3\text{-}66)$$

射流对固定平板的冲击力 F，大小与 R 相等，方向与 R 相反. 当 $\theta = 90°$，即射流沿平板法线方向射去时

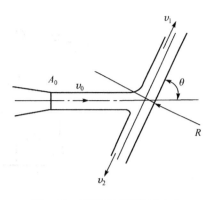

图 3-27 射流对平板的冲击力

$$\left.\begin{array}{l}Q_1 = Q_2 = \dfrac{Q_0}{2} \\ R = \rho A_0 v_0^2\end{array}\right\} \quad (3\text{-}67)$$

3. 射流的反推力

设有内装流体的容器，在其侧壁上开一面积为 A 的小孔，流体自小孔流出，如图 3-28 所示. 设出流量很小，在很短的时间内可以看成是定常流动，即出流速度 $v = \sqrt{2gh}$. 此时流体沿水平方向(x 轴)的动量变化率为

$$\frac{\mathrm{d}M}{\mathrm{d}t} = \rho Q v = \rho A v^2$$

按照动量定理，这个量即为容器对流体的作用力在 x 轴的投影，即 $R_x = \rho A v^2$，射流给容器的反推力则为 $F_x = -R_x = -\rho A v^2$. 如果容器能沿 x 轴自由

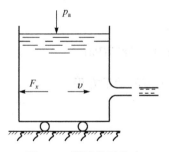

图 3-28 射流的反推力

移动，则容器在 F_x 的作用下朝射流的反方向运动，这就是射流的反推力. 火箭、喷气式飞机、喷水船等都是凭借这个反推力而工作的.

例 3.11 在直径为 $D = 100\text{mm}$ 的水平管路末端，接上一个出口直径为 $d = 50\text{mm}$ 的喷嘴，如图 3-29 所示. 已知管中流量为 $Q = 1\ \text{m}^3/\text{min}$，求喷嘴与管路结合处的纵向拉力(设动量校正系数和动能校正系数取值都为 1).

解 由连续性方程可知

$$v_1 = \frac{Q}{A_1} = \frac{Q}{\dfrac{\pi D^2}{4}} = \frac{\dfrac{1}{60} \times 4}{\pi \times 0.1^2} \approx 2.123\,(\text{m/s})$$

$$v_2 = \frac{Q}{A_2} = \frac{Q}{\frac{\pi d^2}{4}} = \left(\frac{\frac{1}{60} \times 4}{\pi \times 0.05^2} \right) \text{m/s} \approx 8.493 \text{m/s}$$

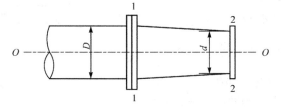

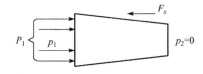

图 3-29　水枪喷嘴

取管轴线为水平基准面 $O\text{-}O$，过流断面为 1-1、2-2，可列出伯努利方程

$$z_1 + \frac{p_1}{\gamma} + \frac{v_1^2}{2g} = z_2 + \frac{p_2}{\gamma} + \frac{v_2^2}{2g}$$

由于 $z_1 = z_2$，$p_2 = 0$，故

$$p_1 = \frac{\gamma}{2g}\left(v_2^2 - v_1^2\right) = \frac{9800}{2 \times 9.8} \times \left(8.496^2 - 2.123^2\right) \approx 33837(\text{Pa})$$

设喷嘴作用于液流上的力沿 x 轴的分力为 F_x，可列出射流的动量方程

$$p_1 A_1 - F_x = \rho Q (v_2 - v_1)$$

因此可得

$$F_x = p_1 A_1 - \rho Q(v_2 - v_1) = 33837 \times \frac{\pi}{4} \times 0.1^2 - 1000 \times \frac{1}{60} \times (8.496 - 2.123)$$

$$\approx 159.4(\text{N})$$

水流沿 x 轴向作用于喷嘴的力大小为159.4N，方向向右.

例 3.12　如图 3-30 所示，一喷管从一180°弧形缝隙喷出一薄层水，水速 v 为15m/s，射流厚度 t 为0.03m，供应管的直径 D 为0.2m，出口的径向距离 R 为0.3m(从供应管的中心轴线计算)，试求：

(1) 射流水的体积流量；

(2) 保持此喷管不动所需力的 y 分量(设动量校正系数取为 1).

解　(1) 根据连续性方程，有

$$Q_v = \pi R t v = 3.14 \times 0.3 \times 0.03 \times 15 \approx 0.424(\text{m}^3/\text{s})$$

(2) 列 y 方向的动量方程

$$F_y = 2\int_0^{\frac{\pi}{2}} \rho v \mathrm{d}Q = 2\int_0^{\frac{\pi}{2}} \rho v \cos\theta Rtv\mathrm{d}\theta = 2\rho v^2 Rt = 4.05\mathrm{kN}$$

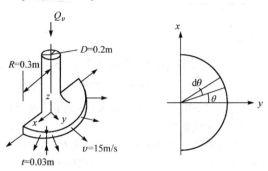

图 3-30　喷管喷水

习　题　3

3.1 已知流场的速度为 $u_x = 2kx$, $u_y = 2ky$, $u_z = -4kz$ (式中 k 为常数)，求通过点(1, 0, 1)的流线方程.

3.2 已知流场的速度为 $u_x = 1 + At$ (A 为常数), $u_y = 2x$, 试确定 $t = t_0$ 时通过点(x_0, y_0)的流线方程.

3.3 给出流速场为 $\boldsymbol{u} = \left(6 + x^2y + t^2\right)\boldsymbol{i} - \left(xy^2 + 10t\right)\boldsymbol{j} + 25\boldsymbol{k}$，求空间点(3, 2, 0)在 $t = 1$ 时的加速度.

3.4 已知不可压缩液体平面流动的速度场为

$$\begin{cases} u_x = xt + 2y \\ u_y = xt^2 - yt \end{cases}$$

求当 $t = 1\mathrm{s}$ 时点 $A(1, 2)$处液体质点的加速度.

3.5 如图 3-31 所示，大管直径 $d_1 = 5$ m, 小管直径 $d_2 = 1$m, 已知大管中过流断面上的速度分布为 $u = 6.25 - r^2 \mathrm{(m/s)}$ (式中 r 表示点所在半径，以 m 计). 试求管中流量及小管中的平均速度.

3.6 已知圆管过流断面上的速度分布为 $u = u_{max}\left[1 - \left(\dfrac{r}{r_0}\right)^2\right]$, u_{max} 为管轴处最大流速，r_0 为圆管半径，r 为某点距管轴的径距. 试求断面平均速度 v.

3.7 三元不可压缩流场中，已知 $u_x = x^2 + y^2z^3$, $u_y = -(xy + yz + zx)$, 且 $z = 0$ 处 $u_z = 0$, 试求流场中 u_z 的表达式.

3.8 如图 3-32 所示，管路 AB 在 B 点分为 BC、BD 两支，已知 $d_A = 45$cm, $d_B = 30$cm, $d_C = 20$cm, $d_D = 15$cm, $v_A = 2$m/s, $v_C = 4$m/s. 试求 v_B、v_D.

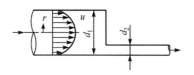

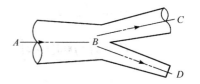

图 3-31　习题 3.5 图　　　　　　　　　　图 3-32　习题 3.8 图

3.9　蒸气管道如图 3-33 所示. 已知蒸气管道前段的直径 $d_0 = 50\text{mm}$，流速 $v_0 = 25\text{m/s}$，蒸气密度 $\rho_0 = 2.62\text{kg/m}^3$；后段的直径 $d_1 = 45\text{mm}$，蒸气密度 $\rho_1 = 2.24\text{kg/m}^3$. 接出的支管直径 $d_2 = 40\text{mm}$，蒸气密度 $\rho_2 = 2.30\text{kg/m}^3$. 试求分叉后的两管末端的断面平均流速 v_1、v_2 为多大才能保证该两管的质量流量相等.

3.10　如图 3-34 所示，以平均速度 $v = 0.15\text{m/s}$ 流入直径为 $D = 2\text{cm}$ 的排孔管中的液体，全部经 8 个直径 $d = 1\text{mm}$ 的排孔流出，假定每孔出流速度依次降低 2%，试求第一孔与第八孔的出流速度各为多少.

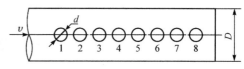

图 3-33　习题 3.9 图　　　　　　　　　图 3-34　习题 3.10 图

3.11　送风管的断面面积为 $50\text{cm} \times 50\text{cm}$，通过 a、b、c、d 四个送风口向室内输送空气，如图 3-35 所示. 已知送风口断面面积为 $40\text{cm} \times 40\text{cm}$，气体平均速度为 5m/s，试求通过送风管过流断面 1-1、2-2、3-3 的流速和流量.

3.12　如图 3-36 所示，用毕托静压管测量气体管道轴心的速度 $u_{\max}$，毕托静压管与倾斜酒精差压计相连，$u_{\max} = 1.2v$. 已知 $d = 200\text{mm}$，$\sin \alpha = 0.2$，$l = 75\text{mm}$，气体密度为 1.66kg/m^3，酒精密度为 800kg/m^3，试求气体质量流量.

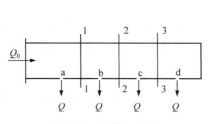

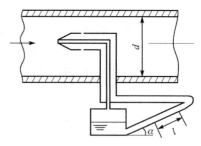

图 3-35　习题 3.11 图　　　　　　　　图 3-36　习题 3.12 图

3.13　设用一附有液体压差计的毕托管测定某风管中的空气流速，如图 3-37 所示. 已知压差计的读数 $h = 150\text{mmH}_2\text{O}$，空气密度 $\rho_a = 1.20\text{kg/m}^3$，水的密度 $\rho = 1000\text{kg/m}^3$，若不计能量损失，毕托管校正系数 $c = 1$，试求空气流速 u_0.

3.14　如图 3-38 所示，油从铅直圆管向下流出. 管直径 $d_1 = 10\text{cm}$，管口处的速度为 $v = 1.4\text{m/s}$. 试求管口下方 $H = 1.5\text{m}$ 处的速度和油柱直径.

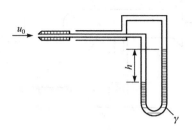

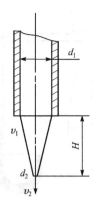

图 3-37　习题 3.13 图　　　　　图 3-38　习题 3.14 图

3.15　图 3-39 所示为一渐扩形的供水管段，已知 $d=15\text{cm}$，$D=30\text{cm}$，$p_A=68.6\text{kPa}$，$p_B=58.8\text{kPa}$，$h=1\text{m}$，$v_B=0.5\text{m/s}$. 求 A 点的速度 v_A 及 AB 段的水头损失，判断水流的方向.（设 $\alpha=1$）

3.16　设有一渐变管与水平面的倾角为 45°，如图 3-40 所示. 1-1 断面的管径 $d_1=200\text{mm}$，2-2 断面的管径 $d_2=100\text{mm}$，两断面的间距 $l=2\text{m}$，若重度 γ' 为 8820N/m^3 的油通过该管段，在 1-1 断面处的流速 $v_1=2\text{m/s}$，水银测压计中的液位差 $h=20\text{cm}$.（1）求 1-1 断面与 2-2 断面之间的能量损失 h_1；（2）判断流动方向；（3）求 1-1 断面与 2-2 断面的压强差.

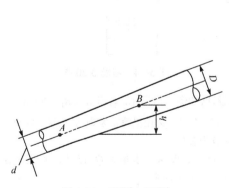

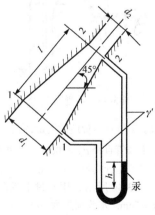

图 3-39　习题 3.15 图　　　　　图 3-40　习题 3.16 图

3.17　如图 3-41 所示，水自下而上流动，已知 $d_1=300\text{mm}$，$d_2=150\text{mm}$，U 形管中装有汞，$a=80\text{cm}$，$b=10\text{cm}$，试求流量.

3.18　离心式通风机由吸气管吸入空气，吸气管圆筒部分的直径 $D=200\text{mm}$，在此圆筒壁上装一个盛水的测压装置，如图 3-42 所示. 现测得测压装置的水面高差 $h=0.25\text{m}$，空气的重度 $\gamma_a=12.64\text{N/m}^3$. 问此风机在 1min 内吸气多少立方米？

3.19　如图 3-43 所示的虹吸管中，已知 $H_1=2\text{m}$，$H_2=6\text{m}$，管径 $D=20\text{mm}$. 如不计损失，问 S 处的压强应为多大时此管才能吸水？此时管内流速及流量各为多少？

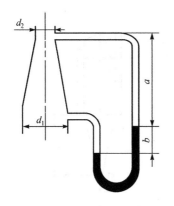

图 3-41 习题 3.17 图

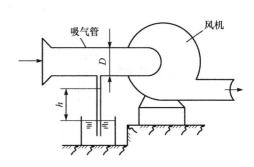

图 3-42 习题 3.18 图

3.20 如图 3-44 所示，水平管路中装一只文丘里水表. 已知：$D = 50\text{mm}$, $d = 25\text{mm}$, $p_1' = 7.84\text{kPa}$，水的流量 $Q=2.7\text{L/s}$. 问 h_v 为多少毫米汞柱? (不计损失)

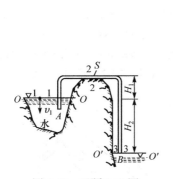

图 3-43 习题 3.19 图

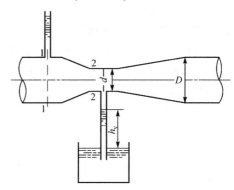

图 3-44 习题 3.20 图

3.21 为了测量石油管道的流量,安装一文丘里流量计,如图 3-45 所示. 管道直径 $d_1 = 20\text{cm}$, 文丘里喉管直径 $d_2 = 10\text{cm}$, 石油密度为 $\rho = 850\text{kg}/\text{m}^3$, 文丘里流量系数 μ=0.98, 现测得水银差压计读数 $h = 15\text{cm}$, 问此时石油流量 Q 为多少?

3.22 如图 3-46 所示，用密封水罐向 $h=2\text{m}$ 高处供水，要求供水量为 $Q=15\text{L/s}$, 管道直径 $d = 5\text{cm}$, 水头损失为 50cm H_2O，试求水罐所需要的压强.

3.23 如图 3-47 所示,设空气由炉口 a (高程为零)流入，通过燃烧后，废气经 b、c(高程为 5m)、d(高程为 50m)，由烟囱流入大气. 已知空气重度 γ_a =11.8N/m^3, 烟气重度 $\gamma = 5.9\text{N}/\text{m}^3$, 由 a 到 c 的压强损失为 $9\gamma\dfrac{v^2}{2g}$, 由 c 到 d 的压强损失为 $20\gamma\dfrac{v^2}{2g}$, 试求烟囱出口处烟气速度 v 和 c 处静压 p_c.

3.24 如图 3-48 所示，喷嘴直径 $d = 75\text{mm}$, 水枪直径 $D = 150\text{mm}$, 水枪倾斜角 $\theta = 30°$, 压强表读数 h=3m H_2O. 试求水枪的出口速度 v、最高射程 H、最高点处的射流直径 d'.

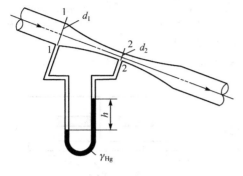

图 3-45 习题 3.21 图

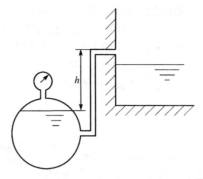

图 3-46 习题 3.22 图

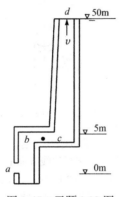

图 3-47 习题 3.23 图

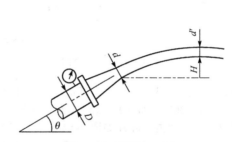

图 3-48 习题 3.24 图

3.25 设有一水泵管路系统，如图 3-49 所示. 已知流量 $Q=1000\text{m}^3/\text{h}$，管径 $d=150\text{mm}$，管路的总水头损失 $h_{11\text{-}2}=25.4\text{m}$，水泵效率 $\eta=80\%$，上、下两水面高差 $h=102\text{m}$. 试求水泵的扬程 H 和功率 N.

3.26 如图 3-50 所示，在水平平面上的 45° 弯管，入口直径 $d_1=600\text{mm}$，出口直径 $d_2=300\text{mm}$，入口相对压强 $p_1=40\text{kPa}$，流量 $Q=0.425\text{m}^3/\text{s}$，忽略摩擦，试求水对弯管的作用力.

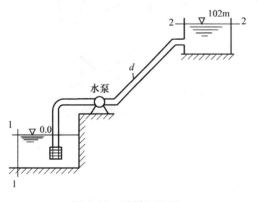

图 3-49 习题 3.25 图

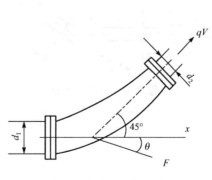

图 3-50 习题 3.26 图

3.27 如图 3-51 所示，直径为 150mm 的水管末端，接上分叉管嘴，其直径分别为 75mm 与 100mm. 水自管嘴均以12m/s的速度射入大气，它们的轴线在同一水平面上，夹角示于图中，忽略摩擦阻力，求水作用在双管嘴上的力的大小与方向.

3.28 垂直射流 $d=7.5$cm，射出流速 $v_0=12.2$m/s，打击在一重为 171.5N 的圆盘上，如图 3-52 所示，当圆盘保持平衡时，求 y.

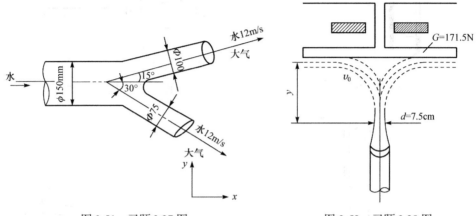

图 3-51　习题 3.27 图　　　　　　　　图 3-52　习题 3.28 图

3.29 如图 3-53 所示，水射流 $d=4$cm，射出流速 $v=20$m/s，平板法线与射流方向的夹角 $\theta=30°$，平板沿其法线方向运动速度 $v'=8$m/s. 试求作用在平板法线方向上的力 F.

3.30 射流冲击一叶片如图 3-54 所示，已知 $d=10$cm，$v_1=v_2=20$m/s，$\alpha=135°$，求：(1)当叶片的 $u_x=0$ 时，以及(2)当叶片的 $u_x=10$m/s 时，叶片所受到的冲击力.

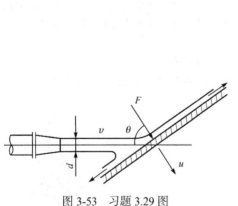

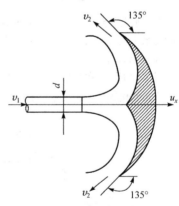

图 3-53　习题 3.29 图　　　　　　　　图 3-54　习题 3.30 图

第4章 黏性流体运动及其阻力计算

流体的黏性、运动状态以及流体与固体壁面的接触情况，都会影响流体运动阻力的大小. 本章主要讨论黏性流体的运动状态、管中流体的特点以及流动阻力的计算.

4.1 流体运动与流动阻力形式

4.1.1 流动阻力的影响因素

过流断面上影响流动阻力的因素有两个：一是过流断面的面积 A；二是过流断面与固体边界相接触的周界长 χ，简称湿周.

当流量相同的流体流过面积相等而湿周不等的两种过流断面时，湿周长的过流断面给予流体的阻力较大，即流动阻力与湿周 χ 的大小成正比. 当流量相同的流体流过湿周相等而面积不等的两种过流断面时，面积小的过流断面给予流体的阻力较大，即流动阻力与过流断面面积 A 的大小成反比.

为了综合过流断面面积和湿周对流动阻力的影响，可引入水力半径 R 的概念，定义

$$R = \frac{A}{\chi} \tag{4-1}$$

式(4-1)表明，水力半径与流动阻力成反比，水力半径越大，流动阻力越小，越有利于过流. 在常见的充满圆管的流动中，水力半径 $R = \dfrac{A}{\chi} = \dfrac{\pi r^2}{2\pi r} = \dfrac{r}{2} = \dfrac{d}{4}$.

4.1.2 流体运动与阻力的两种形式

流体运动及其所受阻力与过流断面密切相关. 如果运动流体连续通过的过流断面是不变的，则它在每一过流断面上所受的阻力将是不变的. 但如果流体通过的过流断面面积、形状及方位发生变化，则流体在每一过流断面上所受的阻力将是不同的. 在工程流体力学中，常根据过流断面的变化情况将流体运动及其所受阻力分为两种形式.

1. 均匀流动和沿程损失

流体运动时的流线为直线，且相互平行的流动称为均匀流动，否则称为非均匀流动. 如图 4-1 所示的 1-2、3-4、5-6 等流段内的流体运动为均匀流动. 在均匀流动中，流体所受到的阻力只有不变的摩擦阻力，称为沿程阻力. 由沿程阻力所做的功而引起的能量损失或水头损失与流程长度成正比，称为沿程水头损失，简称沿程损失，用 h_f 表示.

2. 非均匀流动和局部损失

在图 4-1 中的 2-3、4-5、6-7 等流段内，过流断面的大小、形状或方位沿流程发生了急剧的变化，流体运动的速度也产生了急剧的变化，这种流动称为非均匀流动. 在非均匀流动中，流体所受到的阻力是各式各样的，但都集中在很短的流段内，例如，管径突然扩大、管径突然收缩、弯管、阀门等，这种阻力称为局部阻力. 由局部阻力所引起的水头损失则称为局部水头损失，简称局部损失，用 h_r 表示.

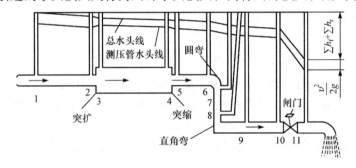

图 4-1　流体运动及其阻力形式

综上所述，无论是沿程损失还是局部损失，都是由流体在运动过程中克服阻力做功而形成的，并各有特点. 而总的水头损失是沿程损失和局部损失之和，即

$$h_1 = \sum h_f + \sum h_r \tag{4-2}$$

4.2　流体运动的两种状态

4.2.1　雷诺实验

虽然在很久以前人们就注意到，由于流体具有黏性，使得流体在不同流速范围内，断面流速分布和能量损失规律都不相同，但是直到 1876 年至 1883 年间，英国物理学家雷诺经过多次实验，发表了他的实验结果以后，人们对这一问题才有了全面而正确的理解. 现在简单介绍雷诺实验.

如图 4-2 所示，A 为供水管，B 为水箱，为了保持箱内水位稳定，在箱内水面处装有溢流板 J，让多余的水从泄水管 C 流出. 水箱 B 中的水流入玻璃管，再经阀门 H 流入量水箱 I 中，以便计量. E 为小水箱，内盛红色液体，开启小活栓 D 后，红色液体流入玻璃管 G，与清水一道流走.

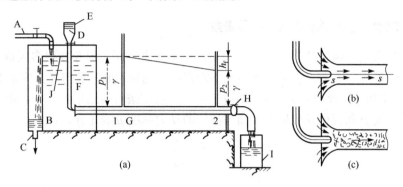

图 4-2　雷诺实验

进行实验时，先微微开启阀门 H，让清水以很低的速度在管 G 内流动，同时开启活栓 D，使红色液体与清水一道流动. 此时可见红色液体形成一条明显的红线，与周围清水并不互相混杂，如图 4-2(b)所示. 这种流动状态称为流体的层流运动.

如果继续开启阀门 H，管 G 中的水流速度逐渐加大，在流速未达到一定数值之前，还可看到流体运动仍为层流状态. 但继续开启阀门 H，管 G 中的水流速度达到一定值时，便可看到红色流线开始波动，先是个别地方发生断裂，最后形成与周围清水相互混杂、穿插的紊乱流动，如图 4-2(c)所示. 这种流动状态称为流体的紊流运动.

由此可得初步结论：当流速较低时，流体层做彼此平行且不相互混杂的层流运动；当流速逐渐增大到一定值时，流体运动便成为互相混杂、穿插的紊乱运动. 流速越大，紊乱程度也越强烈. 由层流状态转变为紊流状态时的速度称为上临界流速，可用 v_c' 表示.

也可按相反的顺序进行实验，即先将阀门 H 开启得很大，使流体以高速在管 G 中流动，然后慢慢将阀门 H 关小，使流体以低速、更低速在管 G 中流动. 这时可看到以下现象：在高速流动时流体作紊流运动；当流速慢慢降低到一定值时，流体便作彼此不互相混杂的层流运动；如果速度再降低，层流运动状态也更加稳定. 由紊流状态转变为层流状态时的流速称为下临界流速，用 v_c 表示. 实验证明：$v_c' > v_c$.

根据实验可得到结论：当流速 $v > v_c'$ 时，流体做紊流运动；当 $v < v_c$ 时，流体

作层流运动；当 $v_c<v<v_c'$ 时，流态不稳，可能保持原有的层流或紊流运动.

重油在管道中的流动，水在岩石缝隙或毛细管中的流动，空气在岩石缝隙或碎石中的流动，血液在微血管中的流动等，多处于层流运动状态；而水在管道或渠道中的流动，空气在管道或空间的流动等，几乎都是紊流运动.

4.2.2　流动状态的判别标准——雷诺数

层流和紊流两种流态，可以直接用临界流速来判断，但存在很多困难. 因为在实际管理或渠道中，临界流速不仅不能直接观测到，而且还与其他因素如流体密度 ρ、黏度 μ、管径 d 等有关. 通过进一步分析雷诺实验结果可知，临界流速与流体的密度 ρ 和管径 d 成反比，而与流体的动力黏度 μ 成正比，即

$$v_c = Re_c \frac{\mu}{\rho d}$$

或

$$Re_c = \frac{v_c d}{v} \tag{4-3}$$

式中，Re_c 是一个量纲为一的常数，称为下临界雷诺数. 对于几何形状相似的一切流体运动来说，其下临界雷诺数是相等的.

同理，相对于上临界流速 v_c'，也有其相应的上临界雷诺数

$$Re_c' = \frac{v_c' d}{v} \tag{4-4}$$

由此可以得出结论：雷诺数是流体流动状态的判别标准，即将实际运动流体的雷诺数 $Re=\frac{vd}{v}$ 与已通过实验测定的上、下临界雷诺数 Re_c'、Re_c 进行比较，就可判断流体的流动状态. 当 $Re<Re_c$ 时，属层流；当 $Re>Re_c'$ 时，属紊流；当 $Re_c<Re<Re_c'$ 时，可能是层流，也可能是紊流，不稳定.

雷诺及其他许多人通过对圆管中的流体运动做的大量实验，得出流体的下临界雷诺数为

$$Re_c = \frac{v_c d}{v} = 2320 \tag{4-5}$$

而上临界雷诺数容易因实验条件变动，各人实验测得的数值相差甚大，有的得 12000，有的得 40000 甚至 100000. 这是因为上临界雷诺数的大小与实验中水流受扰动程度有关，不是一个固定值. 因此，上临界雷诺数对判别流动状态没有实际意义，只有下临界雷诺数才能作为判别流动状态的标准. 即有

$Re<2320$ 时，属层流；　$Re>2320$ 时，属紊流

上述下临界雷诺数的值是在条件良好的实验中测定的. 在实际工程中，外界

干扰很容易使流体形成紊流运动，所以实用的下临界雷诺数将更小些，其值为

$$Re_c = 2000 \tag{4-6}$$

当流体在非圆形管道中运动时，可用水力半径 R 作为特征长度，其下临界雷诺数则为

$$Re_c = 500 \tag{4-7}$$

所以对于非圆形断面流道中的流体运动，其判别标准为

$$Re < 500 \text{ 时，属层流；} Re > 500 \text{ 时，属紊流}$$

对于明渠水流，更容易因外界影响而改变为紊流状态，其下临界雷诺数则更低些. 工程计算中常取

$$Re_c = 300 \tag{4-8}$$

4.2.3　不同流动状态的水头损失规律

流体的流动状态不同，则其流动阻力不同，也必然形成不同的水头损失. 不同流动状态的水头损失规律可由雷诺实验说明. 如图 4-2 所示，在玻璃管 G 上选取距离为 l 的 1、2 两点，装上测压管. 根据伯努利方程可知，两断面的测压管水头差即为该两断面间流段的沿程损失 h_f. 管内的水流断面平均流速 v，则可由所测得的流量求出.

为了研究 h_f 的变化规律，可以调节玻璃管中的流速 v，分别从大到小，再从小到大，并测出对应的 h_f 值. 将实验结果绘制在对数坐标纸上，即得关系曲线 $\lg h_f$-$\lg v$，如图 4-3 所示，图中 $abcd$ 表示流速由大到小的实验结果，线段 $dceba$ 表示流速由小到大的实验结果.

分析图 4-3 可得到如下水头损失规律：

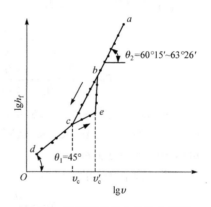

图 4-3　雷诺实验的水头损失规律

(1) 当 $v < v_c$ 时，流动属于层流. $\lg h_f$ 与 $\lg v$ 的关系以 dc 直线表示，它与 $\lg v$ 轴的夹角 $\theta_1 = 45°$，即直线的斜率 $m = \tan\theta_1 = 1$. 因此，层流中的水头损失 h_f 与流速 v 的一次方成正比，即 $h_f = k_1 v$.

(2) 当流速较大，$v > v_c'$ 时，流动属于紊流. $\lg h_f$ 与 $\lg v$ 的关系以 ab 线表示，它与 $\lg v$ 轴的夹角是变化的. 紊流中的水头损失 h_f 与 v^m 成正比，其中指数 m 在 1.75～2.0，即 h_f 与流速 v 的 1.75～2.0 次方成正比，$h_f = k v^m$.

(3) 当 $v_c < v < v_c'$ 时，流动属于层流、紊流相互转化的过渡区，即 bce 段. 当流速由小变大，实验点由 d 向 e 移动，到达 e 点时水流由层流变为紊流，但 e 点的位置流动很不稳定，与实验的设备、操作等外界条件对水流的扰动情况有很大

关系. e 点的流速即为上临界流速 v_c'. 当流速由大变小,实验点由 a 向 b 移动,到达 b 点时水流开始由紊流向层流过渡,到达 c 点后才完全变为层流,c 点的流速即为下临界流速 v_c.

例 4.1 温度 t=15℃的水在直径 d=100mm 的管中流动,流量 Q=15L/s;另一矩形明渠,宽 2m,水深 1m,平均流速 0.7m/s,水温同上. 试分别判别两者的流动状态.

解 当水温 15℃时,查表 1-2 得水的运动黏度 $\nu = 1.141 \times 10^{-6}\,\text{m}^2/\text{s}$.

(1) 圆管中水的流速为

$$v = \frac{Q}{A} = \frac{15 \times 10^{-3}}{\dfrac{\pi \times 0.1^2}{4}} \approx 1.911(\text{m/s})$$

圆管中水流的雷诺数为

$$Re = \frac{vd}{\nu} = \frac{1.911 \times 0.1}{1.141 \times 10^{-6}} \approx 167485 \gg 2000,\ \text{水流为紊流}$$

(2) 明渠的水力半径为

$$R = \frac{A}{\chi} = \frac{2 \times 1}{2 + 2 \times 1} = 0.5(\text{m})$$

$$Re = \frac{vR}{\nu} = \frac{0.7 \times 0.5}{0.0114 \times 10^{-4}} \approx 30701 \gg 300,\ \text{水流为紊流}$$

例 4.2 温度 t=15℃、运动黏度 $\nu = 0.0114\text{cm}^2/\text{s}$ 的水,在直径 d=20mm 的管中流动,测得流速 v=8cm/s. 试判别水流的流动状态,如果要改变其运动状态,可以采取哪些方法?

解 管中水流的雷诺数为

$$Re = \frac{vd}{\nu} = \frac{8 \times 2}{0.0114} \approx 1403.5 < 2000$$

水流为层流运动. 如要改变流态,可采取如下方法.

(1) 增大流速.

如采用 Re_c=2000 而水的黏性不变,则水的流速应为

$$v = \frac{Re_c \nu}{d} = \frac{2000 \times 0.0114}{2} = 11.4(\text{cm/s})$$

所以,使水流速度增大到 11.4cm/s,则水的流态将变为紊流.

(2) 提高水温降低水的黏性.

如采用 Re_c=2000 而水的流速不变,则水的运动黏度为

$$\nu = \frac{vd}{Re_c} = \frac{8 \times 2}{2000} = 0.008(\text{cm}^2/\text{s})$$

查表 1-2 可得:水温 $t=30℃$、$\nu=0.00804\,\text{cm}^2/\text{s}$;水温 $t=35℃$、$\nu=0.00727\,\text{cm}^2/\text{s}$. 故若将水温提高到31℃,则可使水流变为紊流.

4.3　圆管中的层流

　　层流运动相对于紊流而言比较简单,先研究圆管中的层流运动不仅有一定的实际意义,也为后面深入研究复杂的紊流运动做好必要的准备. 本节要讨论管中层流的速度分布、内摩擦力分布、流量和水头损失的计算等问题.

4.3.1　分析层流运动的方法

　　第一种方法是从 N-S 方程出发,结合层流运动的数学特点建立常微分方程. 第二种方法是从微元体的受力平衡关系出发建立层流的常微分方程. 这两种方法各有特点,第一种方法为应用 N-S 方程解决湍流、附面层等问题奠定基础,第二种方法简明扼要、物理概念明确. 下面分别介绍这两种方法.

1. N-S 方程分析法

　　定常不可压缩完全扩展段的管中层流具有如下五方面的特点.

　　(1) 只有轴向运动. 取如图 4-4 所示坐标系,使 y 轴与管轴线重合. 由于流体只有轴向运动,因此 $u_y \neq 0$,$u_x = u_z = 0$. N-S 方程可简化为

$$\left.\begin{array}{l} X - \dfrac{1}{\rho}\dfrac{\partial p}{\partial x} = 0 \\[3mm] Y - \dfrac{1}{\rho}\dfrac{\partial p}{\partial y} + \nu\left(\dfrac{\partial^2 u_y}{\partial x^2} + \dfrac{\partial^2 u_y}{\partial y^2} + \dfrac{\partial^2 u_y}{\partial z^2}\right) = \dfrac{\partial u_y}{\partial y}u_y + \dfrac{\partial u_y}{\partial t} \\[3mm] Z - \dfrac{1}{\rho}\dfrac{\partial p}{\partial z} = 0 \end{array}\right\} \tag{4-9}$$

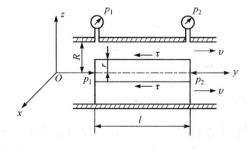

图 4-4　圆管层流

(2) 流体运动定常、不可压缩. 对于定常流动, $\dfrac{\partial u_y}{\partial t} = 0$. 由不可压缩流体的连续性方程可得 $\dfrac{\partial u_y}{\partial y} = 0$, 于是 $\dfrac{\partial^2 u_y}{\partial y^2} = 0$.

(3) 速度分布的轴对称性. 在管中的过流断面上, 各点的流速是不同的, 但圆管流动是对称的, 因而速度 u_y 沿 x 方向、z 方向以及任意半径方向的变化规律相同, 且只随 r 变化, 有 $\dfrac{\partial^2 u_y}{\partial x^2} = \dfrac{\partial^2 u_y}{\partial z^2} = \dfrac{\partial^2 u_y}{\partial r^2} = \dfrac{\mathrm{d}^2 u_y}{\mathrm{d} r^2}$.

(4) 等径管路压强变化的均匀性. 由于壁面摩擦及流体内部的摩擦, 压强沿流动方向是逐渐下降的, 但在等径管路上这种下降是均匀的, 单位长度上的压强变化率 $\dfrac{\partial p}{\partial y}$ 可以用任意长度 l 上压强变化的平均值表示, 即 $\dfrac{\partial p}{\partial y} = \dfrac{\mathrm{d} p}{\mathrm{d} y} = -\dfrac{p_1 - p_2}{l} = -\dfrac{\Delta p}{l}$, 式中 "–" 号说明压强是沿流动方向下降的.

(5) 管路中质量力不影响流体的流动性能. 如果管路是水平的, 则 $X = Y = 0$, $Z = -g$. 过流断面上流体压强是按照流体静力学的规律分布的, 而质量力对水平管道的流动特性没有影响. 非水平管道中质量力只影响位能, 也与流动特性无关.

根据上述五个特点, 式(4-9)可以化简为

$$\frac{\Delta p}{\rho l} + 2\nu \frac{\mathrm{d}^2 u_y}{\mathrm{d} r^2} = 0$$

积分得

$$\frac{\mathrm{d} u_y}{\mathrm{d} r} = -\frac{\Delta p}{2\mu l} r + C$$

当 $r = 0$ 时, 管轴线上的流体速度有最大值, $\dfrac{\mathrm{d} u_y}{\mathrm{d} r} = 0$, 可求得积分常数 $C = 0$, 故

$$\frac{\mathrm{d} u_y}{\mathrm{d} r} = -\frac{\Delta p}{2\mu l} r \tag{4-10}$$

这就是圆管层流的运动常微分方程.

2. 受力平衡分析法

这种方法是在圆管中取任意一个圆柱体, 分析它的受力平衡状态, 再引用层流的牛顿内摩擦定律进行推导. 在图 4-4 中, 取半径为 r, 长度为 l 的一个圆柱体. 在定常流动中这个圆柱体处于平衡状态, 因为作用在圆柱体上的外力在 y 方向的

投影和为零. 作用在圆柱体上的外力有：两端面上的压力 $\left(p_1-p_2\right)\pi r^2$，圆柱面上的摩擦力 $\tau 2\pi rl$. 由 $\sum F_y=0$，可得

$$\left(p_1-p_2\right)\pi r^2-\tau 2\pi rl=0$$

层流的牛顿内摩擦定律为 $\tau=-\mu\dfrac{\mathrm{d}u_y}{\mathrm{d}r}$，由以上两式可得

$$\frac{\mathrm{d}u_y}{\mathrm{d}r}=-\frac{p_1-p_2}{2\mu l}r=-\frac{\Delta p}{2\mu l}r$$

这样也得出了与第一种方法相同的结果. 由以上分析可见，第二种方法比较简捷，不过这种方法也同样包含着第一种方法所论述的流体运动的数学特点，因为只有在定常、单向流动、轴对称、等径均匀流等情况下才有可能取出上述平衡圆柱体，建立简单的受力平衡方程.

4.3.2　圆管层流的速度分布和切应力分布

对式(4-10)进行积分可得

$$u_y=-\frac{\Delta p}{4\mu l}r^2+C$$

根据边界条件：当 $r=R$ 时，$u_y=0$，于是 $C=\dfrac{\Delta p}{4\mu l}R^2$. 因此圆管层流的速度分布为

$$u_y=\frac{\Delta p}{4\mu l}\left(R^2-r^2\right) \tag{4-11}$$

式(4-11)称为斯托克斯公式. 它说明过流断面上的速度与半径成二次旋转抛物面关系，其大致形状如图 4-5 所示.

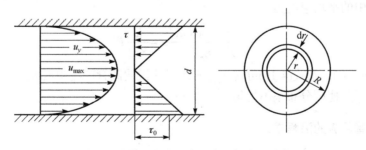

图 4-5　圆管层流的速度分布和切应力分布

当 $r=0$ 时，由式(4-11)可求出圆管层流中管轴上的流速，即最大流速为

$$u_{\max}=\frac{\Delta p}{4\mu l}R^2 \tag{4-12}$$

根据牛顿内摩擦定律，在圆管中可得

$$\tau = \pm\mu\frac{\mathrm{d}u_y}{\mathrm{d}r} = -\mu\frac{\mathrm{d}u_y}{\mathrm{d}r} = \frac{\Delta p r}{2l} \tag{4-13}$$

式(4-13)说明在层流的过流断面上，切应力与半径成正比，切应力的分布规律如图4-5所示，称为切应力的 K 字形分布. 图中箭头表示慢速流层作用在快速流层上切应力的方向.

当 $r=R$ 时，可得壁管处的切应力为

$$\tau_0 = \frac{\Delta p R}{2l} \tag{4-14}$$

4.3.3　圆管层流的流量和平均速度

在圆管中半径 r 处取厚度为 $\mathrm{d}r$ 的微小圆环，其断面面积为 $\mathrm{d}A=2\pi r\mathrm{d}r$. 管中流量为

$$Q = \int_A u_y\mathrm{d}A = \int_0^R \frac{\Delta p}{4\mu l}\left(R^2 - r^2\right)2\pi r\mathrm{d}r = \frac{\pi\Delta p R^4}{8\mu l} = \frac{\pi\Delta p d^4}{128\mu l} \tag{4-15}$$

式(4-15)称为哈根-泊肃叶(Hagen-Poiseuille)定律，它与精密实验的测定结果完全一致，所谓 N-S 方程的准确解主要是通过这一公式得到确认的. 这一定律验证了层流理论和实践结果之间完美的一致性.

哈根-泊肃叶定律也是测定液体黏度的依据. 从式(4-15)解出

$$\mu = \frac{\pi\Delta p d^4}{128 l Q} = \frac{\pi\Delta p d^4 t}{128 l V}$$

在固定内径 d、长度 l 的管路两端测出压强差 $\Delta p = p_1 - p_2$ 及流出一定体积 V 的时间，按上式即可计算出流体的动力黏度μ.

圆管中的平均速度为

$$\upsilon = \frac{Q}{A} = \frac{\pi\Delta p R^4}{8\mu l \cdot \pi R^2} = \frac{\Delta p}{8\mu l}R^2 \tag{4-16}$$

比较式(4-12)及式(4-16)可得 $u_{\max} = 2\upsilon$，这说明圆管层流中最大速度是平均速度的两倍，其速度分布很不均匀.

4.3.4　圆管层流的沿程损失

根据伯努利方程可知，等径管路的沿程损失就是管路两端压强水头之差，即

$$h_{\mathrm{f}} = \frac{\Delta p}{\gamma} = \frac{8\mu l g \upsilon}{\gamma R^2} = \frac{32\mu l \upsilon}{\gamma d^2} \tag{4-17}$$

在雷诺实验中曾经指出，层流沿程损失与 υ 的一次方成正比，现在知道其比

例常数 k_1 就是 $\dfrac{8\mu l}{\gamma R^2}$ 或 $\dfrac{32\mu l}{\gamma d^2}$，理论分析和实验结果是一致的.

工程计算中，圆管中的沿程水头损失习惯用 $\dfrac{\lambda l}{d}\dfrac{v^2}{2g}$ 表示，因此

$$h_{\text{f}}=\frac{32\mu l}{\gamma d^2}v=\frac{64}{\dfrac{\rho v d}{\mu}}\frac{l}{d}\frac{v^2}{2g}=\frac{64}{Re}\frac{l}{d}\frac{v^2}{2g}=\lambda\frac{l}{d}\frac{v^2}{2g} \tag{4-18}$$

式中，$\lambda=\dfrac{64}{Re}$ 称为层流的沿程阻力系数或摩阻系数，它仅与雷诺数 Re 有关. 式(4-18)是计算沿程损失的常用公式，称为达西(H. Darcy)公式.

用泵在管路中输送流体，常要求计算用来克服沿程阻力所消耗的功率. 若管中流体的重度 γ 和流量 Q 均为已知，则流体以层流状态在长度为 l 的管中运动时所消耗的功率为

$$N=\gamma Q h_{\text{f}}=\gamma Q\frac{\lambda l}{d}\frac{v^2}{2g} \tag{4-19}$$

4.3.5　层流起始段

圆管层流的速度抛物线规律并不是刚入管口就能立刻形成，而是要经过一段距离，这段距离称为层流起始段，如图 4-6 所示.

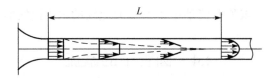

图 4-6　层流起始段

在起始段内，过流断面上的均匀速度不断向抛物面分布规律转化，因而在起始段内流体的内摩擦力大于完全扩展了的层流中的流体内摩擦力，反映在沿程阻力系数上，成为 $\lambda=\dfrac{A}{Re}$ (而 $A>64$). 层流起始段的长度 L 有不同的计算公式，其中之一为

$$L=0.02875dRe \tag{4-20}$$

在液压设备的短管路计算中，L 很有实际意义. 为了简化计算，有时油压短管中常取 $\lambda=\dfrac{75}{Re}$，这样就适当修正了起始段的影响.

例 4.3　在长度 l=1000m、直径 d=300mm 的管路中输送重度为 9.31kN/m³ 的重油，其重量流量为 G=2300kN/h，求油温分别为 10℃(ν=25cm²/s)和 40℃(ν=

$1.5\text{cm}^2/\text{s}$)时的水头损失.

解 管中重油的体积流量为

$$Q = \frac{G}{\gamma} = \frac{2300}{9.31 \times 3600} \approx 0.0686(\text{m}^3/\text{s})$$

重油的平均速度为

$$v = \frac{Q}{A} = \frac{0.0686}{\frac{\pi}{4} \times 0.3^2} \approx 0.971(\text{m/s})$$

10℃的雷诺数为

$$Re_1 = \frac{vd}{\nu} = \frac{0.971 \times 0.3}{25 \times 10^{-4}} \approx 116.5 < 2000$$

40℃的雷诺数为

$$Re_2 = \frac{vd}{\nu} = \frac{0.971 \times 0.3}{1.5 \times 10^{-4}} = 1942 < 2000$$

重油的流动状态均为层流，由达西公式(4-18)可得相应的沿程水头损失为

$$h_{f1} = \frac{\lambda_1 l}{d} \frac{v^2}{2g} = \frac{64}{Re_1} \frac{l}{d} \frac{v^2}{2g} = \frac{64}{116.5} \times \frac{1000}{0.3} \times \frac{0.971^2}{2 \times 9.8} \approx 88.1(\text{米油柱})$$

$$h_{f2} = \frac{\lambda_2 l}{d} \frac{v^2}{2g} = \frac{64}{Re_2} \frac{l}{d} \frac{v^2}{2g} = \frac{64}{1942} \times \frac{1000}{0.3} \times \frac{0.971^2}{2 \times 9.8} \approx 5.28(\text{米油柱})$$

由计算可知，重油在40℃时流动比在10℃时流动的水头损失小.

4.4　圆管中的紊流

实际流体运动中，绝大多数是紊流(也称为湍流)，因此，研究紊流流动比研究层流流动更有实用意义和理论意义. 在紊流运动中，流体质点做彼此混杂、互相碰撞和穿插的混乱运动，并产生大小不等的漩涡，同时具有横向位移. 紊流运动中流体质点在经过流场中的某一位置时，其运动要素 u、p 等都是随时间而剧烈变动的，牛顿内摩擦定律不能适用.

由于紊流运动的复杂性,紊流运动的研究在近几十年内虽然取得了一定成果，但仍然没有完全掌握紊流运动的规律. 因此，在讨论紊流的某些具体问题时，还必须引用一些经验和实验资料.

4.4.1 运动要素的脉动与时均化

如图 4-7 所示，当流体做层流运动时，经过 m(或 n 点)的流体质点将遵循一定

途径到达 m' (或 n' 点). 而在紊流运动中,
在某一瞬间 t, 经过 m 处的流体质点, 将沿
着曲折、杂乱的途径到 n' 点; 而在另一瞬
间 $t+\mathrm{d}t$, 经过 m 处的流体质点, 则可能沿
着另一曲折、杂乱的途径流到另外的 C 点.
并且于不同瞬间到达 n' 处(或 C 处)的流体
质点, 其速度 $\boldsymbol{u}$ 的大小、方向都是随时间
而剧烈变化的. 像这样经过流场中某一固
定位置的流体质点, 其运动要素 $\boldsymbol{u}$、p 等随
时间而剧烈变动的现象, 称为运动要素的

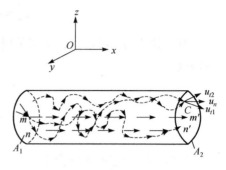

图 4-7　紊流运动图

脉动. 具有脉动现象的流体运动, 实质上是非定常流动, 用以前的分析方法研究
这种流体运动是很困难的.

　　虽然如此, 但经过长时间观察就会发现, 这种流体运动仍然存在一定的规律

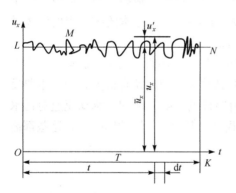

图 4-8　紊流速度的时均化

性. 以流速为例, 当长时间观察流经 C 处
的流体质点运动情况时, 可以看到, 每一
瞬时流经该处的速度 $\boldsymbol{u}$, 其方向虽然随时
改变, 但对 x 轴向起决定性作用的则是 $\boldsymbol{u}$
在 x 轴方向的投影 u_x. 虽然由于脉动, u_x
的大小也随时间推移而表现出剧烈的并
且是无规则的变化, 但是如果观测的时间
T 足够长, 则可测出一个它对时间 T 的算
术平均值 $\bar{u}_x$, 如图 4-8 所示. 可以看出,
在这个时间间隔 T 内, u_x 的值是围绕着这
一 $\bar{u}_x$ 值脉动的.

　　$\bar{u}_x$ 是瞬时速度 u_x 对时间 T 的平均值, 故称为时均速度. u_x 与 $\bar{u}_x$ 的差 u'_x, 则称
为脉动速度. u_x、$\bar{u}_x$ 和 u'_x 之间的关系如下:

$$u_x = \bar{u}_x + u'_x \tag{4-21}$$

由数学分析可知, $\bar{u}_x$ 可由下式计算:

$$\bar{u}_x = \frac{1}{T}\int_0^T u_x \mathrm{d}t \tag{4-22}$$

显然, 在足够长的时间内, u'_x 的时间平均值 $\overline{u'_x}$ 为零, 可证明如下:

$$\bar{u}_x = \frac{1}{T}\int_0^T u_x \mathrm{d}t = \frac{1}{T}\int_0^T (\bar{u}_x + u'_x)\mathrm{d}t = \frac{1}{T}\int_0^T \bar{u}_x \mathrm{d}t + \frac{1}{T}\int_0^T u'_x \mathrm{d}t = \bar{u}_x + \overline{u'_x}$$

由此得

$$\overline{u'_x} = \frac{1}{T}\int_0^T u'_x \mathrm{d}t = 0 \tag{4-23}$$

对于其他的流动要素，均可采用上述方法，将瞬时值视为由时均量和脉动量所构成，即

$$\begin{cases} u_y = \overline{u}_y + u'_y \\ u_z = \overline{u}_z + u'_z \\ p = \overline{p} + p' \end{cases} \tag{4-24}$$

显然，在一元流动(如管流)中，$\overline{u}_y$ 和 $\overline{u}_z$ 应该为零，u_y 和 u_z 应分别等于 u'_y 和 u'_z.

从以上分析可以看出，尽管在紊流流场中任一点的瞬时流速和瞬时压强是随机变化的，但在时间平均的情况下仍然是有规律的. 对于定常紊流来说，空间任一点的时均流速和时均压强仍然是常数. 紊流运动要素时均值存在的这种规律性，给紊流的研究带来了很大方便. 若建立了时均的概念，则以前所建立的一些概念和分析流体运动规律的方法，在紊流中仍然适用. 例如，流线、微元流束、定常流等对紊流来说仍然存在，只是都具有时均的意义. 根据定常流推导出的流体动力学基本方程，同样也适用于紊流时均定常流.

这里需要指出的是：时均化了的紊流运动只是一种假想的定常流动，并不意味着流体脉动可以忽略. 实际上，紊流中的脉动对时均运动有很大影响，主要反映在流体能量方面. 此外，脉动对工程还有特殊的影响，例如，脉动流速对污水中颗粒污染物的作用，脉动压力对构筑物载荷、振动及气蚀的影响等，这些都需要专门研究.

4.4.2　混合长度理论

紊流的混合长度理论是普朗特在 1925 年提出的，它比较合理地解释了脉动对时均流动的影响，为解决紊流中的切应力、速度分布及阻力计算等问题奠定了基础，是工程中应用最广的半经验公式.

首先讨论紊流的切应力. 在层流运动中，由流层间的相对运动所引起的黏滞切应力可由牛顿内摩擦定律计算. 但在紊流运动中，由于有垂直流向的脉动分速度，使相邻的流体层产生质点交换，从而将形成不同于层流运动中的另一种摩擦阻力，称为紊流运动中的附加切应力，或称为雷诺切应力.

为了兼顾圆管与平面流动这两种情况，取平面坐标系如图 4-9 所示. 沿 y 轴方向取相距 l_1，但属于相邻两层流体中的 a、a'、b、b' 四点，其中 a、b 两点处于慢速层，a'、b' 两点处于快速层. 设想在某一瞬时，原来处于 a 点的流体质点，以脉动速度 u'_y 向上运动到 a' 点(其沿流向速度保持不变). 当它到达 a' 点后，其沿流向的速度将比周围流体的小一些，并显示出负值的脉动速度 u'_x，周围的流体质

点将对它起推动作用(即摩擦阻力作用).
反之，如果原来在 b' 点处的流体质点以
脉动速度 u'_y 向下运动到 b 点，则会受到
周围流体质点的拖曳作用(亦为摩擦阻
力作用). 这样，在相邻两层流体之间，
便产生了动量交换(或动量的传递).

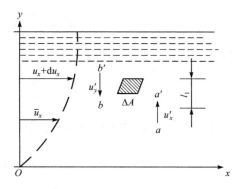

图 4-9　混合长度示意图

　　按照普朗特的动量传递理论，这一
现象可用动量定理解释为"这些动量交
换值应等于外力(即摩擦力)的冲量". 例
如，在两层流体的交界面上取一个平行
于流向的微小面积 ΔA，并取时间为 Δt，
则摩擦阻力与动量的关系将为

$$\tau \Delta A \Delta t = -\left(\rho \Delta A u'_y\right)u'_x \Delta t$$

化简上式可得

$$\tau = -\rho u'_y u'_x \tag{4-25}$$

　　由于正的 u'_y 联系着负的 u'_x，负的 u'_y 联系着正的 u'_x，所以式(4-25)右端必须加
上负号，以使 τ 为正值. 如取 τ 的时均值，则式(4-25)可写为

$$\tau = -\rho \overline{u'_y u'_x} \tag{4-26}$$

这就是由脉动原因而引起的脉动切应力，也称为附加切应力或雷诺切应力. 由
此可见，在一般的紊流运动中，其内摩擦力包括牛顿内摩擦力和附加切应力两
部分

$$\tau = \tau_1 + \tau_2 = -\mu \frac{\mathrm{d}\overline{u}_x}{\mathrm{d}y} - \rho \overline{u'_x u'_y} \tag{4-27}$$

　　根据普朗特的假设，附加切应力可用时均速度表示. 如果设 $a \to a'$ 或 $b' \to b$
的平均距离为 l_1，则脉动速度绝对值的时均值 $\overline{|u'_x|}$ 或 $\overline{|u'_y|}$ 与 $\dfrac{\mathrm{d}\overline{u}}{\mathrm{d}y}l_1$ 成正比，即

$$\overline{|u'_x|} = c_1 l_1 \frac{\mathrm{d}\overline{u}}{\mathrm{d}y} \tag{4-28}$$

根据连续性方程可知，$\overline{|u'_y|}$ 与 $\overline{|u'_x|}$ 成正比，即

$$\overline{|u'_y|} = c_2 \overline{|u'_x|} = c_2 c_1 l_1 \frac{\mathrm{d}\overline{u}}{\mathrm{d}y} \tag{4-29}$$

虽然 $\overline{|u'_x|}$、$\overline{|u'_y|}$ 与 $\overline{u'_x u'_y}$ 不等，但可认为它们是成比例的，即

$$\overline{u'_x u'_y} = c_3 \left| \overline{u'_x} \right| \left| \overline{u'_y} \right| = c_1^2 c_2 c_3 l_1^2 \left(\frac{\mathrm{d}\overline{u}}{\mathrm{d}y} \right)^2$$

因此, 紊流中的附加切应力为

$$\overline{\tau}_2 = -\rho \overline{u'_x u'_y} = -\rho c_1^2 c_2 c_3 l_1^2 \left(\frac{\mathrm{d}\overline{u}}{\mathrm{d}y} \right)^2 \tag{4-30}$$

式中, c_1、c_2、c_3 均为比例常数, 令 $l^2 = -c_1^2 c_2 c_3 l_1^2$, 则有

$$\overline{\tau}_2 = \rho l^2 \left(\frac{\mathrm{d}\overline{u}}{\mathrm{d}y} \right)^2 \tag{4-31}$$

式(4-31)就是由混合长度理论得到的附加切应力的表达式, 式中 l 称为混合长度, 但没有明显的物理意义. 最后可得

$$\overline{\tau} = \overline{\tau}_1 + \overline{\tau}_2 = \mu \frac{\mathrm{d}\overline{u}}{\mathrm{d}y} + \rho l^2 \left(\frac{\mathrm{d}\overline{u}}{\mathrm{d}y} \right)^2 \tag{4-32}$$

式(4-32)两部分应力的大小随流动的情况而有所不同, 当雷诺数较小时, $\overline{\tau}_1$ 占主导地位. 随着雷诺数增加, $\overline{\tau}_2$ 作用逐渐加大, 当雷诺数很大时, 即在充分发展的紊流中, $\overline{\tau}_2$ 远大于 $\overline{\tau}_1$, $\overline{\tau}_1$ 可以忽略不计.

4.4.3 圆管紊流的速度分布

1. 速度分布

根据卡门实验, 混合长度 l 与流体层到圆管管壁的距离 y 的函数关系可以近似表示为

$$l = ky\sqrt{1 - \frac{y}{R}} \tag{4-33}$$

式中, R 为圆管半径. 当 $y \ll R$, 即在壁面附近时

$$l = ky \tag{4-34}$$

式中, k 为实验常数, 通常称为卡门通用常数, 可取为 0.4. 因此, 式(4-31)可写成

$$\tau = \rho k^2 y^2 \left(\frac{\mathrm{d}u}{\mathrm{d}y} \right)^2 \tag{4-35}$$

式(4-35)中为了简便, 省去了时均符号, 并且只讨论完全发展的紊流. 式(4-35)变化后得

$$\mathrm{d}u = \frac{1}{k} \sqrt{\frac{\tau}{\rho}} \frac{\mathrm{d}y}{y} \tag{4-36}$$

如以管壁处摩擦阻力 τ_0 代替 τ, 并令 $\sqrt{\frac{\tau_0}{\rho}} = \upsilon_*$, 称为切应力速度, 则式(4-36)

可变换为

$$\mathrm{d}u = \frac{\upsilon_*}{k}\frac{\mathrm{d}y}{y} \tag{4-37}$$

积分可得

$$u = \frac{\upsilon_*}{k}\ln y + C$$

上式就是混合长度理论下推导的紊流流速分布规律. 由此可见, 在紊流运动中, 过流断面上的速度呈对数曲线分布, 管轴附近各点上的速度大大平均化了, 如图 4-10 所示. 根据实测, 紊流的过流断面上, 平均速度 υ 是管轴处流速 $u_{\max}$ 的 0.75～0.87 倍.

紊流速度的对数分布规律比较准确, 但公式复杂不便使用. 根据光滑管紊流的实验曲线, 紊流的速度分布也可以近似地用比较简单的指数公式表示为

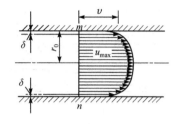

图 4-10　紊流的速度分布

$$\frac{u_x}{u_{\max}} = \left(\frac{y}{R}\right)^n \tag{4-38}$$

当 Re 不同时, 对应的指数 n 也不相同, $n = 1/10 \sim 1/4$.

2. 层流底层、水力光滑管与水力粗糙管

由实验得知, 在圆管紊流中, 并非所有流体质点都参与紊流运动. 首先, 由于流体与管壁之间的附着力作用, 总有一层极薄的流体附着在管壁上, 流速为零, 不参与运动. 其次, 在靠近管壁处, 由于管壁及流体黏性影响, 有一层厚度为 δ 的流体做层流运动, 这一流体层称为层流底层. 只有层流底层以外的流体才参与紊流运动.

层流底层的厚度 δ 并不是固定的, 它与流体的运动黏度 ν、流体的运动速度 υ、管径 d 及紊流运动的沿程阻力系数 λ 有关. 通过理论与实验计算, 可得到 δ 的近似计算公式为

$$\delta = \frac{32.8d}{Re\sqrt{\lambda}} \tag{4-39}$$

由实验得知, 一般流体做紊流运动时, 其层流底层的厚度通常只有十分之几毫米, 即使黏性很大的流体(如石油), 其层流底层的厚度也只有几毫米. 黏性影响在远离管壁的地方逐渐减弱, 管中大部分区域是紊流的活动区, 称为紊流核心, 在层流底层与紊流核心之间还有一层很薄的过渡区. 因此, 管中紊流实质上包括三层结构.

尽管层流底层的厚度较小，但是它在紊流中的作用却是不可忽略的. 例如，在冶金炉内、采暖工程的管道内，层流底层的厚度 δ 越大，放热量就越小，流动阻力也越小.

由于管子的材料、加工方法、使用条件以及使用年限等因素影响，使得管壁会出现各种不同程度的凹凸不平，它们的平均尺寸 Δ 称为绝对粗糙度，如图 4-11 所示.

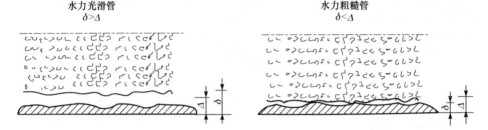

图 4-11　水力光滑管与水力粗糙管

当 $\delta>\Delta$ 时，管壁的凹凸不平部分完全被层流底层覆盖，粗糙度对紊流核心几乎没有影响，这种情况称为水力光滑管. 当 $\delta<\Delta$ 时，管壁的凹凸不平部分暴露在层流底层之外，紊流核心的运动流体冲击在凸起部分，不断产生新的旋涡，加剧紊乱程度，增大能量损失. 粗糙度的大小对紊流特性产生直接影响，这种情况称为水力粗糙管. 当 δ 与 Δ 近似相等时，凹凸不平部分开始显露影响，但还未对紊流性质产生决定性的作用，这是介于上述两种情况之间的过渡状态，有时也把它归入水力粗糙管的范围.

水力光滑与水力粗糙同几何上的光滑与粗糙有联系，但并不能等同. 几何光滑管出现水力光滑的可能性大些，几何粗糙管出现水力粗糙的可能性大些，但几何光滑与粗糙是固定的，而水力光滑与水力粗糙却是可变的.

在雷诺数相同的情况下，层流底层的厚度 δ 应该是相等的，而不同管壁的粗糙凸出高度 Δ 则是不等的，因此不同粗糙度的管路对雷诺数相等的流体运动，会形成不同的阻力. 此外，同一条管路的粗糙凸出高度 Δ 是不变的，但当流体运动的雷诺数变化时，其层流底层的厚度 δ 则是变化的. 因此，同一管路对雷诺数不同的流动，所形成的阻力也是不相同的.

4.4.4　圆管紊流的水头损失

由于所讨论的是均匀流动，管壁处的摩擦阻力 τ_0 仍可由式(4-14)计算，即

$$\tau_0 = \frac{\Delta p R}{2l} = \frac{\Delta p d}{4l}，而 h_f = \frac{\Delta p}{\rho g}，因此$$

$$h_{\mathrm{f}} = \frac{4\tau_0 l}{\rho g d} \tag{4-40}$$

式中，τ_0 的成因很复杂，目前仍不能用解析法求得，只能从实验资料的分析入手来解决. 实验指出：τ_0 与均速 v、雷诺数 Re、管壁绝对粗糙度 Δ 与管子半径 r 的比值 Δ/r 都有关系，可由下式表示：

$$\tau_0 = f(Re, v, \Delta/r) = f_1(Re, \Delta/r)v = Fv^2 \tag{4-41}$$

将式(4-41)代入式(4-40)，则得

$$h_{\mathrm{f}} = \frac{4Fv^2}{\rho g}\frac{l}{d} = \frac{8F}{\rho}\frac{l}{d}\frac{v^2}{2g} = \frac{\lambda l}{d}\frac{v^2}{2g} \tag{4-42}$$

式中，$\lambda = \dfrac{8F}{\rho} = f_1\left(Re, \dfrac{\Delta}{r}\right)$ 称为紊流的沿程阻力系数，只能由实验确定.

4.5　圆管流动沿程阻力系数的确定

　　圆管流动是工程实际中最常见、最重要的流动，它的沿程阻力可采用达西公式来计算，即 $h_{\mathrm{f}} = \dfrac{\lambda l}{d}\dfrac{v^2}{2g}$，对层流而言，$\lambda = \dfrac{64}{Re}$；但由于紊流的复杂性，目前还不能从理论上推导出紊流沿程阻力系数 λ 的准确计算公式，只有通过实验得出的经验和半经验公式.

4.5.1　尼古拉兹实验

　　1933 年发表的尼古拉兹(Nikuradse)实验对管中沿程阻力作了全面研究. 管壁的绝对粗糙度 Δ 不能表示出管壁粗糙度的确切状况及其与流动阻力的关系，而相对粗糙度 Δ/d 可以表示出管壁粗糙状况与流动阻力的关系，是不同性质或不同大小的管壁粗糙状况的比较标准. 尼古拉兹在不同相对粗糙度 Δ/d 的管路中，进行阻力系数 λ 的测定，分析 λ 与 Re 及 Δ/d 的关系.

　　尼古拉兹用人为的办法制造不同相对粗糙度的管子时，先在直径为 d 的管壁上涂一层胶，再将经过筛分后具有一定粒径 Δ 的砂子，均匀地撒在管壁上，这就人工地做成相对粗糙度不同 Δ/d 的管子. 尼古拉兹共制做出了相对粗糙度 Δ/d 分别为 $\dfrac{1}{1014}$、$\dfrac{1}{504}$、$\dfrac{1}{252}$、$\dfrac{1}{120}$、$\dfrac{1}{60}$、$\dfrac{1}{30}$ 的六种管子. 实验中，先测量出每一根管子在不同流量时的断面平均流速 v 和沿程阻力损失 h_{f}，再由公式计算出 λ 和 Re，然后以 $\lg Re$ 为横坐标、$\lg(100\lambda)$ 为纵坐标描绘出管路 λ 与 Re 的对数关系曲线，即尼古拉兹实验图，如图 4-12 所示.

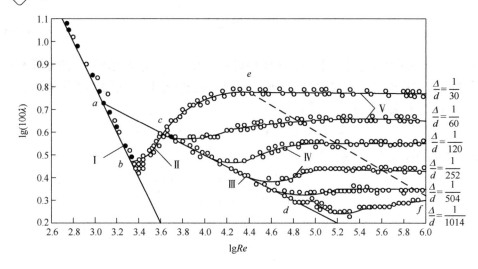

图 4-12　尼古拉兹实验曲线

由图 4-12 可以看到，管道中的流动可分为五个区域.

(1) 第 I 区域——层流区. 其雷诺数 $Re<2320(\lg Re<3.36)$，实验点均落在直线 ab 上，从图中可得 $\lambda=\dfrac{64}{Re}$，这与已知的理论结果完全一致，说明粗糙度对层流的沿程阻力系数没有影响. 根据式(4-18)还可知，沿程阻力损失 h_{f} 与断面平均流速 v 成正比，这与雷诺实验的结果一致.

(2) 第 II 区域——临界区. 层流开始转变为紊流，$2320<Re<4000(\lg Re=3.36\sim3.6)$，实验点落在直线 bc 附近. 由于雷诺数在此区域的变化范围很小，实用意义不大，人们对它的研究也不多.

(3) 第 III 区域——紊流水力光滑管区. $4000<Re<22.2\left(\dfrac{d}{\Delta}\right)^{\frac{8}{7}}$，实验指出，在此区域内，不同相对粗糙度的管中流动虽然都已处于紊流状态，但对某一相对粗糙度的管中流动来说，只要在一定的雷诺数情况下，如果层流底层的厚度 δ 仍然大于其绝对粗糙度 Δ(即为水力光滑管)，那么它的实验点都集中在直线 cd 上，这表明 λ 与 Δ 仍然无关，而只与 Re 有关. 当然，相对粗糙度不同的管中流动服从这一关系的极限雷诺数是各不相同的. 相对粗糙度越大的管中流动，其实验点越早离开直线 cd，即在雷诺数越小的时候进入第 IV 区域.

此区域计算 λ 的公式如下.

(i) 当 $4000<Re<10^{5}$ 时，可用布拉休斯(Blasius)公式

$$\lambda=\frac{0.3164}{\sqrt[4]{Re}} \tag{4-43}$$

(ii) 当 $10^5 < Re < 3\times10^6$ 时，可用尼古拉兹光滑管公式

$$\lambda = 0.0032 + 0.221Re^{-0.237} \tag{4-44}$$

(iii) 更通用的公式是

$$\frac{1}{\sqrt{\lambda}} = 2\lg(Re\sqrt{\lambda}) - 0.8 \tag{4-45}$$

(4) 第 IV 区域——过渡区. 由紊流水力光滑管开始转变为紊流水力粗糙管，其雷诺数 $22.2\left(\dfrac{d}{\Delta}\right)^{\frac{8}{7}} < Re < 597\left(\dfrac{d}{\Delta}\right)^{\frac{9}{8}}$. 在这个区间内，随着雷诺数 Re 的增大，各种相对粗糙度的管中流动的层流底层都在逐渐变薄，以致相对粗糙度大的管流，其阻力系数 λ 在雷诺数较小时便与相对粗糙度 Δ/d 有关，即转变为水力粗糙管；而相对粗糙度较小的管流，在雷诺数较大时才出现这一情况. 也就是说，在过渡区，各种相对粗糙度管流的 λ 与 Re 及 Δ/d 都有关系.

在过渡区，计算 λ 的公式很多，常用的是柯列布茹克(Colebrook)半经验公式

$$\frac{1}{\sqrt{\lambda}} = 1.14 - 2\lg\left(\frac{\Delta}{d} + \frac{9.35}{Re\sqrt{\lambda}}\right) \tag{4-46}$$

此公式不仅适用于过渡区，也适用于 Re 数从 4000 到 10 的整个紊流的 III、IV、V 三个区域. 柯列布茹克公式比较复杂，它有一个简化的形式，称为阿里特苏里公式

$$\lambda = 0.11\left(\frac{\Delta}{d} + \frac{68}{Re}\right)^{0.25} \tag{4-47}$$

(5) 第 V 区域——紊流水力粗糙管区. 其雷诺数 $Re > 597\left(\dfrac{d}{\Delta}\right)^{\frac{9}{8}}$. 由图 4-12 可看出，当不同相对粗糙度管流的实验点到达这一区域后，每一相对粗糙度管流实验点的连线，几乎都与 $\lg Re$ 轴平行. 这说明，它们的阻力系数都与 Re 无关. 因为 $Re > 597\left(\dfrac{d}{\Delta}\right)^{\frac{9}{8}}$ 后，其层流底层的厚度 δ 已变得非常小，以至于对最小的绝对粗糙度 Δ 也掩盖不了. 因此，相对粗糙度 Δ/d 是决定 λ 值的唯一因素，且 d/Δ 值越大，其 λ 值也越大.

实验测得，在此区域，水头损失 h_f 与速度 v 的二次方成正比，因此，此区域又称为阻力平方区或完全粗糙区.

阻力平方区 λ 的计算公式常用的是尼古拉兹粗糙管公式

$$\lambda = \frac{1}{\left[2\lg\left(3.7\frac{d}{\Delta}\right)\right]^2} \tag{4-48}$$

总之,尼古拉兹实验有很重要的意义.它概括了各种管流 λ 与 Re 及 Δ/d 的关系,从而说明了各种理论公式、经验公式或半经验公式的适用范围.

4.5.2 莫迪图

上述各种计算 λ 的公式虽然比较常用,但计算比较烦琐.1940 年,莫迪(Moody)对天然粗糙管(指工业用管)做了大量实验,绘制出 λ 与 Re 及 Δ/d 的关系图(图 4-13),供实际运算时使用, 这个图称为莫迪图.

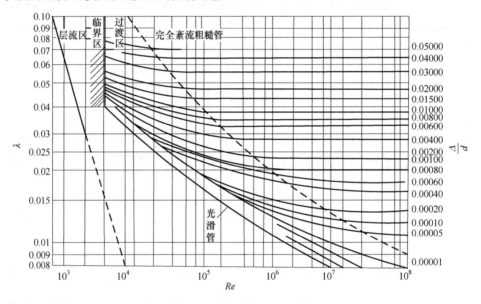

图 4-13　莫迪图

如果知道了管流的雷诺数 Re 和相对粗糙度 Δ/d, 从莫迪图上很容易查到 λ 的值. 表 4-1 给出常用管材绝对粗糙度 Δ 的参考值,Δ 值是随管壁的材料、加工方法、加工精度、新旧程度及使用情况等因素而改变的.

实际管材的凹凸不平与均匀砂粒粗糙度是有很大区别的, 当层流底层厚度减小时, 均匀砂粒要么全被覆盖, 要么一起暴露在紊流脉动之中, 而实际管材凹凸不平的高峰, 不等层流底层减小很多时, 就早已伸入紊流脉动之中了. 这样就加速了光滑管向粗糙管的过渡进程, 所以实际管道过渡区开始得早, 这只要比较一下莫迪图和尼古拉兹曲线就可以看出来. 因此, 从图中去查 λ 值要以莫迪图为准.

表 4-1　常用管材的绝对粗糙度

管材	Δ值/mm	管材	Δ值/mm
干净的黄铜管、铜管	0.0015～0.002	沥青铁管	0.12
新的无缝钢管	0.04～0.17	镀锌铁管	0.15
新钢管	0.12	玻璃、塑料管	0.001
精致镀锌钢管	0.25	橡胶软管	0.01～0.03
普通镀锌钢管	0.39	木管、纯水泥表面	0.25～1.25
旧的生锈的钢管	0.60	混凝土管	0.33
普通的新铸铁管	0.25	陶土管	0.45～6.0
旧的铸铁管	0.50～1.60		

例 4.4　向一个大型设备供水、供油、通风. 环境温度是 20℃，已知条件如表 4-2 所列. 试分别计算水管、油管和风管上的沿程损失 h_f.

表 4-2　已知数据

项目	供水	供油	通风
管道材料	新铸铁管	黄铜管	无缝钢管
管道直径 d/cm	20	2	50
管道长度 l/m	20	10	10
流量 Q/(m³/s)	0.3	0.01	10

解　用表 4-3 来说明解题过程. 首先从第 1 章的表 1-1、表 1-2 中查出 20℃的水、油与空气的运动黏度 ν，列入表 4.3 中，再从表 4-1 中查得管道的绝对粗糙度 Δ，计算出 d/Δ，并计算出雷诺数 $Re = \dfrac{\nu d}{\nu} = \dfrac{4Q}{\pi d\nu}$.

为了判断流体运动属于哪个阻力区域，需要计算出 $22.2\left(\dfrac{d}{\Delta}\right)^{\frac{8}{7}}$ 及 $597\left(\dfrac{d}{\Delta}\right)^{\frac{9}{8}}$，判断结果也列在表中. 根据水力粗糙管区、水力光滑管区、过渡区的 λ 计算公式、尼古拉兹粗糙管公式、尼古拉兹光滑管公式及阿里特苏里公式，可求得 λ 值. 各管道的沿程损失 h_f 可由下式计算：

$$h_f = \frac{\lambda l}{d}\frac{v^2}{2g} = \frac{8\lambda l Q^2}{\pi^2 d^5 g}$$

以上计算数据均列于表 4-3 中.

表 4-3 解题表

项目	供水	供油	通风
$V/(\text{m}^2/\text{s})$	1.007×10^{-6}	8.4×10^{-6}	15.7×10^{-6}
Δ/mm	0.25	0.0018	0.10
d/Δ	800	11111	5000
Re	1.90×10^{6}	7.58×10^{4}	1.62×10^{6}
$22.2\left(\dfrac{d}{\Delta}\right)^{\frac{8}{7}}$	46150	9.33×10^{5}	3.75×10^{5}
$597\left(\dfrac{d}{\Delta}\right)^{\frac{9}{8}}$	1.10×10^{6}	—	8.66×10^{6}
阻力区域	粗糙管区	光滑管区	过渡区
λ 的计算值	0.0207	0.0104	0.0137
沿程损失 h_f	9.64 米水柱	269 米油柱	36.3 米气柱

注：运动黏度的值在 1atm 下，供油为石油、通风为 CO.

例 4.5 有一圆管水流, 直径 d=20cm, 管长 l=20m, 管壁绝对粗糙度 Δ=0.2mm, 水温 t=10℃, 求通过流量 Q=24L/s 时, 沿程水头损失 h_f.

解 当 t=10℃时, 查表 1-4, 得水的运动黏度 ν =0.0131cm²/s.
断面平均流速

$$\upsilon = \frac{Q}{A} = \frac{24\times1000}{\frac{\pi}{4}\times20^2} \approx 76.4(\text{cm/s})$$

雷诺数

$$Re = \frac{\upsilon d}{\nu} = \frac{76.4\times20}{0.0131} \approx 1.17\times10^{5} > 2320 \text{, 属于紊流流态}$$

相对粗糙度

$$\frac{\Delta}{d} = \frac{0.2}{20\times10} = 0.001$$

由 Re 及 $\dfrac{\Delta}{d}$, 在莫迪图上查得沿程阻力系数 λ =0.027.

沿程水头损失 h_f 为

$$h_f = \frac{\lambda l}{d}\frac{\upsilon^2}{2g} = 0.027\times\frac{20\times100}{20}\times\frac{76.4^2}{2\times980} \approx 8.04(\text{cmH}_2\text{O})$$

4.6　非圆形截面管道的沿程阻力计算

对于非圆形截面管道均匀流动的沿程阻力计算问题, 可用下述两种办法解决.

4.6.1　利用原有公式进行计算

由于圆形截面的特征长度是直径 d, 非圆形截面的特征长度是水力半径 R, 而且已知两者的关系为 $d=4R$, 因此, 只要将达西公式中的 d 改为 $4R$ 便可应用. 即在非圆形均匀流动的水力计算中, 沿程阻力损失的计算公式为

$$h_f = \lambda \frac{l}{4R} \frac{v^2}{2g} \tag{4-49}$$

计算 λ 的公式可以这样处理: 将圆管直径 d 用 $4R$ 代替, 将圆管流动的雷诺数 $Re_{(d)} = \frac{vd}{v}$ 用非圆管流动的雷诺数 $Re_{(R)} = \frac{vR}{v}$ 的 4 倍置换, 则计算圆管的 λ 公式均可应用于计算非圆管的 λ. 例如, 布拉休斯公式可按上述方法改写为

$$\lambda = \frac{0.3164}{\sqrt[4]{4Re_{(R)}}}$$

4.6.2　利用谢才公式进行计算

工程上为了能将达西公式广泛应用于非圆形截面的均匀流动, 常将其改写为

$$h_f = \frac{\lambda l}{d} \frac{v^2}{2g} = \frac{\lambda l}{4R} \frac{v^2}{2g} = \frac{l}{\underset{\lambda}{\frac{8g}{}}} \frac{1}{R} \frac{Q^2}{A^2} = \frac{Q^2 l}{c^2 R A^2}$$

令 $c^2 R A^2 = K^2$, 则

$$h_f = \frac{Q^2 l}{K^2} \tag{4-50}$$

由此, 流量 Q 及速度 v 的计算公式为

$$Q = K\sqrt{\frac{h_f}{l}} = K\sqrt{i} = \sqrt{c^2 R A^2}\sqrt{i} \tag{4-51}$$

$$v = c\sqrt{Ri} \tag{4-52}$$

式中, i 为单位长度管道上的沿程损失; $c = \sqrt{\frac{8g}{\lambda}}$ 称为谢才系数; $K = cA\sqrt{R}$ 称为流量模数.

上述三式由谢才首先提出，称为谢才公式. 它在管道、渠道等工程计算中得到了广泛应用.

4.7 管路中的局部损失

不均匀流动中，各种局部阻力形成的原因很复杂，目前还不能逐一进行理论分析和建立计算公式. 本节仅对管径突然扩大的局部阻力加以理论分析，其他类型的局部阻力，则用类似的经验公式或实验方法处理.

4.7.1 管径突然扩大的局部损失

图 4-14 为流体在一突然扩大的圆管中的流动情况,流量已知. 设小管径为 d_1，大管径为 d_2，水流从小管径断面进入大管径断面后，脱离边界，产生回流区，回流区的长度约为 $(5\sim8)d_2$，断面 1-1 和 2-2 为缓变流断面. 由于 l 较短，该段的沿程阻力损失 h_f 与局部阻力损失 h_r 相比可以忽略. 取断面 1-1 和 2-2，写出总流的伯努利方程

$$z_1 + \frac{p_1}{\gamma} + \frac{\alpha_1 v_1^2}{2g} = z_2 + \frac{p_2}{\gamma} + \frac{\alpha_2 v_2^2}{2g} + h_r \tag{4-53}$$

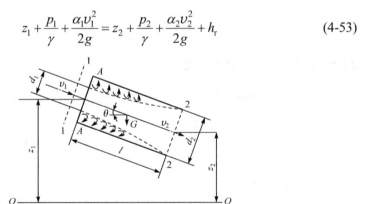

图 4-14　管径突然扩大的局部阻力

再取位于断面 A-A 和 2-2 之间的流体作为分离体，忽略边壁切应力，写出沿管轴向的总流量方程

$$\sum F = p_1 A_1 + P + G\sin\theta - p_2 A_2 = \rho Q(\alpha_{02} v_2 - \alpha_{01} v_1) \tag{4-54}$$

式中，P 为位于断面 A-A 上环形面积 A_2-A_1 的管壁反作用力. 根据实验观测可知，此环形面上的动压强符合静压强分布规律，即有

$$P = p_1(A_2 - A_1) \tag{4-55}$$

由图 4-14 还可知，重力 G 在管轴上的投影为

$$G\sin\theta = \gamma A_2 l \frac{z_1 - z_2}{l} = \gamma A_2 (z_1 - z_2) \tag{4-56}$$

将式(4-55)、式(4-56)及连续性方程 $Q = A_1 v_1 = A_2 v_2$ 代入上面的动量方程，整理后得

$$(z_1 - z_2) + \left(\frac{p_1}{\gamma} - \frac{p_2}{\gamma} \right) = \frac{(\alpha_{02} v_2 - \alpha_{01} v_1) v_2}{g}$$

再将上式代入式(4-53)得

$$h_r = \frac{(\alpha_{02} v_2 - \alpha_{01} v_1) v_2}{g} + \frac{\alpha_1 v_1^2 - \alpha_2 v_2^2}{2g}$$

雷诺数较大时，α_1、α_2、α_{01}、α_{02} 均接近于 1，故上式又可改写为

$$h_r = \frac{(v_1 - v_2)^2}{2g} \tag{4-57}$$

式(4-57)称为包达定理. 将 $v_2 = A_1 v_1 / A_2$ 及 $v_1 = A_2 v_2 / A_1$ 分别代入式(4-57)，则分别得到

$$h_r = \left(1 - \frac{A_1}{A_2} \right)^2 \frac{v_1^2}{2g} = \zeta_1 \frac{v_1^2}{2g} \tag{4-58}$$

$$h_r = \left(\frac{A_2}{A_1} - 1 \right)^2 \frac{v_2^2}{2g} = \zeta_2 \frac{v_2^2}{2g} \tag{4-59}$$

式中，ζ_1、ζ_2 称为管径突然扩大的局部阻力系数，其值与 A_1/A_2 相关.

4.7.2　其他类型的局部损失

由以上分析可以看出，局部损失可用流速水头乘上一个系数来表示，即

$$h_r = \zeta \frac{v^2}{2g} \tag{4-60}$$

局部阻力系数 ζ 对于不同的局部装置，有不同的值. 如果局部装置是装在等径管路中间，则局部阻力系数只有一个. 但如果局部装置是装在两种直径的管路中间，则会出现两个局部阻力系数. 取局部阻力系数往往是与主要管路上的速度水头相配合，如果不加说明，变径段的局部阻力系数则是与局部阻力装置后速度水头相配合的 ζ_2.

几种常见局部装置的阻力系数确定如下.

(1) 管径突然缩小(图 4-15). ζ 值随截面缩小 A_2/A_1 的比值不同而异，见表 4-4.

表 4-4 管径突然缩小的局部阻力系数 ζ

A_2/A_1	0.01	0.1	0.2	0.3	0.4	0.5	0.6	0.7	0.8	0.9	1
ζ	0.490	0.469	0.431	0.387	0.343	0.298	0.257	0.212	0.161	0.070	0

(2) 逐渐扩大管(图 4-16). ζ 值可由下式确定:

$$\zeta = \frac{\lambda}{8\sin\dfrac{\alpha}{2}}\left[1-\left(\frac{A_1}{A_2}\right)^2\right] + K\left(1-\frac{A_1}{A_2}\right) \tag{4-61}$$

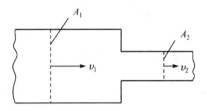 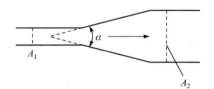

图 4-15 管径突然缩小管   图 4-16 逐渐扩大管

式中,K 为与扩张角 α 有关的系数,当 $\dfrac{A_1}{A_2}=\dfrac{1}{4}$ 时的 K 值列于表 4-5 中.

表 4-5 计算逐渐扩大管局部阻力系数 ζ 时的 K 值

α	2°	4°	6°	8°	10°	12°	14°	16°	20°	25°
K	0.022	0.048	0.072	0.103	0.138	0.177	0.221	0.270	0.386	0.645

(3) 逐渐缩小管(图 4-17). ζ 值可用下式计算:

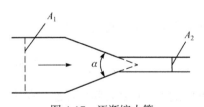

$$\zeta = \frac{\lambda}{8\sin\dfrac{\alpha}{2}}\left[1-\left(\frac{A_2}{A_1}\right)^2\right] \tag{4-62}$$

图 4-17 逐渐缩小管

(4) 弯管(图 4-18)与折管(图 4-19). 由于流动惯性,在弯管和折管内侧往往产生流线分离形成旋涡区. 在外侧,流体冲击壁面增加液流的混乱.

弯管 ζ 值的计算公式为

$$\zeta = \left[0.131+1.847\left(\frac{r}{R}\right)^{3.5}\right]\frac{\theta}{90°} \tag{4-63}$$

当 $\theta=90°$ 时,可得常用弯管的局部阻力系数,如表 4-6 所示.

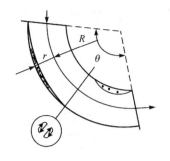

图 4-18 弯管

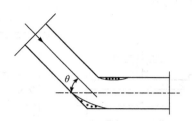

图 4-19 折管

表 4-6 90°弯管的局部阻力系数

r/R	0.1	0.2	0.3	0.4	0.5	0.6	0.7	0.8	0.9	1
ζ	0.132	0.138	0.158	0.206	0.294	0.440	0.661	0.977	1.408	1.978

一般铸铁管弯头 $\dfrac{r}{R}=0.75$，其阻力系数 ζ=0.9.

折管 ζ 值的计算公式为

$$\zeta = 0.946\sin^2\left(\frac{\theta}{2}\right) + 2.407\sin^4\left(\frac{\theta}{2}\right) \tag{4-64}$$

折管的局部阻力系数见表 4-7.

表 4-7 折管的局部阻力系数

θ	20°	40°	60°	80°	90°	100°	110°	120°	130°	160°
ζ	0.046	0.139	0.364	0.741	0.985	1.260	1.560	1.861	2.150	2.431

(5) 三通管. 在水管、油管上的三通管处可能有各种方式的流动, 其局部阻力系数列于表 4-8 中.

表 4-8 三通管的局部阻力系数

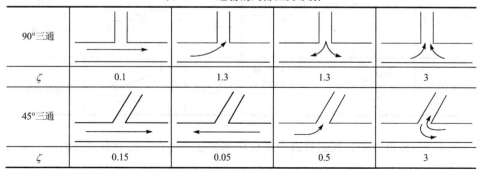

90°三通				
ζ	0.1	1.3	1.3	3
45°三通				
ζ	0.15	0.05	0.5	3

(6) 闸板阀(图 4-20)与截止阀(图 4-21). 其局部阻力系数因开度而异, ζ 值列于表 4-9 中.

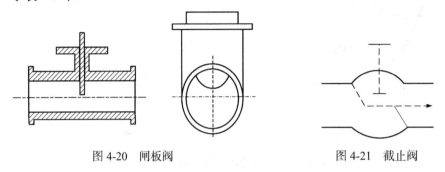

图 4-20　闸板阀　　　　　　　图 4-21　截止阀

表 4-9　闸板阀与截止阀的局部阻力系数

开度/%	10	20	30	40	50	60	70	80	90	全开
闸板阀 ζ	60	15	6.5	3.2	1.8	1.1	0.60	0.30	0.18	0.1
截止阀 ζ	85	24	12	7.5	5.7	4.8	4.4	4.1	4.0	3.9

(7) 管路的进口、出口及其他常用管件的 ζ 值列于表 4-10 中.

表 4-10　管路的进口、出口及其他管件的局部阻力系数

锐缘进口	水池 v	$\zeta=0.5$	圆角进口	水池 v	$\zeta=0.2$
锐缘斜进口	水池 θ v	$\zeta=0.505+$ $0.303\sin\theta$ $+0.226\sin^2\theta$	管道出口	v 水池	$\zeta=1$
闸门	v	$\zeta=0.12$ (全开)	蝶阀	α v	$\alpha=20°$时 $\zeta=1.54$ $\alpha=45°$时 $\zeta=18.7$
旋风分离器	v	$\zeta=2.5\sim3.0$	吸水网 (有底阀)	v	$\zeta=10$ 无底阀时, $\zeta=5\sim6$
逆止阀	v	$\zeta=1.7\sim14$ 视开启大小 而定	渐缩短管 (锥角 5°)	v	$\zeta=0.06$ (水枪喷嘴同此)

由以上分析可知, 凡是管道中设有局部装置的地方, 都会对运动流体产生局

部阻力,造成能量损失.为了避免或减少这一类能量损失,在管路的设计中,要求不装设过多的局部装置,例如,避免突然扩大或突然缩小,弯管角度不要过大等.

4.7.3　水头损失的叠加原则

上述局部阻力系数多是在不受其他阻力干扰的孤立条件下测定的,如果几个局部阻力互相靠近、彼此干扰,则每个阻力系数与孤立的测定值又会有些不同.实际安装情况千变万化,不可能预先知道不同安装情况下的组合影响.因此,在计算一条管道上的总水头(压强、能量)损失时,只能将管道上所有沿程损失与局部损失按算术加法求和计算,这就是所谓的水头损失的叠加原则.

根据叠加原则,一条管道上的总水头损失可表示为

$$h_1 = h_f + \sum h_r = \left(\lambda \frac{l}{d} + \sum \zeta \right) \frac{v^2}{2g} \tag{4-65}$$

虽然它有时比实际值略大,也有时比实际值略小,但一般情况下这种叠加原则还是可信可行的.用已有的经验数据计算管道阻力损失,不可能是尽善尽美的,过分苛求水头损失叠加原则的理论正确性并没有实际价值.只要谨慎选取阻力系数,用式(4-65)完全能够满足工程计算的要求.

为了使用方便,有时可以将式(4-65)化简.如果将局部阻力损失折合成一个适当长度上的沿程阻力损失,即令

$$\zeta = \lambda \frac{l_e}{d} \quad \text{或} \quad l_e = \frac{\zeta}{\lambda} d \tag{4-66}$$

式中, l_e 称为局部阻力的当量管长.于是一条管道上的总水头损失可以简化为

$$h_1 = \lambda \frac{l + \sum l_e}{d} \frac{v^2}{2g} = \lambda \frac{L}{d} \frac{v^2}{2g} \tag{4-67}$$

式中, $L = l + \sum l_e$ 称为管道的总阻力长度.各种常用局部装置的当量管长可查有关表,例如,90°圆弯管(R=d=25～400mm)的当量管长 $l_e = (0.25～4.0)d$,闸阀的当量管长 $l_e = (10～15)d$,管道进口的 $l_e = 20d$.

实际工程中的管路,多是由几段等径管道和一些局部装置构成的,因此其水头损失可由下式计算:

$$h_1 = \sum h_f + \sum h_r$$

$$h_1 = \sum_{i=1}^{n} \frac{\lambda_i l_i}{d_i} \frac{v_i^2}{2g} + \sum_{j=1}^{m} \zeta_j \frac{v_j^2}{2g} = \sum_{i=1}^{n} \frac{\lambda_i l_i}{d_i} \frac{v_i^2}{2g} + \sum_{j=1}^{m} \frac{\lambda_j l_{ej}}{d_j} \frac{v_j^2}{2g} \tag{4-68}$$

例 4.6　冲洗用水枪,出口流速为 $v = 50 \text{m/s}$,问经过水枪喷嘴时的水头损失为多少?

解 查表 4-10 可得, 流经水枪喷嘴的局部阻力系数 $\zeta = 0.06$, 故其水头损失为

$$h_r = \zeta \frac{v^2}{2g} = 0.06 \times \frac{50^2}{2 \times 9.8} \approx 7.65 (\text{mH}_2\text{O})$$

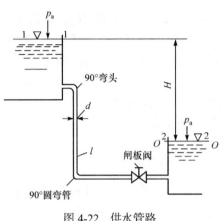

图 4-22 供水管路

由此可见, 因水枪出口流速高, 其局部损失是很大的, 因此应改善喷嘴形式, 降低管嘴内表面的粗糙度, 以改善射流质量、减少水头损失.

例 4.7 某厂在高位水池加装一条管路, 向低位水池供水, 如图 4-22 所示. 已知两水池高差 $H = 40\text{m}$, 管长 $l = 200\text{m}$, 管径 $d = 50\text{mm}$, 弯管 $r/R = 0.5$, 管道为普通镀锌管(绝对粗糙度 $\Delta = 0.4\text{mm}$). 问: 在平均水温为 20℃时, 这条管路一昼夜能供多少水?

解 当 $t = 20℃$ 时, 查表 1-2 得水的运动黏度 $\nu = 1.007 \times 10^{-6} \text{m}^2/\text{s}$.

以低位水池水面为基准面, 并取如图 4-22 所示过水断面 1-1 及 2-2, 列出伯努利方程

$$H + \frac{p_a}{\gamma} + \frac{\alpha_1 v_1^2}{2g} = 0 + \frac{p_a}{\gamma} + \frac{\alpha_2 v_2^2}{2g} + \frac{\lambda l}{d}\frac{v^2}{2g} + \sum \zeta \frac{v^2}{2g} \qquad (4\text{-}69)$$

由已知条件可知, $v_1 = v_2 \approx 0$; 管道进口的局部阻力系数 $\zeta_1 = 0.5$.

90℃圆弯管

$$\zeta_2 = 0.294 \times 2 = 0.588$$

闸阀(全开) $\zeta_3 = 0.1$; 管道出口 $\zeta_4 = 1.0$. 故

$$\sum \zeta = \zeta_1 + \zeta_2 + \zeta_3 + \zeta_4 = 2.188$$

代入式(4-69)可得

$$H = \left(\frac{\lambda l}{d} + 2.188 \right) \frac{v^2}{2g}$$
$$= (4000\lambda + 2.188) \frac{v^2}{2g} \qquad (4\text{-}70)$$

管道的相对粗糙度 $\frac{\Delta}{d} = \frac{0.4}{50} = 0.008$, 设管中流动在水力光滑管区, 从莫迪图的相应位置暂取 $\lambda = 0.036$, 代入式(4-70)可解得

$$v = \sqrt{\frac{2 \times 9.8 \times 40}{4000 \times 0.036 + 2.188}} \approx 2.316 (\text{m/s})$$

$$Re = \frac{vd}{\nu} = \frac{2.316 \times 0.05}{0.01007 \times 10^{-4}} \approx 1.15 \times 10^5$$

由 $\frac{\Delta}{d}$ 及 Re 查莫迪图可知，管中流动确实属于水力光滑管区，并且 λ 的取值也是合适的.

管中流量

$$Q = Av = \frac{\pi}{4} \times 0.05^2 \times 2.316 \approx 0.00455 (\text{m}^3/\text{s})$$

一昼夜的供水量为

$$V = 24 \times 3600 Q = 24 \times 3600 \times 0.00455 \approx 393.1 (\text{m}^3)$$

习 题 4

4.1 有一圆管，直径为 10mm，断面平均流速为 0.25m/s，水温为 10℃，试判断水流形态. 若直径改为 25mm，断面平均流速与水温同上，问水流形态如何? 若直径仍为 25mm，水温同上，问流态由紊流变为层流时的流量为多少?

4.2 如图 4-23 所示，有一梯形断面的排水沟，底宽 b=70cm，断面的边坡为 1∶1.5，当水深 h=40cm，断面平均流速 v =5.00cm/s，水温 10℃时，试判断此时的水流形态. 如果水深和水温都保持不变，问断面平均流速变为多少时才能使水流的形态改变?

4.3 如图 4-24 所示，管径 d=5cm，管长 l=6m 的水平管中有相对密度为 0.9 的油液流动，汞差压计读数为 h=13.5cm，3min 内流出的油重为 5000N，试求油的动力黏度 μ.

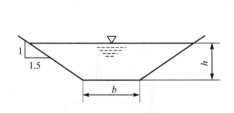

图 4-23 习题 4.2 图

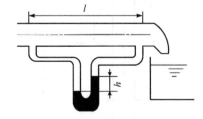

图 4-24 习题 4.3 图

4.4 运动黏度 $\nu = 0.2 \text{cm}^2/\text{s}$ 的油在圆管中流动的平均速度为 v =1.5m/s，每 100m 长度上的沿程损失为 40cm，试求其沿程阻力系数与雷诺数的关系.

4.5 相对密度 0.85，$\nu = 0.125 \text{cm}^2/\text{s}$ 的油在粗糙度 Δ =0.04mm 的无缝钢管中流动，管径 d=30cm，流量 Q=0.1m³/s，试判断流动状态并求: (1)沿程阻力系数 λ; (2)层流底层的厚度 δ; (3)管壁上的切应力 τ_0.

4.6 如图 4-25 所示，水从直径 d、长 l 的铅垂管路流入大气中，水箱中液面高为 h，管路局部阻力可以忽略，其沿程阻力系数为 λ. (1)试求管路起始断面 A 处的压强；(2)h 等于多少，可使 A 点压强为大气压？(3)试求管中平均速度. (4)h 等于多少，可使管中流量与 l 无关？(5)如果 d=4cm，l=5m，h=1m，λ =0.04，试求 A 点(即 x=0)及 x=1m，2m，3m，4m 各处的压强.

4.7 温度为 5℃的水在 d=10cm 的管路中，以 v =1.5m/s 的匀速流动. 管壁的绝对粗糙度 Δ =0.3mm. 问：(1)是水力光滑管还是水力粗糙管？(2) λ 值为多少？

4.8 20℃的原油(其运动黏度 v =7.2mm²/s)，流过长 800m，内径为 300mm 的新铸铁管(Δ = 0.24mm)，若只计管道摩擦损失，当流量为 0.25m³/s 时，需要多大的压头？

4.9 设圆管直径 d=20cm，管长 l=1000m，输送石油的流量 Q=40L/s，运动黏度 v =1.6cm²/s，试求沿程损失 h_f.

4.10 长度 l=1000m，直径 d=150mm 的管路用来输送原油. 当油的温度为 t=38℃，油的运动黏度 v =0.3cm²/s 时，如果维持流量 Q=40L/s，则油泵克服阻力所需功率 N=7.35kW；若温度降到 t =−1℃，v =3cm²/s 时，问维持原油量油泵所需功率为多少？(假定原油重度 γ =8.829kN/m³，不随温度而变)

4.11 一矩形风道，断面为 1200mm×600mm，通过 45℃的空气，风量为 42000m³/h，风道壁面材料的当量绝对粗糙度 Δ =0.1mm，在 l=12m 长的管段中，用倾斜角 30°的装有酒精的微压计测得斜管中读数 a=7.5mm，酒精密度 ρ =860kg/m³，求风道的沿程阻力系数 λ. 并与用莫迪图查得的值进行比较.

4.12 如图 4-26 所示，一突然扩大管路，ΔH 为扩大前后的测压管水头差. 若大、小管中的流速分别保持不变，求能使 ΔH 达到最大值的大管径 D 和小管径 d 之比，并以小管的流速来表示 ΔH 的最大值 ΔH_{max}.

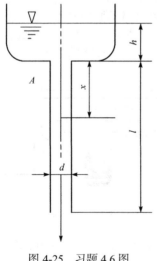

图 4-25　习题 4.6 图

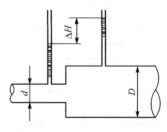

图 4-26　习题 4.12、4.13 图

4.13 水平管路直径由 d=100mm 突然扩大到 D=150mm，水的流量 Q=2m³/min，见图 4-26. (1)试求突然扩大的局部水头损失；(2)试求突然扩大前后的压强水头之差；(3)如果管道是逐渐

扩大而忽略损失，试求逐渐扩大前后的压强水头之差.

4.14 如图 4-27 所示，水平突然缩小管路的 d_1=15cm，d_2=10cm，水的流量为 Q=2m³/min，用汞测压计测得 h=8cm，试求突然缩小的水头损失.

4.15 如图 4-28 所示，流量为 15m³/h 的水在一管道中流动，其直径 d=50mm，λ=0.0285，水银差压计连接于 A、B 两点．设 A、B 两点间的管道长度为 0.8m，差压计中水银面高差 Δh=20mm，求管道弯曲部分的局部阻力系数.

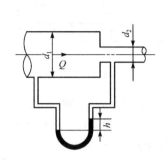

图 4-27　习题 4.14 图

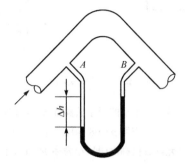

图 4-28　习题 4.15 图

4.16 如图 4-29 所示，从压强为 $p_0 = 5.49\times10^5$Pa 的水管处接出一个橡皮管，长为 l=16m，直径 d_1=15mm，橡皮管的沿程阻力系数 λ=0.0285，阀门的局部阻力系数 ζ=7.5，试求下列两种情况下的出口速度 v_2 及两种情况下的出口动能之比：(1)末端装有直径为 d_2=3mm，阻力系数为 ζ=0.1 的喷嘴；(2)末端无喷嘴.

4.17 如图 4-30 所示，消防水龙带直径 d_1=20mm，长 l=18m，末端喷嘴直径 d_2=3mm，入口损失 ζ_1=0.5，阀门损失 ζ_2=3.5，喷嘴 ζ_3=0.1(相对于喷嘴出口速度)，沿程阻力系数 λ=0.03，水箱计示压强 $p_0 = 4\times10^5$Pa，h_0=3m，h=1m，试求喷嘴出口速度.

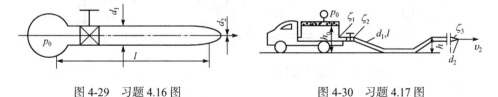

图 4-29　习题 4.16 图　　　　　　　　　　图 4-30　习题 4.17 图

4.18 为测定 90℃弯管的局部阻力系数 ζ 的值，可采用如图 4-31 所示装置．已知 AB 管段长为 10cm，管径为 50mm，在阻力平方区情况下，沿程阻力系数 λ 为 0.03．现通过流量为 2.74L/s，管中水流处于阻力平方区，测得 1、2 两测压管的水面高差为 62.9cm．试求弯管的局部阻力系数 ζ.

4.19 如图 4-32 所示，管路直径 d=25mm，l_1=8m，l_2=1m，H=5m，喷嘴直径为 d_0=10mm，弯头 ζ_2=0.1，喷嘴 ζ_3=0.1(相对于喷嘴出口速度)，λ=0.03．试求喷水高度 h.

4.20 用两条不同直径的管路将 A、B 两水池连接起来，如图 4-33 所示．已知 d_1=200mm，l_1=15m，d_2=100mm，l_2=20m，管壁粗糙度 Δ=0.8mm，H=20m，管路上装有 d/r=0.5 的 90°弯头两个，闸阀全开，水的温度 t=20℃．问此管路的流量为多少？

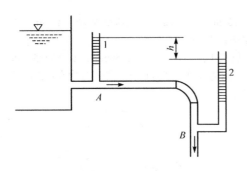 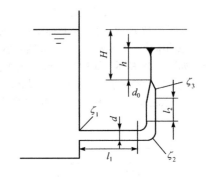

图 4-31　习题 4.18 图　　　　　　　　　图 4-32　习题 4.19 图

4.21　离心式水泵的吸水管路如图 4-34 所示,已知 d=100mm, l=8m, Q=20L/s,泵进口处最大允许真空度 p_v=68.6kPa.此管路中有带单向底阀的吸水网一个,d/r=1 的 90°弯头两个.问允许装机高度(即 H_s)为多少?(管子为旧的生锈的钢管)

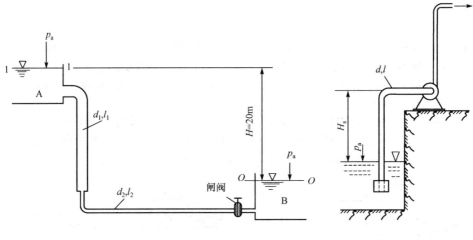

图 4-33　习题 4.20 图　　　　　　　　　图 4-34　习题 4.21 图

4.22　如图 4-35 所示,通过直径 d_2=50mm,高 h=40cm 且阻力系数 ζ=0.25 的漏斗,向油箱中充灌汽油.汽油从上部蓄油池经短管截门弯头而流入漏斗,短管直径 d_1=30mm,截门阻力系数 ζ=0.85,弯头阻力系数 ζ=0.8,短管入口阻力系数 ζ=0.5,不计沿程阻力.试求油池中液面高度 H,以保证漏斗不向外溢流,并求此时进入油箱的流量.

4.23　如图 4-36 所示两水池,底部用一水管连接,水从一池经水管流入另一池.水管直径 d=500mm,当量粗糙度为 0.6mm,管总长 100m,直角进口,闸阀的相对开度为 60%,90°转弯的转弯半径 R=2d,水温为 20℃,管中流量为 0.5m³/s,两水池水面保持不变.求两水池水面的高差 H.

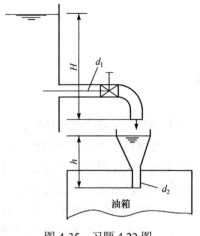
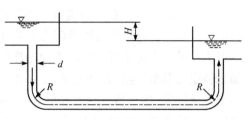

图 4-35　习题 4.22 图　　　　　　　图 4-36　习题 4.23 图

第 5 章 边界层理论基础

工程实际中不存在理想流体，即任何流体都有黏性. 流体绕过物体时，对物体产生作用力，这个力可以分解为两个分量：一个是垂直于来流方向的作用力，叫升力；另一个是平行于来流方向的作用力，叫阻力. 绕流阻力由两部分组成，即摩擦阻力和形状阻力. 摩擦阻力主要发生在紧靠物体表面的一个速度梯度很大的流体薄层内，这个薄层叫边界层. 形状阻力是指受形状影响，边界层发生分离，从而产生旋涡所造成的阻力. 这两种阻力都与边界层有关. 本章将对边界层理论作简要介绍.

5.1 边界层基本概念

5.1.1 边界层理论

高雷诺数绕流意味着流体的惯性力远大于黏性力. 这自然使人想到，是否能够忽略黏性影响，将高雷诺数下的绕流问题简化为理想流体流动来处理？结果发现，这样做会导致绕流流动阻力等问题的分析结果与实际情况远不相符. 但另一方面，如果完全考虑黏性影响而采用 N-S 方程来求解整个流场，又会在方程的求解上遇到很大的困难.

1904 年，普朗特根据实验观察和分析提出，绕物体的大雷诺数流动可分成两个区域：一个是壁面附近很薄的流体层区域，称为边界层，边界层内流体黏性作用极为重要，不可忽略；另一个是边界层以外的区域，称为外流区，该区域内的流动可看成是理想流体的流动. 这就是流体力学史上具有划时代意义的普朗特边界层理论的主要思想.

根据普朗特边界层理论将绕流流场分为两个区域以后，外流区就可以采用相对简单的理想流体力学方法来处理，甚至可进一步处理成理想无旋的有势流动；而对于边界层，又可根据其流动特点由 N-S 方程简化得到相对容易求解的普朗特边界层方程. 这既抓住了高雷诺数绕流问题的本质，又使得绕流问题的数学描述大为简化，并由此解决了工程实际中很多重要的绕流问题. 这一理论的提出对后来黏性流体力学的发展起到了极大的推动作用.

5.1.2　边界层的厚度与流态

1. 边界层及其厚度

将绕物流场划分为边界层和外流区两个部分，首先涉及的问题是如何确定两者之间的分界面. 图 5-1 是流体在静止平壁上的流动，由于黏性的作用，流体速度在壁面上为零，然后沿壁面法线方向 y 不断增加并最终渐近达到来流速度 u_0. 按普朗特的边界层概念，边界层应该是黏性作用显著的区域，从速度分布看，就是存在显著速度变化或速度梯度 $\mathrm{d}u/\mathrm{d}y$ 不为零的区域. 根据这一概念并考虑到从 $u=0$ 到 $u \to u_0$ 是一个渐近过程，因此定义：将流体速度从 $u=0$ 到 $u=0.99u_0$ 对应的流体层厚度称为边界层厚度，用 δ 表示，其中，$u=0$ 处(即固体壁面)为边界层内边界，$u=0.99u_0$ 处就是边界层的外边界.

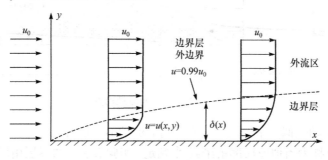

图 5-1　边界层及边界层厚度

显然，边界层厚度是沿流动方向变化的，即 $\delta=\delta(x)$. 在前面的讨论中已经知道，管内流动在边界层厚度发展到等于管道内半径时将形成充分发展的流动. 而绕物流动中，边界层厚度 δ 通常远小于绕流物体的特征长度，且外流区很广，因此绕流边界层的厚度将沿流动方向一直不断增大. 而且实验和理论都证明，对于图 5-1 所示的平壁绕流流动，边界层厚度沿流动方向的变化可具体表示为

$$\delta = C\sqrt{\nu x / u_0}$$

其中，C 为常数，ν 为流体运动黏度.

边界层的引入，从动力学的角度将绕流流场划分为两个区域：一个是黏性力作用占主导的边界层区，另一个是惯性力作用占主导的外流区.

最后需要指出，边界层的外边界是人为划定的黏性作用主要影响区的界线，而不是流线.

2. 层流边界层与紊流边界层

绕流边界层内的流动也分为层流与紊流两种形态. 在图 5-2 所示的平壁绕流

流动中，在平壁的前部，边界层内的流动是层流，称为层流边界层；随着流体沿平壁继续向前流动，边界层内的流动将过渡为紊流，称为紊流边界层. 在层流边界层与紊流边界层之间没有截然的界线，是一个过渡区. 当平壁比较短时，整个板面上的边界层可能都是层流边界层. 如果平壁较长，就可能像图 5-2 所示的那样，既有层流边界层又有紊流边界层. 其中，对于紊流边界层，又可沿边界层横向分为黏性底层和紊流层两个区域.

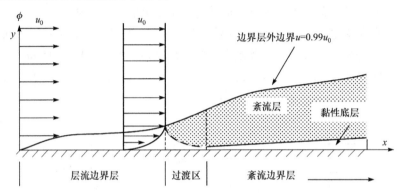

图 5-2　边界层内的流动形态

与管内流动类似，平壁绕流边界层内的流动形态也可以用量纲为一的特征数 $Re_x = u_0 x / \nu$ (称为当地或局部雷诺数)来判定. 实验表明，边界层由层流向紊流转捩的雷诺数范围大致如下：

(1) $Re_x < 3 \times 10^5$，边界层内是层流，为层流边界层；

(2) $Re_x > 3 \times 10^6$，边界层内是紊流，为紊流边界层(黏性底层+紊流层)；

(3) $3 \times 10^5 < Re_x < 3 \times 10^6$，属于边界层过渡区.

在过渡区内可能是层流也可能是紊流，取决于来流是否存在着扰动、平壁的前缘是否圆滑、板面是否粗糙等因素. 如果来流均匀稳定，平壁前缘光滑平整，板面光滑，则边界层内的流动将推迟向紊流转捩，反之，向紊流的转捩将提前.

3. 排挤厚度与动量损失厚度

在绕流问题的理论分析和实验研究中，还常用到排挤厚度和动量损失厚度这两个概念，它们具有明确的物理意义和计算表达式.

排挤厚度，如图 5-3 所示，在对应 z 方向单位宽度上，边界层内的实际质量流量 q_m 为 $q_m = \int_0^\delta \rho u \mathrm{d}y$. 要是不存在黏性作用(理想流动)，则在 δ 对应的范围内流体的速度应均为 u_0，对应的理想流量 $q_{m,i}$ 应该为

$$q_{\mathrm{m,i}} = \rho u_0 \delta = \int_0^\delta \rho u_0 \mathrm{d}y$$

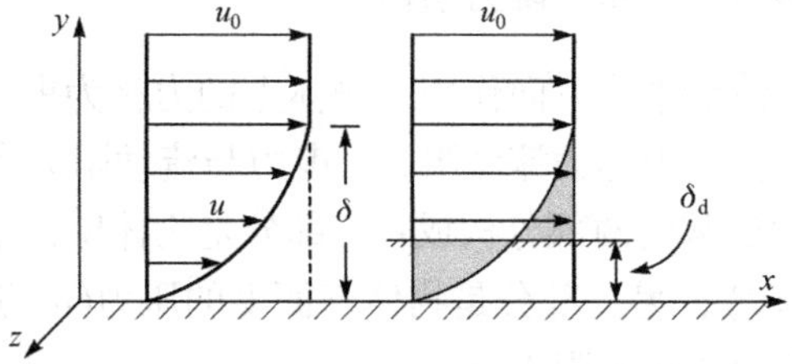

图 5-3　排挤厚度

上述两流量之差就表示了由黏滞作用造成的流量损失. 如图 5-3 所示，这种情况下要按理想流动(速度 u_0)计算实际流量，必须将平壁表面向上推移一个距离作为壁面边界，该距离就称为排挤厚度，用 δ_{d} 表示. 于是，根据流量关系有

$$\rho u_0 \delta_{\mathrm{d}} = \int_0^\delta \rho u_0 \mathrm{d}y - \int_0^\delta \rho u \mathrm{d}y$$

由此得排挤厚度为

$$\delta_{\mathrm{d}} = \int_0^\delta \left(1 - \frac{u}{u_0}\right) \mathrm{d}y$$

由于在边界层外，$u/u_0 \approx 1$，故上式又可写成

$$\delta_{\mathrm{d}} = \int_0^\infty \left(1 - \frac{u}{u_0}\right) \mathrm{d}y$$

由排挤厚度的大小可判断边界层对外流区的影响程度；同时，在求解外流区流场时，应该在绕流物体壁面外加上一层排挤厚度 δ_{d} 作为外流区边界.

动量损失厚度，设边界层内的实际动量为 M，边界层实际流量的理想动量为 M_{i}，则分别有

$$M = \int_0^\delta \rho u^2 \mathrm{d}y, \quad M_{\mathrm{i}} = q_{\mathrm{m}} u_0 = \int_0^\delta \rho u u_0 \mathrm{d}y$$

其中，$M_{\mathrm{i}} - M$ 就表示黏性边界层内流体减速所造成的动量损失. 该动量损失可折算成厚度为 δ_{m} 的理想流体的动量，即 $M_{\mathrm{i}} - M = \rho u_0^2 \delta_{\mathrm{m}}$，其中 δ_{m} 就称为动量损失厚度. 因为

$$\rho u_0^2 \delta_{\mathrm{m}} = M_{\mathrm{i}} - M = \int_0^\delta \rho u u_0 \mathrm{d}y - \int_0^\delta \rho u^2 \mathrm{d}y$$

所以，考虑边界层外 $y \geqslant \delta$，$u/u_0 \approx 1$，动量损失厚度可表达为

$$\delta_{\mathrm{m}} = \int_0^\delta \frac{u}{u_0}\left(1 - \frac{u}{u_0}\right)\mathrm{d}y = \int_0^\infty \frac{u}{u_0}\left(1 - \frac{u}{u_0}\right)\mathrm{d}y$$

动量损失厚度越大，则边界层动量损失越大，反之亦然.

5.1.3 平壁表面摩擦阻力与摩擦阻力系数

绕流流动中，流体沿来流方向作用于物体上的力称为曳力，反过来，物体沿来流反方向对流体的作用力称为流动阻力，曳力与流动阻力大小相等、方向相反. 流动阻力(用 F_D 表示)通常由两部分构成：一部分是物体壁面上的切应力所产生的阻力，称为摩擦阻力 F_f；另一部分是物体壁面上的压力(正应力)分布不均所产生的阻力，称为形状阻力或压差阻力 F_p.

对于来流平行于平壁表面的绕流问题，因为壁面上的压力垂直于来流方向，故没有形状阻力问题，整个流动阻力都来自于壁面摩擦阻力，即 $F_D = F_f$.

局部摩擦阻力系数，在平壁绕流问题中，流体在物体表面所受到的单位面积的摩擦阻力就等于壁面切应力 τ_0，显然，τ_0 沿平壁表面是变化的；平壁表面 x 位置处的切应力 τ_0 与来流流体单位体积的动能 $\rho u_0^2 / 2$ 之比定义为局部摩擦阻力系数，用 C_{fx} 表示，即

$$C_{fx} = \frac{\tau_0}{\rho u_0^2 / 2} \quad \text{或} \quad \tau_0 = C_{fx} \frac{\rho u_0^2}{2}$$

对于平壁绕流，确定边界层内的速度分布 $u(x, y)$ 后，可由牛顿剪切定律求得壁面切应力，即 $\tau_0 = \mu \partial u / \partial y \big|_{y=0}$，从而确定 C_{fx}，而壁面总摩擦阻力 F_f 则为

$$F_f = \iint_A \tau_0 \mathrm{d}A = \frac{\rho u_0^2}{2} \iint_A C_{fx} \mathrm{d}A \tag{5-1}$$

总摩擦阻力系数，用 C_f 表示，是根据平均切应力来定义的，即

$$C_f = \frac{\tau_{0m}}{\rho u_0^2 / 2} = \frac{F_f / A}{\rho u_0^2 / 2} \quad \text{或} \quad \tau_{0m} = \frac{F_f}{A} = C_f \frac{\rho u_0^2}{2}$$

其中，A 是平壁表面积. 于是，壁面总摩擦阻力 F_f 又可用 τ_{0m} 或 C_f 表示为

$$F_f = \tau_{0m} A = C_f \frac{\rho u_0^2}{2} A \tag{5-2}$$

对比总摩擦阻力计算式(5-1)与式(5-2)可见，总摩擦阻力系数 C_f 等于局部摩擦阻力系数 C_{fx} 的平均值.

5.2　层流边界层的微分方程

为了简单起见，只讨论流体沿平板做定常的平面流动. 设 x 轴与壁面重合，如图 5-4 所示，并假设边界层内的流动全是层流，忽略质量力. 对于这种情况，

N-S 方程和连续方程可以写为

$$v_x \frac{\partial v_x}{\partial x} + v_y \frac{\partial v_x}{\partial y} = -\frac{1}{\rho}\frac{\partial p}{\partial x} + \nu \left(\frac{\partial^2 v_x}{\partial x^2} + \frac{\partial^2 v_x}{\partial y^2} \right)$$

$$v_x \frac{\partial v_y}{\partial x} + v_y \frac{\partial v_y}{\partial y} = -\frac{1}{\rho}\frac{\partial p}{\partial y} + \nu \left(\frac{\partial^2 v_y}{\partial x^2} + \frac{\partial^2 v_y}{\partial y^2} \right) \tag{5-3}$$

$$\frac{\partial v_x}{\partial x} + \frac{\partial v_y}{\partial y} = 0$$

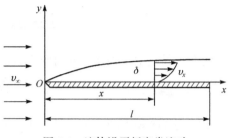

图 5-4　流体沿平板定常流动

　　下面对上述方程各项的数量级的大小进行分析,然后忽略数量级小的项,使边界层的微分方程简化.

　　设 x 方向流动速度的数量级为 1,x 方向的距离的数量级也为 1. 由于边界层厚度 δ 与平板的长度相比是很小的,而 y 的数值限制在边界层之内,故认为 y 的数量级与 x 的数量级相比是一个小量,并用 ε 表示这个小量的数量级,$\varepsilon \ll 1$. 在边界层内,y 方向的速度比 x 方向的速度小得多. 由连续方程得 $\frac{\partial v_x}{\partial x} = -\frac{\partial v_y}{\partial y}$. 等号左边的数量级为 1,表示为 $\frac{\partial v_x}{\partial x} \sim 1$ (以下均用"~"表示数量级相同),则右边必然 $\frac{\partial v_y}{\partial y} \sim 1$. 由 $y \sim \varepsilon$,得 $v_y \sim \varepsilon$. 利用 $x \sim 1$,$y \sim \varepsilon$,$v_x \sim 1$,$v_y \sim \varepsilon$,可以分析得出式(5-3)的第 1 式的各项数量级如下:

$$v_x \frac{\partial v_x}{\partial x} + v_y \frac{\partial v_x}{\partial y} = -\frac{1}{\rho}\frac{\partial p}{\partial x} + \nu \left(\frac{\partial^2 v_x}{\partial x^2} + \frac{\partial^2 v_x}{\partial y^2} \right) \tag{5-4}$$

$$1 \quad 1 \quad\quad \varepsilon \quad \frac{1}{\varepsilon} \quad\quad\quad 1 \quad\quad \varepsilon^2 \left(1 \quad\quad \frac{1}{\varepsilon^2} \right)$$

　　式(5-4)等号左边的数量级已不必解释. 等号右边的第 2 项是黏性力项,在边界层内黏性力应与惯性力有相同的数量级. 而括号内的两项 $\frac{\partial^2 v_x}{\partial x^2} \sim 1$,$\frac{\partial^2 v_x}{\partial y^2} \sim \frac{1}{\varepsilon^2}$,从而可以推出 $\nu \sim \varepsilon^2$. 等号右边的第 1 项为压强项. 通常压力是被动力,由其他力所决定. 压强项在方程中的数量级应与方程中其他力项的最大量级相一致,因此其数量级也应与惯性力项相一致.

　　类似地可以分析得出式(5-3)的第 2 式中各项的数量级如下:

$$v_x \frac{\partial v_y}{\partial x} + v_y \frac{\partial v_y}{\partial y} = -\frac{1}{\rho}\frac{\partial p}{\partial y} + \nu\left(\frac{\partial^2 v_y}{\partial x^2} + \frac{\partial^2 v_y}{\partial y^2}\right) \Bigg\}$$

$$1 \quad \varepsilon \quad \varepsilon \quad 1 \quad \varepsilon \quad \varepsilon^2\left(\varepsilon^2 \quad \frac{1}{\varepsilon}\right)$$

(5-5)

式(5-5)与式(5-4)进行数量级比较可知,y 方向的惯性力和黏性力比 x 方向的惯性力和黏性力要小得多,故可以认为边界层流动速度基本上是由 x 方向的方程控制的,而不需要考虑 y 方向的包括惯性力和黏性力的方程. 此外,由式(5-5)可知

$$\frac{1}{\rho}\frac{\partial p}{\partial y} \sim \varepsilon \quad \text{或} \quad \frac{\partial p}{\partial y} \sim \varepsilon$$

说明在边界层中压强在 y 方向变化非常小,可以忽略,即

$$\frac{\partial p}{\partial y} = 0$$

于是略去式(5-4)中的高阶小量,式(5-3)就可以简化为

$$\begin{aligned}
&v_x \frac{\partial v_x}{\partial x} + v_y \frac{\partial v_x}{\partial y} = -\frac{1}{\rho}\frac{\partial p}{\partial x} + \nu\frac{\partial^2 v_x}{\partial y^2}\\
&\frac{\partial p}{\partial y} = 0\\
&\frac{\partial v_x}{\partial x} + \frac{\partial v_y}{\partial y} = 0
\end{aligned}\Bigg\}$$

(5-6)

式(5-6)是不可压缩流体定常流动的二维层流边界层微分方程,通常称为普朗特边界层方程. 该方程可用于求解壁面曲率不大的二维边界层问题. 其边界条件为

$$\begin{aligned}
&在 y = 0 处, \quad v_x = v_y = 0\\
&在 y = \delta 处, \quad v_x = v_e(x)
\end{aligned}\Bigg\}$$

(5-7)

式中,$v_e(x)$ 是边界层外边界上的速度,可由对实验或边界层外的势流的计算而得到.

方程组(5-6)的第 2 式说明,在边界层内压强 p 与 y 无关,即边界层横截面上各点的压强相等,也即边界层外边界上的压强与边界层内的压强相等. 边界层外边界上的压强 $p(x)$ 可由势流速度 $v_e(x)$ 利用伯努利方程得出.

对于工程中常见的绕曲面流动,只要壁面的曲率半径与边界层厚度比是很大的,方程组(5-6)仍然适用,精度可以满足工程的需要. 这时的 x 轴沿着曲面,y 轴垂直于曲面.

普朗特边界层方程与 N-S 方程相比简化了很多,但该方程仍然是二阶非线性偏微分方程,数学上求解还是非常复杂,通常用数值求解. 布拉休斯应用普朗特

边界层方程求解了平行绕流平板的边界层问题，后来一些科学家又提出一些求解边界方程的方法，这些求解方法可参考有关文献. 与微分方程相比，边界层动量积分方程的求解要简单得多，5.3 节和 5.4 节详细介绍边界层的动量积分方程及其近似解.

5.3　边界层的动量积分方程

由于边界层微分方程求解困难，工程中广泛应用边界层的动量积分方程进行近似计算. 边界层动量积分方程可以通过对边界层微分方程进行数学推导得出，也可以直接应用物理概念明显的动量方程得到，本节只介绍后者.

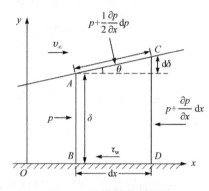

图 5-5　边界层微元段图

设黏性不可压缩流体绕物体做定常二维流动，在物体表面附近形成很薄的边界层. 取边界层的微元段 $ABDCA$，如图 5-5 所示. 由于取微元段，边界层的外边界线和壁面都可以用直线表示. 在与纸面垂直方向上取单位厚度，$ABDCA$ 形成控制体.

在忽略质量力的情况下，定常流动控制体的动量方程可以表示为

表面力＝单位时间内流出的动量－单位时间内流入的动量

先来讨论各控制面流入、流出的动量. 单位时间内通过 AB 面流入控制体的质量和带入的动量分别为

$$\int_0^\delta \rho v_x \mathrm{d}y \ , \quad \int_0^\delta \rho v_x^2 \mathrm{d}y$$

单位时间内通过 CD 面流出控制体的质量和带出的动量分别为

$$\int_0^\delta \rho v_x \mathrm{d}y + \frac{\partial}{\partial x}\left(\int_0^\delta \rho v_x \mathrm{d}y\right)\mathrm{d}x \ , \quad \int_0^\delta \rho v_x^2 \mathrm{d}y + \frac{\partial}{\partial x}\left(\int_0^\delta \rho v_x^2 \mathrm{d}y\right)\mathrm{d}x$$

根据连续方程，AC 面流入的质量应等于 CD 面流出的质量与 AB 面流入的质量之差，即 $\dfrac{\partial}{\partial x}\left(\int_0^\delta \rho v_x \mathrm{d}y\right)\mathrm{d}x$. 于是通过边界层外边界面 AC 流入控制体的动量为

$$v_e \frac{\partial}{\partial x}\left(\int_0^\delta \rho v_x \mathrm{d}y\right)\mathrm{d}x$$

式中，v_e 为边界层外边界上的速度，是式(5-7)中的简写.

在单位时间内，通过控制面流出与流入控制体的 $v_e(x)$ 动量的差值为

$$\frac{\partial}{\partial x}\left(\int_0^\delta \rho v_x^2 \mathrm{d}y\right)\mathrm{d}x - v_e \frac{\partial}{\partial x}\left(\int_0^\delta \rho v_x \mathrm{d}y\right)\mathrm{d}x$$

再来讨论控制体受到的各种力. 由于忽略了质量力, 控制体受到的力就只有各控制面上的表面力. 由于在边界层内 $\frac{\partial p}{\partial y}=0$, AB 面和 CD 面上的压强沿 y 方向不变. AC 面上的压强可以取 A 点和 C 点压强的平均值, 于是控制体所受到的沿着 x 方向的力如下.

在 AB 面上: $p\delta$

在 CD 面上: $-\left(p+\dfrac{\partial p}{\partial x}\mathrm{d}x\right)(\delta+\mathrm{d}\delta)$

在 AC 面上: $\left(p+\dfrac{1}{2}\dfrac{\partial p}{\partial x}\mathrm{d}x\right)\mathrm{d}l\cdot\sin\theta = \left(p+\dfrac{1}{2}\dfrac{\partial p}{\partial x}\mathrm{d}x\right)\mathrm{d}\delta$

在 BD 面上: $-\tau_w \mathrm{d}x$

控制体受到的沿 x 方向作用力的合力是以上 4 项之和, 略去高阶小量, 并经过整理得

$$-\left(\tau_w+\delta\frac{\partial p}{\partial x}\right)\mathrm{d}x$$

根据动量方程, 对于定常流动, 作用在控制体上的所有力的合力等于单位时间内流出与流入控制体的动量之差, 即

$$\frac{\partial}{\partial x}\left(\int_0^\delta \rho v_x^2 \mathrm{d}y\right)\mathrm{d}x - v_e \frac{\partial}{\partial x}\left(\int_0^\delta \rho v_x \mathrm{d}y\right)\mathrm{d}x = -\left(\tau_w+\delta\frac{\partial p}{\partial x}\right)\mathrm{d}x$$

消去 $\mathrm{d}x$, 得

$$\frac{\partial}{\partial x}\left(\int_0^\delta \rho v_x^2 \mathrm{d}y\right) - v_e \frac{\partial}{\partial x}\left(\int_0^\delta \rho v_x \mathrm{d}y\right) = -\tau_w - \delta\frac{\partial p}{\partial x} \tag{5-8}$$

式(5-8)中的两个积分项积分后只有变量 δ, δ 只是 x 的函数, p 也只是 x 的函数, 因此偏导数可改写为全导数. 不可压缩流体密度 ρ 为常数, 于是式(5-8)可改写为

$$\frac{\mathrm{d}}{\mathrm{d}x}\left(\int_0^\delta v_x^2 \mathrm{d}y\right) - v_e \frac{\mathrm{d}}{\mathrm{d}x}\left(\int_0^\delta v_x \mathrm{d}y\right) = -\frac{\tau_w}{\rho} - \frac{\delta}{\rho}\frac{\mathrm{d}p}{\mathrm{d}x} \tag{5-9}$$

式(5-9)即边界层动量积分方程, 是卡门在 1921 年首先推导出来的, 故又称卡门动量积分方程. 由于在推导过程中未做流态的假设, 式(5-9)对层流和紊流边界层都是适用的. 边界层的动量方程本身是严格的, 但求解这个方程通常用近似的方法.

式(5-9)中的 v_e 前已述及, 可以由对实验或者由边界层外的势流的计算而得到, $\dfrac{\mathrm{d}p}{\mathrm{d}x}$ 可以由实验测定或者应用伯努利方程求得. 因此方程中还有 3 个未知量: v_x,

τ_w，δ．要求解式(5-9)，还需要补充两个方程．通常是补充边界层内速度分布 $\upsilon_x = f(y)$、壁面切应力 τ_w 与边界层厚度 δ 的关系 $\tau_w = f(\delta)$．

5.4　平板边界层的计算

5.4.1　平板层流边界层的计算

黏性流体绕物体的流动最简单的情况是流体纵掠薄平板的流动，工程中的一些实际流动可以近似看作是这种流动．设黏性不可压缩流体以均匀的来流速度 υ_∞ 流过一极薄的长度为 l 的平板，在平板两侧形成层流边界层，如图 5-6 所示．现在应用边界层动量积分方程，用近似的方法求出边界层内的速度分布、边界层厚度沿 x 的变化规律和板面的摩擦阻力．

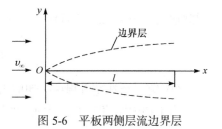

图 5-6　平板两侧层流边界层

由于平板很薄，可以认为平板不影响边界层外的流动，即边界层外的流速与来流相同，于是边界层外边界上各点的流速均为 υ_∞．根据伯努利方程 $p + \dfrac{1}{2}\rho\upsilon^2 =$ 常数，边界层外势流的速度不变，则压强也不变，可知边界层外边界上的压强不变．又因为边界层内 $\dfrac{\partial p}{\partial y} = 0$，于是整个边界层内压强不变，$\dfrac{\mathrm{d}p}{\mathrm{d}x} = 0$．这样，边界层的动量积分方程(5-9)可写成

$$\frac{\mathrm{d}}{\mathrm{d}x}\left(\int_0^\delta \upsilon_x^2 \mathrm{d}y\right) - \upsilon_\infty \frac{\mathrm{d}}{\mathrm{d}x}\left(\int_0^\delta \upsilon_x \mathrm{d}y\right) = -\frac{\tau_w}{\rho} \tag{5-10}$$

式(5-10)对于平板的层流和紊流边界层都是适用的．如 5.3 节所述，解式(5-10)还需要补充两个方程．

(1) 第一个补充方程——速度分布关系式．

假设层流边界层内速度分布可以表示为多项式的形式

$$\frac{\upsilon_x}{\upsilon_\infty} = a_0 + a_1 \frac{y}{\delta} + a_2 \left(\frac{y}{\delta}\right)^2 + a_3 \left(\frac{y}{\delta}\right)^3 \tag{5-11}$$

式中，a_0、a_1、a_2、a_3 为待定系数．

也可以把速度分布设成更高次的多项式，但设为三次多项式计算得到的速度分布与实验得到的速度分布已吻合得很好．

确定上述 4 个待定系数要用下面 4 个边界条件：在板面上，$y = 0$，$\upsilon_x = 0$；

在边界层外边界上，$y=\delta$，$v_x=v_\infty$；在边界层外边界上，$y=\delta$，$\dfrac{\partial v_x}{\partial y}=0$；因

为在板面上$v_x=0$，$v_y=0$，由边界层微分方程(5-6)的第 1 式得$-\dfrac{1}{\rho}\dfrac{\partial p}{\partial x}+\nu\dfrac{\partial^2 v_x}{\partial y^2}=0$，

又因为$\dfrac{\partial p}{\partial x}=0$，所以得边界条件：$y=0$，$\dfrac{\partial^2 v_x}{\partial y^2}=0$.

利用以上 4 个边界条件，确定 4 个待定系数，得

$$a_0=0,\quad a_1=\frac{3}{2},\quad a_2=0,\quad a_3=-\frac{1}{2}$$

因此速度分布关系式(5-11)具体形式为

$$v_x=v_\infty\left(\frac{3}{2}\frac{y}{\delta}-\frac{1}{2}\frac{y^3}{\delta^3}\right) \tag{5-12}$$

(2) 第二个补充方程——切应力关系式.

由牛顿内摩擦定律，板面上的切应力可表示为

$$\tau_{\mathrm{w}}=\mu\left(\frac{\partial v_x}{\partial y}\right)_{y=0} \tag{5-13}$$

利用式(5-12)，则

$$\frac{\partial v_x}{\partial y}=v_\infty\left(\frac{3}{2\delta}-\frac{3y^2}{2\delta^3}\right)$$

代入式(5-13)得

$$\tau_{\mathrm{w}}=\frac{3\mu}{2}\frac{v_\infty}{\delta} \tag{5-14}$$

把式(5-12)、式(5-14)代入式(5-10)得

$$\frac{\mathrm{d}}{\mathrm{d}x}\left[\int_0^\delta v_\infty^2\left(\frac{3}{2}\frac{y}{\delta}-\frac{1}{2}\frac{y^3}{\delta^3}\right)^2\mathrm{d}y\right]-v_\infty\frac{\mathrm{d}}{\mathrm{d}x}\left[\int_0^\delta v_\infty\left(\frac{3}{2}\frac{y}{\delta}-\frac{1}{2}\frac{y^3}{\delta^3}\right)\mathrm{d}y\right]=-\frac{3\mu v_\infty}{2\rho\delta} \tag{5-15}$$

先求两个积分项

$$\int_0^\delta v_\infty^2\left(\frac{3}{2}\frac{y}{\delta}-\frac{1}{2}\frac{y^3}{\delta^3}\right)^2\mathrm{d}y=\frac{v_\infty^2}{4\delta^2}\int_0^\delta\left(9y^2-\frac{6y^4}{\delta^2}+\frac{y^6}{\delta^4}\right)\mathrm{d}y=\frac{17}{35}v_\infty^2\delta \tag{5-16}$$

$$\int_0^\delta v_\infty\left(\frac{3}{2}\frac{y}{\delta}-\frac{1}{2}\frac{y^3}{\delta^3}\right)\mathrm{d}y=\frac{v_\infty}{2\delta}\int_0^\delta\left(3y-\frac{y^3}{\delta^2}\right)\mathrm{d}y=\frac{5}{8}v_\infty\delta \tag{5-17}$$

把式(5-16)、式(5-17)都代入式(5-15)得

$$\frac{17v_\infty^2}{35}\frac{\mathrm{d}\delta}{\mathrm{d}x}-\frac{5v_\infty^2}{8}\frac{\mathrm{d}\delta}{\mathrm{d}x}=-\frac{3\mu v_\infty}{2\rho\delta}$$

整理得

$$\frac{13}{140}\rho v_\infty \delta \mathrm{d}\delta = \mu \mathrm{d}x \tag{5-18}$$

积分式(5-18)得

$$\frac{13}{280}\rho v_\infty \delta^2 = \mu x + C$$

由边界条件 $x=0$ ，$\delta=0$ 得 $C=0$ ，因此

$$\delta = \sqrt{\frac{280}{13}\frac{\mu x}{\rho v_\infty}} = 4.64\sqrt{\frac{vx}{v_\infty}} = 4.64 x Re_x^{-\frac{1}{2}} \tag{5-19}$$

这就是边界层厚度 δ 沿 x 发展变化的规律. 把式(5-19)代入式(5-12)，则得到边界层内的速度分布. 把式(5-19)代入式(5-14)，则得板面上的切应力为

$$\tau_w = \frac{3\mu v_\infty}{2\times 4.64\sqrt{vx/v_\infty}} = 0.323\sqrt{\frac{\mu\rho v_\infty^3}{x}} = 0.323\rho v_\infty^2 Re_x^{-\frac{1}{2}}$$

在平板一个面上的摩擦力为

$$F_D = b\int_0^l \tau_w \mathrm{d}x = b\int_0^l 0.323\sqrt{\frac{\mu\rho v_\infty^3}{x}}\mathrm{d}x = 0.646 bl\rho v_\infty^2 Re_l^{-\frac{1}{2}}$$

式中，b 为板的宽度.

摩擦阻力系数为

$$C_f = \frac{F_D}{\frac{1}{2}\rho v_\infty^2 bl} = 1.29 Re_l^{-\frac{1}{2}} \tag{5-20}$$

例 5.1 30℃的空气(运动黏度为 $1.6\times10^{-5}\,\mathrm{m^2/s}$ ，密度为 $1.165\,\mathrm{kg/m^3}$)以 $5\,\mathrm{m/s}$ 的速度流过薄平板. 在空气流动方向上板长 1m，宽 0.5m，求平板末端边界层厚度和平板的摩擦阻力.

解

$$Re_l = \frac{v_\infty l}{v} = \frac{5\times1}{1.6\times10^{-5}} = 3.125\times10^5 \quad (层流)$$

$$\delta = 4.64\sqrt{\frac{vx}{v_\infty}} = 4.64\sqrt{\frac{1.6\times10^{-5}\times1}{5}} \approx 0.0083(\mathrm{m})$$

可见边界层厚度相对板长是很小的.

$$C_f = 1.29 Re_l^{-\frac{1}{2}} = 1.29/\sqrt{3.125\times10^5} \approx 0.00231$$

$$F_D = \frac{1}{2}\rho v_\infty^2 bl C_f \times 2 = 1.165\times5^2\times0.5\times1\times0.00231 \approx 0.0336(\mathrm{N})$$

5.4.2 平板紊流边界层的计算

紊流边界层比层流边界层复杂得多, 目前尚无精确解法, 只能用近似的解法. 下面仍然利用边界层动量积分方程近似求解. 如前所述, 求解边界层动量积分方程需要补充两个关系式. 5.4.1 节中层流边界层的两个补充关系式不能运用于紊流边界层. 下面利用圆管中紊流流动的分析结果给出两个补充关系. 普朗特认为沿平板的边界层与管流的情况没有明显区别. 充分发展的管流, 可以认为其边界层厚度是管的半径, 管中心的最大速度 v_{max} 相当于边界层边界上的速度 v_∞. 普朗特建议, 平板紊流边界层的速度分布可以近似地用圆管紊流的 1/7 次方规律来表示, 即

$$\frac{v_x}{v_\infty} = \left(\frac{y}{\delta}\right)^{1/7} \tag{5-21}$$

当 $Re = 1.1 \times 10^5$ 时光滑管中的紊流流动速度分布为 1/7 次方规律. 与这个雷诺数大体对应, 当 $4000 < Re < 10^5$ 时, 光滑管中的紊流流动有比较简单的沿程损失系数计算公式

$$\lambda = \frac{0.3164}{Re^{0.25}} \tag{5-22}$$

式中, $Re = \dfrac{\rho v d}{\mu}$, v 是按管流流量计算的平均速度.

当速度分布为 1/7 次方规律时, 管内平均速度与管中心最大速度之间的关系为

$$v = 0.817 v_{max} \tag{5-23}$$

另外, 不论管内流动的流态是层流还是紊流, 均有

$$\tau_w = \frac{\lambda}{8} \rho v^2 \tag{5-24}$$

平板紊流边界层的速度分布采用圆管紊流的 1/7 次方速度分布表示, 并且认为平板紊流切应力与圆管紊流的上述切应力关系相同, 于是用边界层外边界上的速度 v_∞ 代替式(5-23)中的 v_{max}, 用边界层厚度 2δ 代替式(5-22) Re 中的 d, 把式(5-22)、式(5-23)代入式(5-24)可得紊流边界层的切应力补充关系

$$\tau_w = \frac{\lambda}{8} \rho v^2 = \frac{1}{8} \times 0.3164 Re^{-\frac{1}{4}} \rho (0.817 v_\infty)^2$$

$$= \frac{1}{8} \times 0.3164 \left(\frac{\rho \times 0.817 v_\infty \times 2\delta}{\mu}\right)^{-\frac{1}{4}} \rho (0.817 v_\infty)^2 \tag{5-25}$$

$$= 0.0233 \rho v_\infty^2 \left(\frac{\nu}{v_\infty \delta}\right)^{\frac{1}{4}}$$

把式(5-21)和式(5-25)都代入边界层动量积分方程(5-10)，得

$$\frac{\mathrm{d}}{\mathrm{d}x}\left\{\int_0^\delta\left[v_\infty\left(\frac{y}{\delta}\right)^{\frac{1}{7}}\right]^2\mathrm{d}y\right\}-v_\infty\frac{\mathrm{d}}{\mathrm{d}x}\left[\int_0^\delta v_\infty\left(\frac{y}{\delta}\right)^{\frac{1}{7}}\mathrm{d}y\right]=-\frac{0.0233}{\rho}\rho v_\infty^2\left(\frac{\nu}{v_\infty\delta}\right)^{\frac{1}{4}} \quad (5\text{-}26)$$

由于

$$\int_0^\delta\left(\frac{y}{\delta}\right)^{\frac{2}{7}}\mathrm{d}y=\frac{7}{9}\delta \ , \quad \int_0^\delta\left(\frac{y}{\delta}\right)^{\frac{1}{7}}\mathrm{d}y=\frac{7}{8}\delta$$

代入式(5-26)，得

$$\frac{7}{72}\frac{\mathrm{d}\delta}{\mathrm{d}x}=0.0233\left(\frac{\nu}{v_\infty\delta}\right)^{\frac{1}{4}}$$

分离变量后积分，得

$$\delta^{\frac{5}{4}}=0.0233\times\frac{72}{7}\times\frac{5}{4}\left(\frac{\nu}{v_\infty}\right)^{\frac{1}{4}}x+C \quad\quad (5\text{-}27)$$

式中，C 为积分常数.

  一般来说，紊流边界层是从离开板的前端一定距离的转捩点开始形成的，但是这样确定上面的积分常数 C 比较困难. 在雷诺数足够大时，层流边界层所占的长度与紊流边界层长度相比是小量，作为一种近似，可以认为紊流边界层从板的前缘开始. 即，当 $x=0$ 时紊流边界层的厚度 $\delta=0$. 利用此条件可以确定式(5-27)中的常数 $C=0$，于是式(5-27)可以写成

$$\delta=0.381\left(\frac{\nu}{v_\infty}\right)^{\frac{1}{5}}x^{\frac{4}{5}}=0.381xRe_x^{-\frac{1}{5}} \quad\quad (5\text{-}28)$$

式(5-28)即紊流边界层的厚度沿平板发展变化的规律.

  将式(5-28)代入式(5-25)，得板面上的切应力为

$$\tau_{\mathrm{w}}=0.0297\rho v_\infty^2 Re_x^{-\frac{1}{5}}$$

在平板一个面上的摩擦力则为

$$F_{\mathrm{D}}=b\int_0^l\tau_{\mathrm{w}}\mathrm{d}x=b\int_0^l 0.0297\rho v_\infty^2 Re_x^{-\frac{1}{5}}\mathrm{d}x=0.037bl\rho v_\infty^2 Re_l^{-\frac{1}{5}}$$

摩擦阻力系数为

$$C_{\mathrm{f}}=\frac{F_{\mathrm{D}}}{\frac{1}{2}\rho v_\infty^2 bl}=0.074Re_l^{-\frac{1}{5}} \quad\quad (5\text{-}29)$$

式(5-29)是应用 1/7 次方速度分布得出的结果，一般认为在 $5 \times 10^5 < Re_l < 10^7$ 较合适. 当 $10^7 < Re_l < 10^9$ 时，施利希廷(H. Schlichting)认为速度分布不再符合 1/7 次方规律，而符合对数规律，并由此得出半经验的摩擦阻力系数公式

$$C_f = \frac{0.445}{\left(\lg Re_l\right)^{2.58}} \tag{5-30}$$

综上所述，平板紊流边界层与平板层流边界层相比有如下特点：

(1) 平板紊流边界层的厚度 δ 与 $x^{4/5}$ 成正比，而层流边界层的厚度 δ 与 $x^{1/2}$ 成正比，可见平板紊流边界层的厚度比平板层流边界层的厚度增加得快；

(2) 平板紊流边界层内的速度分布曲线比层流边界层内的速度分布曲线要饱满得多，因此，在主流速度 υ_∞ 相同的情况下，平板紊流边界层内流体的平均动能比层流边界层内流体的平均动能大；

(3) 平板紊流边界层作用在平板上的摩擦阻力 F_D 与 $\upsilon_\infty^{9/5}$ 及 $l^{4/5}$ 成正比，而层流边界层作用在平板上的摩擦阻力 F_D 与 $\upsilon_\infty^{3/2}$ 及 $l^{1/2}$ 成正比. 因此，从减小摩擦阻力的角度来看，应尽可能地使边界层的流态保持为层流.

例 5.2　速度为 4m/s 的油流平行流过一块长 15m 的薄板，该油的运动黏度 $\nu = 10^{-5}\, \mathrm{m^2/s}$，密度 $\rho = 850 \mathrm{kg/m^3}$，试确定离板前端分别为 0.5m、1m、1.5m 处的壁面切应力 τ_w.

解　取临界雷诺数为 5×10^5，则

$$x_{cr} = \frac{Re_{cr}\nu}{\upsilon_\infty} = \frac{5 \times 10^5 \times 10^{-5}}{4} = 1.25(m)$$

故 0.5m 处为层流边界层，其壁面切应力为

$$\tau_{w,0.5} = 0.323\rho\upsilon_\infty^2 Re_{x=0.5}^{-1/2} = 0.323 \times 850 \times 4^2 \frac{1}{\sqrt{\dfrac{4 \times 0.5}{10^{-5}}}} \approx 9.82(\mathrm{N/m^2})$$

1m 处也是层流边界层，其壁面切应力为

$$\tau_{w,1} = 0.323\rho\upsilon_\infty^2 Re_{x=1}^{-1/2} = 0.323 \times 850 \times 4^2 \frac{1}{\sqrt{\dfrac{4 \times 1}{10^{-5}}}} \approx 6.95(\mathrm{N/m^2})$$

而 1.5m 处为紊流边界层，此处壁面切应力为

$$\tau_{w,1.5} = 0.0297\rho\upsilon_\infty^2 Re_{x=1.5}^{-1/5} = 0.0297 \times 850 \times 4^2 \frac{1}{\left(\dfrac{4 \times 1.5}{10^{-5}}\right)^{0.2}} \approx 28.2(\mathrm{N/m^2})$$

由以上计算结果可见：

(1) 对于同种边界层，离前缘越近，壁面切应力越大．因为离前缘越近，边界层厚度越薄，边界层内的速度梯度越大．

(2) 其他条件相同时紊流边界层比层流边界层壁面切应力大，这也是由于在壁面附近，紊流边界层比层流边界层速度梯度大．

5.4.3　平板混合边界层

流体绕薄平板流动，一般情况是在板的起始段为层流边界层，以后逐渐过渡为紊流边界层．当层流边界层只占整个板的很小一部分长度时，可以近似地看成整个板都是紊流，按 5.4.2 节的方法计算；当层流边界层和紊流边界层都占不可忽略的长度时，应按混合边界层计算．

混合边界层的流动相当复杂，在研究其摩擦阻力时，为了简化计算，通常做如下假设．

(1) 在转捩点瞬时完成层流向紊流的转变；

(2) 紊流边界层段，看成是从板的前缘开始的紊流边界层扣去层流段剩下的部分．

利用上述两点假设简化后的混合边界层如图 5-7 所示．这种简化的混合边界层与壁面的摩擦阻力可表示为

$$F_{\text{DmOB}} = F_{\text{DlOA}} - F_{\text{DtOA}} + F_{\text{DtOB}} \tag{5-31}$$

式中，F_{DmOB} 为混合边界层 OB 长的摩擦阻力；F_{DlOA} 为层流边界层 OA 长的摩擦阻力；F_{DtOA} 为紊流边界层 OA 长的摩擦阻力；F_{DtOB} 为紊流边界层 OB 长的摩擦阻力．

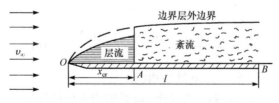

图 5-7　混合边界层

用 C_{fm}、C_{fl}、C_{ft} 分别表示混合边界层、层流边界层和紊流边界层的摩擦阻力系数，则式(5-31)可改写为

$$\frac{1}{2}\rho v_\infty^2 b l C_{\text{fm}} = \frac{1}{2}\rho v_\infty^2 b \left(l C_{\text{ft}} - x_{\text{cr}} C_{\text{ft}} + x_{\text{cr}} C_{\text{fl}}\right)$$

整理得

$$C_{\text{fm}} = C_{\text{ft}} - \frac{x_{\text{cr}}}{l}(C_{\text{ft}} - C_{\text{fl}}) \tag{5-32}$$

由于 $Re_l = \dfrac{\upsilon_\infty l}{\nu}$, $Re_{\text{cr}} = \dfrac{\upsilon_\infty x_{\text{cr}}}{\nu}$, 则 $\dfrac{x_{\text{cr}}}{l} = \dfrac{Re_{\text{cr}}}{Re_l}$. 式(5-32)又可改写为

$$C_{\text{fm}} = C_{\text{ft}} - \frac{Re_{\text{cr}}}{Re_l}(C_{\text{ft}} - C_{\text{fl}}) = C_{\text{ft}} - \frac{A}{Re_l}$$

式中, $A = Re_{\text{cr}}(C_{\text{ft}} - C_{\text{fl}})$.

紊流边界层摩擦阻力系数, 由式(5-29)确定;层流边界层摩擦阻力系数可以由式(5-20)确定, 不过通常取布拉休斯的精确解 $\left(C_f = 1.328 Re^{-\frac{1}{2}}\right)$ 来确定. 于是得

$$A = 0.074 Re_{\text{cr}}^{4/5} - 1.328 Re_{\text{cr}}^{1/2}$$

可见混合边界层的摩擦阻力系数不仅与 Re_l 有关, 而且与 Re_{cr} 有关, 例如当 $Re_{\text{cr}} = 5 \times 10^5$ 时, 计算可得

$$C_{\text{fm}} = \frac{0.074}{Re_l^{\frac{1}{5}}} - \frac{1700}{Re_l}$$

例 5.3 一平板宽2m, 长 6m, 在 10℃的空气中($\nu = 1.42 \times 10^{-5}\,\text{m}^2/\text{s}$, $\rho = 1.25\,\text{kg/m}^3$)以 3.2m/s 的速度沿其长度方向掠过,求距离板的前缘 1m 和 4.5m 处的边界层厚度和平板的摩擦阻力.

解 先判别流态. 取

$$Re_{\text{cr}} = \frac{\upsilon_\infty x_{\text{cr}}}{\nu} = 5 \times 10^5$$

则

$$x_{\text{cr}} = \frac{Re_{\text{cr}} \nu}{\upsilon_\infty} = \frac{5 \times 10^5 \times 1.42 \times 10^{-5}}{3.2} \approx 2.2(\text{m})$$

可见离前缘 1m 处为层流, 4.5m 处为紊流.

利用层流边界层式(5-19), 离前缘 1m 处的边界层厚度为

$$\delta = 4.64 \sqrt{\frac{\nu x}{\upsilon_\infty}} = 4.64 \sqrt{\frac{1.42 \times 10^{-5} \times 1}{3.2}} \approx 0.010(\text{m})$$

利用紊流边界层式(5-28), 离前缘 4.5m 处的边界层厚度为

$$\delta = 0.381 x Re_x^{-\frac{1}{5}} = 0.381 \times 4.5 \times \left(\frac{3.2 \times 4.5}{1.42 \times 10^{-5}}\right)^{-\frac{1}{5}} \approx 0.108(\text{m})$$

平板摩擦阻力按混合边界层计算

$$Re_1 = \frac{v_\infty l}{\nu} = \frac{3.2 \times 6}{1.42 \times 10^{-5}} \approx 1.35 \times 10^6$$

$$C_f = \frac{0.074}{Re_1^{\frac{1}{5}}} - \frac{1700}{Re_1} = \frac{0.074}{\left(1.35 \times 10^6\right)^{0.2}} - \frac{1700}{1.35 \times 10^6} \approx 0.00314$$

$$F_D = \frac{1}{2} \rho v_\infty^2 bl C_f \times 2 = \frac{1}{2} \times 1.25 \times 3.2^2 \times 2 \times 6 \times 0.00314 \times 2 \approx 0.482(\text{N})$$

计算平板摩擦阻力系数的公式综合起来如图 5-8 所示.

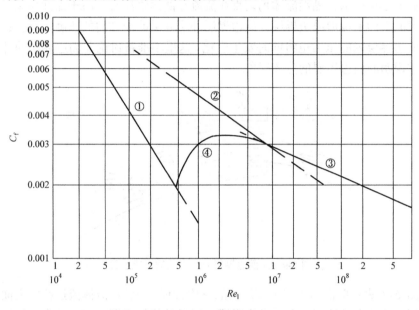

图 5-8　平板摩擦阻力系数关系曲线

① $C_f = 1.29 Re_1^{-\frac{1}{2}}$；② $C_f = 0.074 Re_1^{-\frac{1}{5}}$；③ $C_f = \frac{0.455}{(\lg Re_1)^{2.58}}$；④ $C_f = \frac{0.074}{Re_1^{\frac{1}{5}}} - \frac{1700}{Re_1}$

　　图中①为层流边界层时 C_f 与 Re_1 的关系曲线，②、③为紊流时的 C_f 与 Re_1 的关系曲线，④为混合边界层当 Re_{cr} 取 5×10^5 时 C_f 与 Re_1 的关系曲线.

　　转捩雷诺数 Re_{cr} 不同，混合边界层的 C_f 与 Re_1 的关系曲线不同，适用的 Re_1 的范围当然也不同. 本书无特别说明，均假设 $Re_{cr} = 5 \times 10^5$. 本书的习题中阻力计算的答案是按照 $Re_{cr} = 5 \times 10^5$，设 $5 \times 10^5 < Re_1 < 5 \times 10^6$ 为混合边界层，$5 \times 10^6 \leqslant Re_1 \leqslant 5 \times 10^7$ 用式(5-29)，$Re_1 > 10^7$ 用式(5-30)计算得出的. 这种划分没有充分的根据，只不过为学生提供多种情况的计算训练而已. 除了上述计算公式以外，还有其他学者提出的计算混合边界层和紊流边界层阻力系数的公式，本书就不介绍了.

5.5 边界层分离

5.5.1 分离原理

如前所述，当不可压缩黏性均匀直线流平行流过平板时，在边界层外缘上沿平板方向的速度是相同的，而且整个流场和边界层内的压力都保持不变.

如图 5-9 所示，黏性流体均匀直线流流经曲面物体时，由于黏性作用，在紧贴曲面的表面上也形成边界层，但边界层外缘处沿曲面方向的速度 U 是改变的，故曲面边界层内的压力也将同时发生变化. 这里不准备讨论曲面边界层的计算，将着重说明曲面边界层的分离现象.

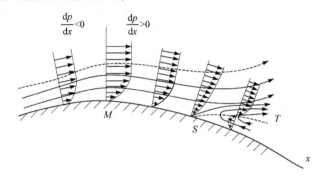

图 5-9 曲面边界层分离现象的形成过程

图 5-9 表示曲面边界层分离现象的形成过程. 当黏性流体流过此曲表面时，边界层内流体在黏性影响下，发生阻滞，损耗动能，逐渐减速；越靠近物体壁面所受阻滞作用越大，动能消耗越大，减速也越快，形成流速梯度.

在曲面最高点 M 以前，由主流断面缩小，造成增速降压，其时 $\mathrm{d}p/\mathrm{d}x < 0$，即压力梯度小于零，部分压能转为动能，流体受阻滞，但仍有足够的动能，能够继续前进，这个区称为顺压区.

到 M 点处，流速达到最大，$\mathrm{d}p/\mathrm{d}x = 0$.

过 M 点后由主流断面扩大，造成减速，部分动能又化为压能，其时 $\mathrm{d}p/\mathrm{d}x > 0$，即压力梯度大于零，同时黏性阻滞也继续消耗动能，使边界层内减速更快，导致边界层加快增厚. 但在这以前物体表面 $y=0$ 处的流速梯度均为正值，即 $(\mathrm{d}u/\mathrm{d}y)_{y=0} > 0$，这个区称为逆压区.

当流体流到曲面上某一点 S 处时，如果近壁流体的动能已耗尽，这部分流体便停滞不前，且后面的来流亦将停滞而发生堆积，此处 $(\mathrm{d}u/\mathrm{d}y)_{y=0} = 0$. 与此同时，

过 S 点后压力继续升高，$dp/dx > 0$，并且壁面上 $(du/dy)_{y=0} < 0$，迫使流体反方向逆流，并迅速向外扩展. 两股流体相汇的结果使回流流体把从上游来的流体"挤"出物面，这样，主流就被挤得离开壁面，使边界层内流体进入流体深处，这种现象称为边界层分离. S 点称为边界层的分离点.

边界层分离条件是：流动方向与压力降方向相反，即压力梯度大于零；黏性对流速起阻滞作用. 两个条件同时存在才会产生边界层分离现象. 如果仅有黏性，没有压力反推力，边界层不会分离；如果仅有压力反推力，没有黏性，流体也不会滞止，边界层也不会分离.

其后在 ST 线上流速均为零，成为主流和逆流之间的间断面. 由于间断面的不稳定性，微小扰动就会引起间断面的波动，进而发展并破裂形成旋涡. 分离时形成的旋涡，将不断地被主流带走，在物体后部形成尾涡区. 分离后的尾涡区已不属于边界层，分离点下游物体表面的流动不再具有边界层的特点.

尾涡区能量消耗大幅度增加，压强低于不发生旋涡时的压强，结果形成压差阻力，形成一个作用力，阻碍流体的相对流动. 压差阻力与物体的形状有关，又称为形状阻力.

5.5.2　分离现象

在自然界或在工程问题中，人们发现，流体绕过任何物体的尖缘时都会出现分离，这种现象如图 5-10 所示. 为了说明产生这些现象的原因，我们以曲率半径为 r 的物体绕流为例，如图 5-11 所示. 图中迎流面为顺压梯度区，背流面为逆压梯度区. 理论分析将会知道当流体绕过此物体时，由于流体离心作用，在 2 点附近压力最低. 曲率越大，则此点压力越低，显然迎流面上顺压梯度越大，背流面上逆压梯度也越大. 因此，对于曲率大的物体边缘，在其背流面很容易产生分离. 当边缘为尖角时(相当于曲率无限大)，必然产生分离. 越是流线型的物体，分离点越靠后.

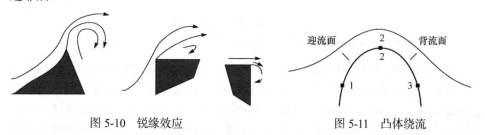

图 5-10　锐缘效应　　　　　　　　图 5-11　凸体绕流

对于绕平板流动，整个流场包括边界层内压力保持不变. 但是，当黏性流体流经曲面物体时，边界层外边界上沿曲面方向的流体速度发生改变，由伯努利能量方程可知，流体速度发生变化时压力也必将发生变化，所以，曲面边界层内的压力也将随之发生变化. 物面上的边界层在某个位置开始脱离物面，并在物面附近出现与主流方向相反的回流，如图 5-12 所示.

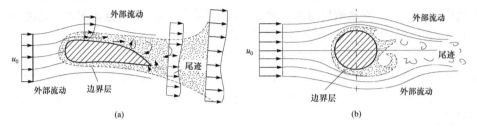

图 5-12　边界层分离

(a) 翼型的绕流；(b) 圆柱体的绕流

在边界有突变或局部突出时，由于流动的流体质点具有惯性，不能沿着突变的边界作急剧的转折，因而也将产生边界层的分离，出现旋涡区，时均流速分布则沿程急剧改变，如图 5-13 所示. 这种流动分离现象产生的原因，仍可解释为流体突然发生很大减速增压的缘故，它与边界情况缓慢变化时产生的边界层分离原因本质上是一样的.

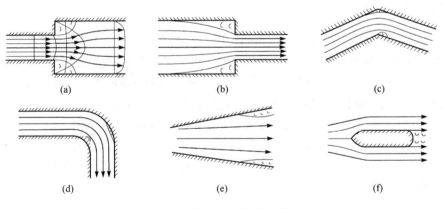

图 5-13　边界突变引起的旋涡区

(a) 突然扩大；(b) 突然缩小；(c) 折管；(d) 弯管；(e) 扩大渠段；(f) 桥墩或闸墩

边界层分离现象以及回流旋涡区的产生，在工程实际的流体流动中是很常见的. 例如，管道或渠道的突然扩大、突然缩小、转弯及连续扩大等，或在流动中遇到障碍物，如闸阀、桥墩、拦物栅等. 由于在边界层分离产生的回流区中存在着许多大小尺度的涡体，它们在运动、破裂、形成等过程中，经常从流体中吸取一部分机械能，通过摩擦和碰撞的方式转化为热能而损耗掉，这就形成了能量损失，即局部阻力损失.

边界层分离现象还会导致物体的绕流阻力，绕流阻力是指物体在流场中所受到的流动方向向上的流体阻力(垂直流动方向上的作用力为升力). 例如, 飞机、舰船、桥墩等, 都存在流动中的绕流阻力, 所以这也是一个很重要的概念. 根据实际流体的边界层理论, 可以分析得出绕流阻力实际上由摩擦阻力和压强阻力(或称压差阻力)两部分组成. 当发生边界层分离现象时, 特别是分离旋涡区较大时, 压强阻力较大, 将起主导作用. 在工程实际中减小边界层的分离区, 就能减小阻力损失及绕流阻力. 因此, 管道、渠道的进口段, 闸墩、桥墩的外形, 汽车、飞机、舰船的外形, 都要设计成流线型, 以减少边界层的分离.

习　题　5

5.1　设平板层流边界层内的速度分布为 $\dfrac{v_x}{v_\infty}=2\dfrac{y}{\delta}-\left(\dfrac{y}{\delta}\right)^2$, 试推导出边界层厚度和摩擦阻力系数的计算公式.

5.2　设平板层流边界层内的速度分布为 $\dfrac{v_x}{v_\infty}=2\dfrac{y}{\delta}-2\left(\dfrac{y}{\delta}\right)^3+\left(\dfrac{y}{\delta}\right)^4$, 试推导出边界层厚度和摩擦阻力系数的计算公式.

5.3　若平板层流边界层内的速度分布为 $\dfrac{v_x}{v_\infty}=\sin\left(\dfrac{\pi y}{2\delta}\right)$, 试推导出边界层厚度和摩擦阻力系数的计算公式.

5.4　若平板紊流边界层内的速度分布为 $\dfrac{v_x}{v_\infty}=\left(\dfrac{y}{\delta}\right)^{1/9}$, 并有 $\lambda=0.185Re^{-\frac{1}{5}}$, 试推导出边界层厚度的计算公式.

5.5　某种油在 20℃ 时, $\rho=925\,\text{kg/m}^3$, $\nu=7.9\times10^{-5}\,\text{m}^2/\text{s}$, 以 0.6m/s 的速度纵向绕流一宽 15cm、长 50cm 的薄平板, 求板末端边界层厚度和总摩擦阻力.

5.6　水的来流速度 $v_\infty=0.2\,\text{m/s}$, 纵向绕过一极薄的平板, 已知水的运动黏度 $\nu=1.145\times10^{-6}\,\text{m}^2/\text{s}$, 试求距平板前缘 5m 边界层的厚度, 以及在该处与平板表面垂直距离为 10mm 的点的水流速度.

5.7　速度为 15m/s 的风, 平行地吹过广告板. 广告板长 8m, 宽 5m, 空气温度为 10℃ ($\nu=1.42\times10^{-5}\,\text{m}^2/\text{s}$, $\rho=1.25\,\text{kg/m}^3$), 试求广告板所承受的摩擦力.

5.8　光滑平板宽 1.2m, 长 3m, 潜没在静止水中以 1.2m/s 的速度水平拖动, 水温为 10℃, 临界雷诺数 $Re_{\text{cr}}=5\times10^5$, 求: (1)层流边界层的长度; (2)平板末端边界层的厚度; (3)所受水平拖力.

第6章 有压管流与明渠流

有压管流是管道被液体充满，无自由表面的流动. 在管路的计算中，按管路的结构常分为简单管和复杂管. 简单管又可分为长管和短管，复杂管包括串联管、并联管、连续出流管等. 由多个复杂管可构成管网.

本章明渠流内容，包括明渠流的概念、明渠定常均匀流的水力计算、明渠的水力最佳断面等.

6.1 简单管路的水力计算

管路计算是流体力学工程应用的一个重要方面，在环境、矿冶、安全、土建、水利、石化等工程中都会遇到. 管路中的能量损失一般包括沿程损失和局部损失，根据它们所占比例的不同，可将管路分为短管与长管两种类型. 短管是指管路中局部损失与速度水头之和超过沿程损失或与沿程损失相差不大，在计算时不能忽略局部损失与速度损失. 长管是指管路中局部损失与速度水头之和与沿程损失相比很小，以至于可以忽略不计.

简单管路是一种直径不变且没有支管分出即流量沿程不变的管路. 它是管路中最简单的一种情况，是计算各种管路的基础.

6.1.1 短管的水力计算

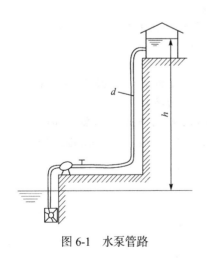

图 6-1 水泵管路

水泵的吸水管、虹吸管、液压传动系统的输油管等，都属于短管，它们的局部阻力在水力计算时不能忽略. 短管的水力计算没有什么特殊的原则，主要是如何运用第 5 章的公式和图表，下面举一例加以说明.

例 6.1 水泵管路如图 6-1 所示，铸铁管直径 d=150mm，管长 l=180m，管路上装有吸水网(无底阀)一个，全开截止阀一个，管半径与曲率半径之比为 r/R=0.5 的弯头三个，高程 h=100m，流量 Q=225m³/h，水温为 20℃. 试求水泵的输出功率.

解　当 $t=20℃$ 时，查表 1-4，得水的运动黏度 $\nu=1.007\times10^{-6}\,\mathrm{m^2/s}$，于是

$$Re=\frac{\nu d}{\nu}=\frac{4Q}{\pi d\nu}=\frac{4\times225}{3600\pi\times0.15\times1.007\times10^{-6}}\approx5.27\times10^5$$

铸铁管 $\Delta=0.30\,\mathrm{mm}$，$\dfrac{\Delta}{d}=0.002$，$\dfrac{d}{\Delta}=500$.

$$22.2\left(\frac{d}{\Delta}\right)^{\frac{8}{7}}=22.2\times500^{\frac{8}{7}}\approx26970<Re$$

$$597\left(\frac{d}{\Delta}\right)^{\frac{9}{8}}=597\times500^{\frac{9}{8}}\approx6.49\times10^5>Re$$

故管中流体的流动状态为过渡区. 先用阿里特苏里公式求 λ 的近似值

$$\lambda=0.11\left(\frac{\Delta}{d}+\frac{68}{Re}\right)^{0.25}\approx0.0236$$

再将此值代入柯列布茹克公式的右端，从其左端求 λ 的第二次近似值，于是

$$\frac{1}{\sqrt{\lambda}}=-2\lg\left(\frac{\Delta}{3.7d}+\frac{2.51}{Re\sqrt{\lambda}}\right)\approx6.486$$

解得 $\lambda=0.0238$，与第一次近似值相差不多，即以此值为准.

由已知条件可知，局部阻力系数为：吸水网 $\zeta_1=6$，进口 $\zeta_2=0.5$，弯头 $\zeta_3=0.294\times3$，截止阀 $\zeta_4=3.9$，出口 $\zeta_5=1$. 因此 $\sum\zeta=\zeta_1+\zeta_2+\zeta_3+\zeta_4+\zeta_5=12.28$，局部阻力的当量管长为

$$\sum l_\mathrm{e}=\frac{\sum\zeta}{\lambda}d=\frac{12.28}{0.0238}\times0.15\approx77.39\,(\mathrm{m})$$

将 $\nu=\dfrac{4Q}{\pi d^2}$ 代入公式 $h_1=\lambda\dfrac{l+\sum l_\mathrm{e}}{d}\dfrac{\nu^2}{2g}$ 中可得

$$h_1=\frac{8\lambda\left(l+\sum l_\mathrm{e}\right)Q^2}{g\pi^2d^5}=\frac{8\times0.0238\times(180+77.39)\times225^2}{9.8\times\pi^2\times0.15^5\times3600^2}\approx26.06\,(\mathrm{m})$$

水泵的扬程

$$H=h+h_1=100+26.06=126.06\,(\mathrm{m})$$

最后得水泵的输出功率为

$$P=\gamma QH=9800\times\frac{225}{3600}\times126.06\,\mathrm{W}\approx77211\,\mathrm{W}\approx77.2\,\mathrm{kW}$$

6.1.2　长管的水力计算

如图 6-2 所示,由水池接出一根长为 l,管径为 d 的简单管路,水池的水面距管口的高度为 H. 现分析其水力特点和计算方法.

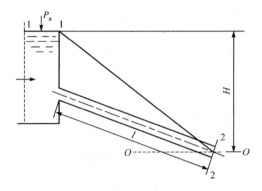

图 6-2　简单管路

以 $O\text{-}O$ 作为基准面,写出 1-1 和 2-2 断面的总流伯努利方程

$$H + \frac{p_a}{\gamma} + \frac{\alpha_1 v_1^2}{2g} = 0 + \frac{p_a}{\gamma} + \frac{\alpha_2 v_2^2}{2g} + h_1$$

上式中 $v_1 \approx 0$,因为是长管,忽略局部阻力 h_r 和速度水头 $\dfrac{\alpha_2 v_2^2}{2g}$,则 $h_1 = h_f$,故

$$H = h_f$$

上式表明,长管的全部水头都消耗于沿程损失中,总水头线与测压管水头线重合. 此时管路的沿程阻力可用谢才公式计算,即

$$h_f = \frac{Q^2 l}{K^2} \tag{6-1}$$

式(6-1)是工程中长管水力计算的基本公式,式中流量模数(也称特性流量)K 为

$$K = cA\sqrt{R} = \sqrt{\frac{8g}{\lambda}} \times \frac{1}{4}\pi d^2 \sqrt{\frac{d}{4}} = 3.462\sqrt{\frac{d^5}{\lambda}}\,(\text{m}^3/\text{s})$$

阻力系数 λ 与谢才系数 c 的关系为

$$\lambda = \frac{8g}{c^2} \quad \text{或} \quad c = \sqrt{\frac{8g}{\lambda}}$$

c 值可按巴甫洛夫斯基公式计算,即

$$c = \frac{1}{n}R^y$$

$$y = 2.5\sqrt{n} - 0.13 - 0.75\sqrt{R}(\sqrt{n} - 0.10)$$

式中,n 为管壁的粗糙系数,公式的适用范围为 $0.1\text{m} \leqslant R \leqslant 3\text{m}$. 对于一般输水管

道，常取 $y = \dfrac{1}{6}$，即曼宁公式

$$c = \frac{1}{n} R^{\frac{1}{6}}$$

管壁的粗糙系数 n 值因管壁材料、内壁加工情况以及铺设方法的不同而异. 一般工程初步估算时可采用表 6-1 的数值.

表 6-1　粗糙系数 n 值

序号	壁面种类及状况	n
1	安装及连接良好的新制清洁铸铁管及钢管，精刨木板	0.0111
2	混凝土和钢筋混凝土管道	0.0125
3	焊接金属管道	0.012
4	铆接金属管道	0.013
5	大直径木质管道	0.013
6	岩石中不衬砌的压力管道	0.025~0.04
7	污秽的给水管和排水管，一般情况下渠道的混凝土面	0.014

因流量模数 K 是管径 d 及壁面粗糙系数 n 的函数，因此对不同粗糙度及不同直径的管道，可预先将流量模数 K 的值列成表，以方便水力计算，如表 6-2 所示.

表 6-2　不同粗糙系数 n 及不同管径 d 的流量模数 K

管径 d/mm	K/(L/s)		
	$n=0.0111$ 时，$\dfrac{1}{n}=90$ 清洁铸铁圆管	$n=0.0125$ 时，$\dfrac{1}{n}=80$ 正常铸铁圆管	$n=0.0143$ 时，$\dfrac{1}{n}=70$ 污垢铸铁圆管
50	9.624	8.46	7.043
75	28.31	24.94	21.83
100	61.11	53.72	47.01
125	110.8	97.4	85.23
150	180.2	158.4	138.6
200	388.0	341.0	298.5
250	703.5	618.5	541.2
300	1144	1006	880
350	1727	1517	1327
400	2464	2166	1895
450	3373	2965	2594

管径 d/mm	K/(L/s)		
	$n=0.0111$ 时，$\frac{1}{n}=90$ 清洁铸铁圆管	$n=0.0125$ 时，$\frac{1}{n}=80$ 正常铸铁圆管	$n=0.0143$ 时，$\frac{1}{n}=70$ 污垢铸铁圆管
500	4467	3927	3436
600	7264	6386	5587
700	10960	9632	8428
800	15640	13750	12030
900	21420	18830	16470
1000	28360	24930	21820

根据式(6-1)可解决下列三类问题.

(1) 当已知流量 Q、管长 l、管壁粗糙系数 n 及能量损失时，可通过流量模数 K 求出管道直径 d；

(2) 当已知流量 Q、管长 l 和管径 d 时，可求出能量损失；

(3) 当已知管长 l、管径 d 和能量损失时，可求出流量 Q.

例 6.2 已知管中流量 Q=250L/s，管路长 l=2500m，作用水头 H=30m. 如用新的铸铁管，求此管的直径是多少？

解　此题属于上述第一类问题，先求出流量模数 K，再确定管径 d.

$$K = \frac{Q}{\sqrt{\frac{H}{l}}} = \frac{250}{\sqrt{\frac{30}{2500}}} \approx 2282(\text{L/s})$$

查表 6-2，当 n=0.0111，K=2283L/s 时，所需管径在 350mm 和 400mm 之间，可用插值法确定

$$d = 350 + \frac{400-350}{2464-1727} \times (2283-1727) \approx 388(\text{mm})$$

也可以利用标准管，做成两种直径(350mm 和 400mm)串联起来的管路，这将在 6.2 节介绍.

6.2　管网的水力计算基础

实际管路通常由许多简单管路组合，构成一网状系统，称为管网. 简单管路通过组合后变成了复杂管路，其水力计算通常按长管算. 常见的复杂管路有串联管路、并联管路、连续均匀出流管路、分叉管路等.

6.2.1　串联管路

如图 6-3 所示，管路由直径不同的几段简单管道依次连接而成，这种管路称为串联管路. 串联管路的流量可沿程不变，也可在每一段的末端有流量分出，从而使得各管段的流量不同.

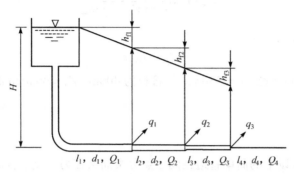

图 6-3　串联管路

设串联管路中各管段的长度为 l_i，直径为 d_i，流量为 Q_i，各段末端分出的流量为 q_i. 根据连续性方程，流量关系式为

$$Q_i = Q_{i+1} + q_i \tag{6-2}$$

各管段的流量与水头损失的关系式为

$$h_{\mathrm{f}i} = \frac{Q_i^2 l_i}{K_i^2}$$

串联管路的总水头损失等于各管段水头损失之和，即

$$H = h_{\mathrm{f}} = \sum_{i=1}^{n} h_{\mathrm{f}i} = \sum_{i=1}^{n} \frac{Q_i^2 l_i}{K_i^2}$$

$$= \frac{Q_1^2 l_1}{K_1^2} + \frac{Q_2^2 l_2}{K_2^2} + \cdots + \frac{Q_n^2 l_n}{K_n^2} \tag{6-3}$$

联立式(6-2)、式(6-3)可解出 H、Q、d 等参数.

若各管段末端无流量分出，则

$$H = h_{\mathrm{f}} = Q^2 \sum_{i=1}^{n} \frac{l_i}{K_i^2} \tag{6-4}$$

例 6.3　利用串联管路求解例 6.2.

解　取管径 $d_1 = 350\mathrm{mm}$ 的管长为 l_1，则管径为 $d_2 = 400\mathrm{mm}$ 的管长 $l_2 = l - l_1$，按串联管路的计算式(6-4)，有

$$H = Q^2 \left(\frac{l_1}{K_1^2} + \frac{l - l_1}{K_2^2} \right)$$

即

$$30 = 250^2 \times \left(\frac{l_1}{1727^2} + \frac{2500 - l_1}{2464^2} \right)$$

解得

$$l_1 = 400 \text{m}$$

因此得出串联管路 $d_1 = 350 \text{mm}$ 的管长为 400m，$d_2 = 400 \text{mm}$ 的管长为 $2500 - 400 = 2100(\text{m})$.

6.2.2 并联管路

凡是两根或以上的简单管道在同一点分叉而又在另一点汇合而组成的管路称为并联管路. 如图 6-4 所示，在 A、B 两点间有三根管道并联，总流量为 Q，各管的直径分别为 d_1、d_2、d_3，长度分别为 l_1、l_2、l_3，流量分别为 Q_1、Q_2、Q_3，水头损失分别为 h_{f1}、h_{f2}、h_{f3}，A、B 两点的测压管水头差为 h_f. 由于 A、B 两点是各管共有，而每点只能有一个测压管水头，因此 A、B 两点的测压管水头差就是各管的水头损失，也就是说，并联管路的特点是各并联管段的水头损失相等，即有

$$h_f = h_{f1} = h_{f2} = h_{f3}$$

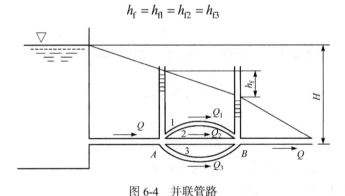

图 6-4　并联管路

由于每个管段都是简单管路，所以

$$\frac{Q_1^2 l_1}{K_1^2} = \frac{Q_2^2 l_2}{K_2^2} = \frac{Q_3^2 l_3}{K_3^2} = h_f \tag{6-5}$$

根据连续性方程，有

$$Q = Q_1 + Q_2 + Q_3 \tag{6-6}$$

根据式(6-5)和式(6-6)可以解决并联管路水力计算的各种问题.

必须强调指出：虽然各并联管路的水头损失相等，但这只说明各管段上单位重量的液体机械能损失相等. 由于并联各管段的流量并不相等，所以各管段上全部液体重量的总机械能损失并不相等，流量大的管段，其总机械能损失也大.

例 6.4　一并联管路如图 6-4 所示，各并联管段的直径和长度分别为 d_1=150mm，$l_1 = 500$m；$d_2 = 150$mm，$l_2 = 350$m；$d_3 = 200$mm，$l_3 = 1000$m. 管路总的流量 Q=80L/s，所有管段均为正常管. 试求：并联管路各管段的流量是多少；并联管路的水头损失是多少.

解　查表 6-2 可得

$$K_1 = K_2 = 158.4,\quad K_3 = 341.0$$

管段 1 的流量为 Q_1，根据式(6-5)得管段 2 的流量为

$$Q_2 = Q_1 \frac{K_2}{K_1} \sqrt{\frac{l_1}{l_2}} = Q_1 \times \sqrt{\frac{500}{350}} = 1.195Q_1$$

管段 3 的流量为

$$Q_3 = Q_1 \frac{K_3}{K_1} \sqrt{\frac{l_1}{l_3}} = Q_1 \times \frac{341.0}{158.4} \times \sqrt{\frac{500}{1000}} = 1.522Q_1$$

总流量

$$Q = Q_1 + Q_2 + Q_3 = Q_1 + 1.195Q_1 + 1.522Q_1 = 3.717Q_1$$

解得

$$Q_1 = 21.5\text{L}/\text{s},\quad Q_2 = 25.8\text{L}/\text{s},\quad Q_3 = 32.7\text{L}/\text{s}$$

并联管路的水头损失为

$$h_{\mathrm{f}} = \frac{Q_1^2 l_1}{K_1^2} = \frac{21.5^2 \times 500}{158.4^2} \approx 9.2(\text{mH}_2\text{O})$$

6.2.3　连续均匀出流管路

图 6-5 为连续出流管路，其通过流量为 Q_T，向外泄出流量为 Q_P. 如果沿管段任一单位长度上分出的流量都一样，即 $\frac{Q_\mathrm{P}}{l} = q$ 为常数，则此管路为连续均匀出流管路.

在离起点 A 距离为 x 处的 M 点流量为

$$Q_\mathrm{M} = Q_\mathrm{T} + Q_\mathrm{P} - \frac{Q_\mathrm{P}}{l}x$$

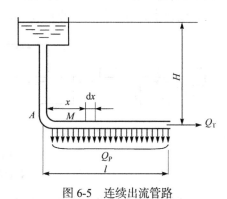

图 6-5　连续出流管路

按管路计算的基本公式有

$$dh_f = \frac{Q_M^2 dx}{K^2} = \frac{1}{K^2}\left(Q_T + Q_P - \frac{Q_P}{l}x\right)^2 dx$$

积分得

$$
\begin{aligned}
h_f &= \frac{1}{K^2}\int_0^l\left(Q_T + Q_P - \frac{Q_P}{l}x\right)^2 dx \\
&= \frac{l}{K^2}\left[Q_T^2 + Q_T Q_P + \frac{1}{3}Q_P^2\right]
\end{aligned}
\tag{6-7}
$$

或近似地认为

$$h_f = \frac{l}{K^2}\left(Q_T + 0.55Q_P\right)^2 \tag{6-8}$$

在工程计算中常引入计算流量，即 $Q_c = Q_T + 0.55Q_P$，则式(6-8)可写成

$$h_f = \frac{Q_c^2 l}{K^2}$$

当通过流量 $Q_T = 0$ 时，式(6-7)变为

$$h_f = \frac{1}{3}\frac{Q_P^2 l}{K^2}$$

由上式可以看出，连续均匀出流管路的能量损失，仅为同一通过流量所损失能量的三分之一，这是因为沿管路流速递减的缘故.

6.2.4 管网的类型及水力计算

管网按其布置方式可分为枝状管网和环状管网两种，如图 6-6 所示. 枝状管网是管路在某点分出供水后不再汇合到一起，呈一树枝形状. 一般地说，枝状管网的总长度较短，建筑费用较低. 当干管某处发生事故切断管路时，位于该处后的管段无水，故供水的可靠度差. 电厂的机组冷却用水常采用这种供水方式.

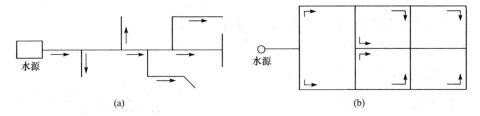

图 6-6　管网
(a) 枝状管网；(b) 环状管网

环状管网的管路连成闭合环路，管线的总长度较长，供水的可靠度高，不会

因为某处故障而中断该点以后各处供水,但这种管网需要管材较多、造价较高. 因此, 一般比较大的、重要的用水单位通常采用环状管网供水, 例如, 城镇的供水管网一般采用环状管网.

管网中各管段的管径是根据流量及平均流速来决定的. 在一定的流量条件下, 管径的大小是随着所选取平均速度的大小而不同的. 如果管径选择较小, 管路造价较低, 由于流速大而管路的水头损失大, 水泵的电耗大;如果管径选择过大, 由于流速小, 减少了水头损失, 减少了水泵的日常运营费用, 但是提高了管路造价. 解决这个矛盾只有选择适当的平均流速, 使得供水的总成本为最小, 这种流速称为经济流速, 用 v_e 表示. 经济流速的选择可参阅有关书籍, 以下经验值供参考:

$$d = 100 \sim 400 \text{mm 时}, \quad v_e = 0.6 \sim 0.9 \text{m/s}$$

$$d = 400 \sim 1000 \text{mm 时}, \quad v_e = 0.9 \sim 1.4 \text{m/s}$$

1. 枝状管网的水力计算

枝状管网的水力计算主要是确定管径和水头损失, 并在此基础上确定水塔高度. 计算时从管路最末端的支管起, 逐段向干管起点计算, 一般计算步骤如下.

(1) 根据已知流量和经济流速, 按公式 $Q = A v_e = \dfrac{\pi}{4} d^2 v_e$ 计算各管段直径, 然后按产品规格选用接近计算结果而又能满足输水要求的管径.

(2) 依据选用的管径, 按公式 $h_f = \dfrac{Q^2 l}{K^2}$ 计算各管段的水头损失, 同时按各用水设备的要求, 在管网末端保留一定的压强水头 h_e.

(3) 确定水塔的高度 H. 按下式计算:

$$H = \sum_{i=1}^{n} h_{fi} + h_e + z_0 - z_B$$

式中, $\sum_{i=1}^{n} h_{fi}$ 为从水塔到最不利点的总水头损失; z_0 为最高的地形标高; z_B 为水塔处的地形标高.

例 6.5　一枝状管网从水塔 B 沿 B-1 干线输送用水, 如图 6-7 所示. 已知每一段的流量及管路长度, B 处地形标高为 28m, 供水点末端点 4 和点 7 处标高为 14m, 保留水头均为 16m, 管道用普通铸铁管. 求各管段直径、水塔离地面的高度.

解　为了计算方便, 将全部已知数和计算结果列成表 6-3.

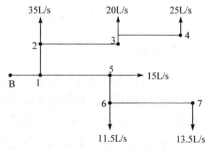

图 6-7　枝状管网水力计算

表 6-3　枝状管路的水力计算

管段		已知数值		计算所得数值		
		管段长度 l/m	管段流量 $q/(L/s)$	管道直径 d/mm	流速 $v/(m/s)$	水头损失 h_f/m
上侧支管	3-4	350	25	200	0.79	1.88
	2-3	350	45	250	0.92	1.82
	1-2	200	80	300	1.13	1.28
下侧支管	6-7	500	13.5	150	0.76	3.63
	5-6	200	25	200	0.79	1.08
	1-5	300	40	250	0.81	1.27
水塔到分叉点	B-1	400	120	350	1.25	2.50

(1) 根据经济流速选取各管段管径. 例如, 对管段 3-4, 流量 $Q = 25L/s$, 采用经济流速 $v_e = 1m/s$, 则管径

$$d = \sqrt{\frac{4Q}{\pi v}} = \sqrt{\frac{4 \times 0.025}{\pi \times 1}} \approx 0.18(m) = 180(mm)$$

采用 d=200mm, 则管中实际流速

$$v = \frac{4Q}{\pi d^2} = \frac{4 \times 0.025}{\pi \times 0.2^2} \approx 0.8(m/s) \text{(在经济流速范围内)}$$

(2) 水头损失的计算. 采用粗糙系数 n=0.0125, 查表 6-2 可得 K 值, 然后计算各管段水头损失.

对管段 3-4

$$h_f = \frac{Q^2 l}{K^2} = \frac{25^2 \times 350}{341^2} \approx 1.88(m)$$

(3) 确定水塔高度. 由水塔到最远点 4 和点 7 的沿程损失分别为

沿 4-3-2-1-B 线, $\sum h_f = 1.88 + 1.82 + 1.28 + 2.50 = 7.48(m)$

沿 7-6-5-1-B 线, $\sum h_f = 3.63 + 1.08 + 1.27 + 2.50 = 8.48(m)$

选 7-6-5-1-B 线确定水塔高度

$$H = \sum h_f + h_e + z_0 - z_B = 8.48 + 16 + 14 - 28 = 10.48(m)$$

2. 环状管网的水力计算

环状管网的计算比较复杂. 在计算环状管网时, 首先根据地形图确定管网的布置及各管段的长度, 根据需要确定节点的流量. 接着用经济流速决定各管段的通过流量, 并确定各管段管径及计算水头损失. 环状管网的计算必须遵循下列两个原则.

(1) 在各个节点上流入的流量等于流出的流量, 例如, 以流入节点的流量为正, 流出节点的流量为负, 则二者的总和应为零, 即

$$\sum Q_i = 0$$

(2) 在任一封闭环内，水流由某一节点沿两个方向流向另一节点时，两方向的水头损失应相等. 例如，以水流顺时针方向的水头损失为正，逆时针方向的水头损失为负，则二者的总和应为零，即

$$\sum h_{fi} = 0$$

根据以上两个条件进行环状管网的水力计算时，在理论上没有什么困难，但在计算上却相当繁杂. 详细内容可参考有关管网的专门书籍和资料.

6.3 明渠流的概念

明渠流是指流体在地心引力作用下形成的重力流动. 其特点是渠槽具有自由表面，自由面上各点均受相同的大气压强作用，相对压强为零. 因此，明渠流又称为无压流. 对于那种封闭式或不充满管中流动的暗渠，其流动情况与明渠相同，也属于无压流动.

明渠流的断面形式多种多样，且具有自由表面，因而处理明渠问题要比有压管路问题麻烦，没有通用公式，一般求其平均值.

常碰到和应用较多的明渠流的断面形式如图 6-8 所示. 明渠流各断面的水力要素计算公式见表 6-4.

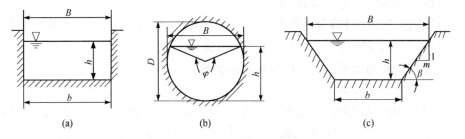

图 6-8 明渠流的断面形式

h-水深；b-渠底宽；m-边坡系数，$m = \cot\beta$；β-渠边坡与水平面夹角；D-直径；φ-圆心角，以弧度表示

表 6-4 明渠流各断面的水力要素计算公式

断面形式	面积 A	湿周 χ	水力半径 R	水面宽 B
矩形	bh	$b+2h$	$\dfrac{bh}{b+2h}$	b
梯形	$(b+mh)h$	$b+2h\sqrt{1+m^2}$	$\dfrac{(b+mh)h}{b+2h\sqrt{1+m^2}}$	$b+2mh$
圆形	$\dfrac{D^2}{8}(\varphi-\sin\varphi)$	$\dfrac{D}{2}\varphi$	$\dfrac{D}{4}\left(1-\dfrac{\sin\varphi}{\varphi}\right)$	$2\sqrt{h(D-h)}$

明渠流中水力要素如不随时间变化称为明渠定常流，否则为非定常流. 在明渠定常流中，渠槽断面形式如不变，液流在固定水深下运动，则所有各断面的平均流速沿流程都不变，这种液流称为明渠定常均匀流，如图 6-9 所示. 此时，其水力坡度 i、水面坡度(即压力坡度) i_p 及渠底坡度 i_b 均相等，即

$$i = i_p = i_b$$

亦即明渠定常均匀流的总比能线 $E\text{-}E$、比压线 $p\text{-}p$ 及渠底坡面线是三条平行的直线.

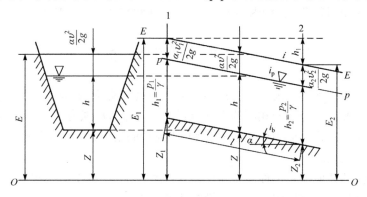

图 6-9　明渠定常均匀流

由此可见，形成明渠定常均匀流必须满足以下条件.

(1) 流量固定不变，即 Q=常数；

(2) 过流断面、水深及平均流速沿流程均不变，即 A=常数、h=常数及 v=常数；

(3) 渠底坡度固定不变，且等于水力坡度，$i_b = i_p = i$；

(4) 渠槽粗糙度不变，即粗糙系数 n=常数；

(5) 没有局部摩阻.

严格地讲，在实际生产情况中，要满足这样的一些条件是不可能的；但是对比较规则的、上述各种因素变化不大的明渠流，可以按定常均匀流考虑.

明渠定常均匀流是明渠流运动中最简单的形式，也是分析其他明渠流动的理论基础，例如，在某些非均匀流的计算中，也可以用分段法近似地按均匀流问题来解决. 在环境、土木、水利等工程实际中，有许多有关明渠流的问题，因而研究明渠定常均匀流的运动规律有重要的实用意义.

6.4　明渠定常均匀流的水力计算

6.4.1　基本计算公式

明渠流一方面既受重力的作用形成液流运动，另一方面又受渠槽边壁对液流

的摩擦力作用阻碍液流运动, 当重力和阻力达到平衡时, 则液流形成等速运动成为均匀流.

在明渠定常均匀流中, 沿渠取长 l 的一段液体为隔离体, 如图 6-10 所示. 液体重力 $G = \gamma A l \cos\alpha$. 将 G 分解为垂直于渠底和平行于渠底的两个分力 G_N 与 G_T , 则

$$G_\mathrm{T} = G\sin\alpha = \gamma A l \cos\alpha \cdot \sin\alpha$$

由于明渠流中 α 值一般较小, 常以 $\sin\alpha$ 表示渠底坡度, 即 $\sin\alpha = i_b = i$; 而 $\cos\alpha \approx 1$. 因此, $G_\mathrm{T} = \gamma A l i$, 根据明渠定常均匀流的力学条件, 力 G_T 与渠槽边壁对液流的摩擦力相平衡, 因而对于渠底湿周面积上所发生的平均切应力

$$\tau_0 = \frac{G_\mathrm{T}}{xl} = \frac{\gamma A l i}{xl} = \gamma R i \tag{6-9}$$

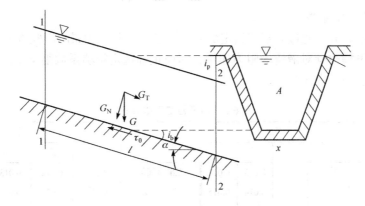

图 6-10　明渠定常均匀流的水力分析

明渠流的断面和流速一般都比较大, 液流多处于阻力平方区的紊流状态. 谢才根据实验认为, 液流单位面积上的内摩擦切应力 τ_0 与平均流速的二次方成正比, 即

$$\tau_0 = \frac{\lambda\gamma}{8g}\upsilon^2 \tag{6-10}$$

式中, λ 为明渠流的阻力系数.

将式(6-9)代入式(6-10), 得

$$\upsilon = \sqrt{\frac{8g}{\lambda}}\sqrt{Ri} = c\sqrt{Ri}$$

上式即为计算明渠定常均匀流平均流速的基本公式, 称为谢才公式. 明渠定常均匀流的流量为

$$Q = A\upsilon = cA\sqrt{Ri} = K\sqrt{i}$$

式中, K 为渠槽的流量模数, $K = cA\sqrt{R}$.

6.4.2　计算平均流速的经验公式

谢才公式中的 c 是有量纲的系数，单位为 $\mathrm{m}^{1/2}/\mathrm{s}$. c 值不但随渠槽的粗糙度变化而改变，而且与水力半径、渠底坡度及断面形式都有关，并非常数，在 10～90，多在 50 左右. 不少人在这方面进行实验研究，根据不同的具体条件得到的经验公式有十多种，我国常用的有以下四个.

(1) 岗古立公式

$$c=\frac{\dfrac{1}{n}+23+\dfrac{0.00155}{i}}{1+\left(23+\dfrac{0.00155}{i}\right)\dfrac{n}{\sqrt{R}}}\qquad(6\text{-}11)$$

式中，n 为粗糙系数.

粗糙系数 n 是通过对某些给定的明渠，进行观测、积累的经验数据，它的大小反映了渠槽边壁对液流的阻力作用，因而正确选定粗糙系数很重要. 常用的粗糙系数 n 值列于表 6-5.

表 6-5　明渠粗糙系数 n 值

渠槽性质	表面状况				渠槽性质	表面状况			
	最优	优	一般	劣		最优	优	一般	劣
刨光木渠	0.010	0.012	0.013	0.014	光滑金属渠	0.011	0.012	0.013	0.015
未刨光木渠	0.011	0.013	0.014	0.015	不光滑金属渠	0.022	0.025	0.028	0.030
混凝土渠	0.012	0.014	0.016	0.018	水泥砌石渠	0.017	0.020	0.025	0.030
水泥抹面渠	0.010	0.011	0.012	0.013					

式(6-11)中，当 n 增大时，c 减少，n 增加越大，c 减低越缓，当 R 增大时，则 c 亦增加，R 增加越大，c 增加越缓；如 $R=1$ 时，c 与 i 无关，则 $c=\dfrac{1}{n}$；$R<1$ 时，i 增加，c 随之增加；$R>1$ 时，i 增加，c 随之减少，i 越大，c 随 i 的变化越小，当 i 在 1/1000 以上时，式(6-11)中的 i 影响很小，因此可以简化成

$$c=\frac{\dfrac{1}{n}+23}{1+23\dfrac{n}{\sqrt{R}}}$$

岗古立公式适用于渠底坡度较小的明渠.

(2) 曼宁公式

$$v=\frac{1}{n}R^{2/3}i^{1/2}\qquad(6\text{-}12)$$

将式(6-12)代入谢才公式得

$$c = \frac{1}{n} R^{1/6}$$

由式(6-12)知，明渠液流的流速与 $R^{2/3}$ 及 $i^{1/2}$ 成正比，而与 n 成反比. 因 $R = \dfrac{A}{\chi}$，若 A 不变，则 R 越大，χ 就越小，即液流和渠槽边壁接触面积就越小，摩擦阻力相应减小，流速就加大；如 i 越大，则重力沿流向的分力越大，所以流速也越大；n 越大，渠槽摩擦阻力加大，因而流速就越小. 式(6-12)适用于 $n<0.02$ 及 $R<0.5m$ 渠底坡度较陡的明渠.

(3) 巴生(Bazin)公式

$$c = \frac{87}{1 + \dfrac{\varepsilon}{\sqrt{R}}}$$

式中，ε 为粗糙度系数，其值与 n 不同，见表 6-6.

表 6-6 巴生公式粗糙度系数 ε 值

渠槽性质	表面状况			
	最优	优	一般	劣
纯水泥面渠	—	0.06	0.14	0.22
水泥灰浆面渠	0.06	0.11	0.22	0.34
块石渠	0.30	0.70	1.10	1.40
混凝土渠	0.14	0.28	0.42	0.55
刨光木板渠	—	0.14	0.22	0.28
未刨光木板渠	—	0.22	0.28	0.34
新金属渠	0.06	0.14	0.22	0.34
有粗砂沉淀渠	0.80	1.20	1.75	2.15

(4) 巴甫洛夫斯基公式

$$c = \frac{1}{n} R^{y}$$

适用于 $0.1m \leqslant R \leqslant 3m$ 的明渠. 式中 y 值计算较繁，可查表 6-7.

表 6-7 巴甫洛夫斯基公式 c 值

n / y	0.011	0.013	0.017	0.020	0.025	0.030	0.035
0.10	67.2	54.3	38.1	30.6	22.4	17.3	13.8
0.12	68.8	55.8	39.5	32.6	23.5	18.3	14.7

续表

y \ n	0.011	0.013	0.017	0.020	0.025	0.030	0.035
0.14	70.3	57.2	40.7	33.0	24.0	19.1	15.4
0.16	71.5	58.4	41.8	34.0	25.4	19.9	16.1
0.18	72.6	59.5	42.7	34.8	26.2	20.6	16.8
0.20	73.7	60.4	43.6	35.7	26.9	21.3	17.4
0.22	74.6	61.3	44.4	36.4	27.6	21.9	17.9
0.24	75.5	62.1	45.2	37.1	28.3	22.5	18.5
0.26	76.3	62.9	45.9	37.8	28.8	23.0	18.9
0.28	77.0	63.7	46.5	38.4	29.4	23.5	19.4
0.30	77.7	64.3	47.2	39.0	29.9	24.0	19.6
0.35	79.3	65.8	48.6	40.3	31.1	25.1	20.9
0.40	80.7	67.1	49.8	41.5	32.2	26.0	21.8
0.45	82.0	68.4	50.9	42.5	33.1	26.9	22.6
0.50	83.1	69.5	51.9	43.5	34.0	27.8	23.4

上述的每个公式, 在其使用范围内, 都有一定的符合技术要求的精确度, 超出这个范围会有相当误差. 现将不同渠槽性质的明渠流的实测流速, 与按上述经验公式计算的流速作比较, 如表 6-8 所示. 在一般工程实践中, 考虑演算及分析简便, 多采用曼宁公式及巴甫洛夫斯基公式.

表 6-8 明渠流实测流速与经验公式计算流速比较

渠槽性质	R/m	n	i	实测流速 v /(m/s)	经验公式计算流速 v /(m/s)			
					岗古立公式	曼宁公式	巴生公式	巴甫洛夫斯基公式
混凝土渠	1.950	0.012	0.000161	1.67	1.42	1.44	1.25	1.42
刨光木板渠	0.597	0.012	0.000965	1.83	1.89	1.83	1.77	1.86
粗铁皮渠	0.317	0.0225	0.000892	0.59	0.58	0.62	0.57	0.75
光滑金属渠	0.097	0.013	0.0012	0.56	0.54	0.56	0.55	0.58
土渠	0.792	0.017	0.00023	0.75	0.75	0.76	0.75	0.76
浆砌石渠	0.262	0.017	0.00558	1.88	1.77	1.80	1.75	1.76

例 6.6 一矩形光滑木质明渠, 底宽 $b = 0.4\text{m}$, 渠底坡度 $i_b = 0.005$, 水深 $h=0.2\text{m}$. 如液流为定常均匀流, 试分别用各经验公式求其流量.

解 液流断面积

$$A = bh = 0.4 \times 0.2 = 0.08(\text{m}^2)$$

湿周

$$\chi = b + 2h = 0.4 + 2 \times 0.2 = 0.8(\text{m})$$

水力半径

$$R = \frac{A}{\chi} = \frac{0.08}{0.8} = 0.1(\text{m})$$

选用 $n=0.012$，$\varepsilon = 0.14$．流量公式 $Q = Av$，或 $Q = cA\sqrt{Ri}$．用各经验公式计算流速和流量如下．

(1) 岗古立公式．

$$c = \frac{\frac{1}{n} + 23 + \frac{0.00155}{i}}{1 + \left(23 + \frac{0.00155}{i}\right)\frac{n}{\sqrt{R}}} = \frac{\frac{1}{0.012} + 23 + \frac{0.00155}{0.005}}{1 + \left(23 + \frac{0.00155}{0.005}\right)\frac{0.012}{\sqrt{0.1}}} \approx 56.6$$

所以，$Q = cA\sqrt{Ri} = 56.5 \times 0.08 \times \sqrt{0.1 \times 0.005} \approx 0.101(\text{m}^3/\text{s})$．

(2) 曼宁公式．

$$c = \frac{1}{n}R^{1/6} = \frac{1}{0.012}(0.1)^{1/6} \approx 56.8$$

$$Q = \frac{0.101}{56.5} \times 56.8 \approx 0.102(\text{m}^3/\text{s})$$

(3) 巴生公式．

$$c = \frac{87}{1 + \frac{\varepsilon}{\sqrt{R}}} = \frac{87}{1 + \frac{0.14}{\sqrt{0.1}}} \approx 60.3$$

$$Q = \frac{0.101}{56.5} \times 60.2 \approx 0.108(\text{m}^3/\text{s})$$

(4) 巴甫洛夫斯基公式．

由表 6-7，$R=0.1$，$n=0.012$ 时，$c=60.37$

$$Q = \frac{0.101}{56.5} \times 60.37 \approx 0.108(\text{m}^3/\text{s})$$

6.4.3　流速分布规律

明渠液体流动也有两种流动状态，即层流与紊流．判断明渠流动状态仍以临界雷诺数 Re_{cr} 作为标准，不过明渠流动的雷诺数是以水力半径 R 代替管径 d，即

$$Re = \frac{\upsilon R}{\nu}$$

根据实验结果,明渠流的临界雷诺数 $Re_{cr} \leqslant 300$.

1. 层流的速度分布

明渠流中很少出现层流状态,在液流速度相当小,或液流黏性较大情况下,才有可能产生层流运动. 例如,地下水运动,细颗粒高浓度的两相流运动中有可能出现层流. 明渠流层流运动状态下的速度分布情况和圆管层流运动一样,是抛物线分布规律,如图 6-11 所示.

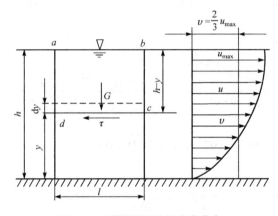

图 6-11 明渠流层流的速度分布

明渠定常均匀流的水深为 h,经分析得明渠定常均匀流层流的速度分布方程为

$$u = \frac{\gamma i}{2\mu} y(2h - y) \tag{6-13}$$

把 $y=h$ 代入式(6-13),得液流表面的速度,亦即断面垂线上最大速度 u_{max},于是

$$u_{max} = \frac{\gamma i}{2\mu} h^2$$

取通过单位宽度的明渠流的液体深度为 $\mathrm{d}y$,微元面积为 $\mathrm{d}A$,$\mathrm{d}A = \mathrm{d}y \times 1$,沿液流深度积分得流量 Q,即

$$Q = \int_A u\mathrm{d}A = \int_0^h \frac{\gamma i}{2\mu} y(2h - y)\mathrm{d}y$$

$$Q = \frac{\gamma i}{3\mu} h^3$$

断面平均流速

$$v = \frac{Q}{A} = \frac{\dfrac{\gamma i}{3\mu} h^3}{h \times 1} = \frac{\gamma i}{3\mu} h^2 = \frac{2}{3} u_{\max}$$

亦即明渠层流运动时的平均速度是最大速度的 2/3 倍.

2. 紊流的速度分布

明渠流绝大多数情况处于紊流运动状态. 因而了解明渠流紊流的速度分布尤为重要, 特别是研究明渠流紊流状态下沿垂线的速度分布, 对于了解明渠两相流中固体物料分布规律有一定帮助. 但明渠流在紊流运动状态下, 由于紊流脉动速度的产生, 给研究明渠流的速度分布带来一定的困难, 不能从理论上找出速度分布规律. 从对室内实验资料和天然明渠测验资料的分析中, 可以看出, 明渠紊流沿垂线上的流迹分布情况和圆管紊流速度分布的一半基本是一致的, 也符合对数分布规律, 如图 6-12 所示. 即

$$u = \frac{u_*}{K} \ln y + c = \frac{2.3 u_*}{K} \lg y + c \qquad (6\text{-}14)$$

式中, u_* 为明渠流动力流速, $u_* = \sqrt{ghi}$; K 为紊流系数.

式(6-14)中积分常数 c 与槽渠粗糙度 Δ 有一定关系, 即

$$u = \frac{2.3}{K} \sqrt{ghi}\, \lg\!\left(c_1 \frac{y}{\Delta}\right)$$

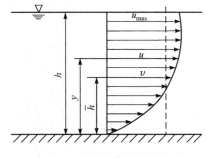

图 6-12　明渠流紊流速度分布

采用 $K=0.4$, 根据实测资料 $c_1 = 30$, 于是

$$u = 5.75 \sqrt{ghi}\, \lg\!\left(30 \frac{y}{\Delta}\right) \qquad (6\text{-}15)$$

式(6-15)为明渠流紊流速度分布的表达式, 经实测资料验证, 只在接近明渠液面处, 由于空气阻力影响, 实测值比按此式的计算值稍小些.

由边界条件, 当 $y=h$, $u=u_f$(u_f 表示液面速度), 即得垂线上最大速度

$$u_{\max} = u_f = 5.75 \sqrt{ghi}\, \lg\!\left(30 \frac{h}{\Delta}\right)$$

垂线上平均速度为 v, 则

$$v = \frac{Q}{A} = \frac{1}{h} \int_A u\,\mathrm{d}A = \frac{1}{h} \int_0^h 5.57 \sqrt{ghi}\, \lg\!\left(30 \frac{y}{\Delta}\right) \mathrm{d}y$$

$$= 5.57 \sqrt{ghi}\, \lg\!\left(30 \frac{h}{\Delta}\right) - 2.5 \sqrt{ghi}$$

即

$$v = u_{\mathrm{f}} - 2.5\sqrt{ghi} \tag{6-16}$$

将式(6-15)与式(6-16)相减，得

$$u - v = 5.75\sqrt{ghi}\,\lg\left(30\frac{y}{\Delta}\right) - 5.57\sqrt{ghi}\,\lg\left(30\frac{y}{\Delta}\right) + 2.5\sqrt{ghi}$$

$$= \sqrt{ghi}\left(2.5 + 5.75\lg\frac{y}{h}\right) \tag{6-17}$$

当 $u = v$ 时，此时 $y = \bar{h}$（$\bar{h}$ 为平均水深），代入式(6-17)得

$$2.5 + 5.75\lg\frac{\bar{h}}{h} = 0, \quad \frac{\bar{h}}{h} = 0.367$$

则

$$\bar{h} = 0.367h \quad \text{或} \quad h - \bar{h} = 0.633h$$

因此，在明渠紊流运动中，常采用液面以下 $0.6h$ 处的流速作为断面垂线的平均速度.

根据对明渠紊流运动的实验及量纲分析，可以得到速度分布规律的一组曲线，如图 6-13 所示. 曲线方程的一般表达式为

$$\frac{u}{u_{\max}} = \left(\frac{y}{h}\right)^{1/n} \tag{6-18}$$

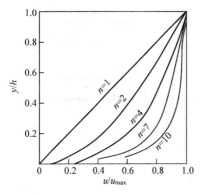

图 6-13　明渠紊流速度分布
随 n 值变化关系

式(6-18)中的指数 $1/n$ 随雷诺数增加而减小，当雷诺数高到 5×10^3 时，n 值等于 7. 由实验得知，当 $n = 1.25 \sim 2$ 时，液流是层流运动；当 $n = 2 \sim 7$ 时，是紊流运动. 一般生产实践中 $n = 2 \sim 4$.

由式(6-18)得到液流平均速度为

$$v = \frac{Q}{h} = \frac{1}{h}\int_0^h u_{\max}\left(\frac{y}{h}\right)^{\frac{1}{n}}\mathrm{d}y$$

$$= \frac{u_{\max}}{h}\int_0^h \left(\frac{y}{h}\right)^{\frac{1}{n}}\mathrm{d}y = \frac{1}{1+n}u_{\max} \tag{6-19}$$

式(6-19)说明平均速度与最大速度的关系是随不同的 n 值而变化的，当 n 值逐渐加大时，雷诺数就越大，即紊动强度越大，明渠紊流的速度分布越趋于均匀化.

6.5　明渠的水力最佳断面

6.5.1　水力最佳断面尺寸的确定

明渠的输水能力, 取决于渠底坡度、渠槽的粗糙系数、断面形式及其尺寸. 一般来讲, 渠底坡度是由生产实践的具体情况而定的, 粗糙系数则取决于所用的渠槽材料. 在渠底坡度和粗糙系数一定的前提下, 明渠的过流能力仅与断面形式及其尺寸有关. 因此, 当明渠渠底坡度一定、过流断面面积一定时, 所能获得的最大流速即通过最大流量时的那个断面, 或者说, 当流量一定, 所需最小的过流断面, 称为水力最佳断面.

应用式 $Q = Ac\sqrt{Ri}$, 并认为谢才系数 c 是水力半径 R 和粗糙系数 n 的函数 $(c = f(R,n)n)$ 时, 在相同的 A、n 和 i 值下, 最大流量发生于水力半径 R 最大时. 又因 $R = \dfrac{A}{\chi}$, 水力半径最大时所对应的湿周为最小. 因此, 当断面积一定时, 湿周最小的那个断面是水力最佳断面. 由几何学可知, 面积一定时, 湿周最小的断面是圆, 因而明渠水力最佳断面是半圆. 在生产实践中, 圆形的明渠断面在材料加工与施工技术上有一定困难, 因此应用较少, 一般多应用梯形与矩形的断面.

设有一梯形过流断面的明渠, 底宽 b, 水深 h, 边坡系数为 m, 如图 6-14 所示. 渠底坡度 i_b 与粗糙系数一定, 为使这个断面成为水力最佳断面, 确定其水力最佳尺寸, 即过流断面的底宽和水深二者的关系, 计算如下.

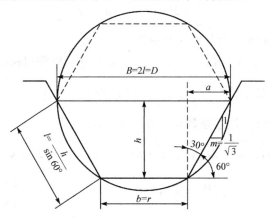

图 6-14　梯形水力最佳断面

梯形断面面积

$$A = (b + mh)h \tag{6-20}$$

湿周

$$\chi = b + 2h\sqrt{1+m^2} \tag{6-21}$$

由式(6-20)得 $b = \dfrac{A}{h} - mh$，代入式(6-21)，得

$$\chi = \dfrac{A}{h} - mh + 2h\sqrt{1+m^2}$$

由水力最佳断面的条件，需要确定湿周 χ 的最小值，即

$$\dfrac{\mathrm{d}\chi}{\mathrm{d}h} = 0$$

亦即

$$\dfrac{\mathrm{d}\chi}{\mathrm{d}h} = -\dfrac{A}{h^2} - m + 2\sqrt{1+m^2} = 0$$

因而过流断面面积为

$$A = \left(2\sqrt{1+m^2} - m\right)h^2 = \alpha h^2 \tag{6-22}$$

式中，α 为系数，$\alpha = 2\sqrt{1+m^2} - m$.

将式(6-22)代入式(6-20)，经简化变形得

$$b = 2h\left(\sqrt{1+m^2} - m\right) \tag{6-23}$$

令

$$\dfrac{b}{h} = 2\left(\sqrt{1+m^2} - m\right) = \beta \tag{6-24}$$

式中，β 为梯形断面水力最佳的相对宽度.

由式(6-24)知，$\beta = f(m)$，即 β 值随 m 值变化，要获得梯形水力最佳断面，应使底宽与水深之比值恰好等于 β. 当 m 值一定时，$\beta\left(\text{等于}\dfrac{b}{h}\right)$ 为一定值. 为确定梯形最佳水力断面之边坡系数 m，将式(6-23)代入式(6-21)得

$$\chi = b + 2h\sqrt{1+m^2} = 2h\left(\sqrt{1+m^2} - m\right) + 2h\sqrt{1+m^2} = 2h\left(2\sqrt{1+m^2} - m\right)$$

因为水力最佳断面，湿周 χ 应为最小值，对上式微分，$\dfrac{\mathrm{d}\chi}{\mathrm{d}m} = 0$，则

$$2 \times \dfrac{1}{2} \times \left(1+m^2\right)^{\frac{1}{2}-1} \times 2m - 1 = 0$$

$$\dfrac{2m}{\sqrt{1+m^2}} - 1 = 0$$

$$m = \frac{1}{\sqrt{3}} = \tan 30°$$

即梯形水力最佳断面之斜边 l 与水平面成 60°(图 6-14).

以 $m = \frac{1}{\sqrt{3}}$ 代入式(6-23)得

$$b = 2h\left[\sqrt{1+\left(\frac{1}{\sqrt{3}}\right)^2} - \frac{1}{\sqrt{3}}\right] = \frac{2}{\sqrt{3}}h$$

$$\tan 30° = \frac{a}{h}, \quad a = \frac{1}{\sqrt{3}}h$$

$$l = \sqrt{a^2 + h^2} = \frac{2}{\sqrt{3}}h = b$$

由上式可见，梯形水力最佳断面的斜边长 l 与底宽 b 相等，亦即梯形水力最佳断面是正六边形的一半.

梯形水力最佳断面的水力半径为

$$R = \frac{A}{\chi} = \frac{(b+mh)h}{b+2h\sqrt{1+m^2}} \tag{6-25}$$

将式(6-23)中的 b 代入式(6-25)化简得

$$R = \frac{h}{2} \tag{6-26}$$

即明渠梯形水力最佳断面的水力半径等于水深的一半. 这一结论对任何形状的水力最佳断面(如半圆、矩形等)都是适用的.

为了便于选择梯形水力最佳断面尺寸，表 6-9 根据不同的 m 值算出了相应的 α、β 值. 由表 6-9 知，当 m=0 时，梯形水力最佳断面成为矩形，此时 $\beta = \frac{b}{h} = 2\left(\sqrt{1+m^2} - m\right)$ =2，即矩形水力最佳断面的宽度等于其水深的两倍.

表 6-9　梯形水力最佳断面的 α、β 值

m	0	0.25	0.5	0.75	1.0	1.25	1.5	1.75	2.0	3.0
α	2.00	1.81	1.74	1.75	1.83	1.95	2.11	2.28	2.47	3.32
β	2.00	1.56	1.24	1.00	0.83	1.70	0.61	0.53	0.47	0.32

应当指出，水力最佳断面是仅从断面的过流性质为最佳来考虑的断面，是狭义的. 在生产实践中往往要求的是经济最佳断面. 经济最佳断面是从实际可能情况出发，从技术条件、经济效益考虑的断面，是广义的. 一般来讲，对宽度不大，水深又比较浅的明渠流，其经济最佳与水力最佳较为接近，而对于大断面的明渠，

例如，当 $m \geqslant 1$ 时，m/b 值小，即断面较窄较深时，其水力最佳常常不是经济最佳.

6.5.2 水力计算的基本类型

在进行明渠的水力计算时，渠槽的边坡系数 m 与粗糙系数 n 通常是已知的. 明渠流计算一般有以下三种类型.

(1) 给定渠底坡度 i_b，并已知渠槽过流断面尺寸 b 和 h，求过流能力 Q.

解决这类问题是先求出水力要素 A、χ、R 和谢才系数 c，然后按式 $Q = Av = cA\sqrt{Ri} = K\sqrt{i}$ 求得流量 $Q = cA\sqrt{Ri}$.

(2) 给定流量 Q，并已知断面的尺寸 b 和 h，求渠底坡度 i_b.

同样先求出水力要素 A、χ、R 和谢才系数 c，按式 $Q = Av = cA\sqrt{Ri} = K\sqrt{i}$ 求得渠底坡度 i_b.

(3) 给定流量 Q 及渠底坡度 i_b，求断面尺寸 b 和 h.

在用式 $Q = cA\sqrt{Ri} = K\sqrt{i}$ 解决这类问题时，因有两个未知数，可有较多的 b 和 h 值都满足这个方程. 因此，常把第三类问题分两种情况予以解决.

(i) 先给定一个值 h(或 b)，设任意值 b(或 h)，按式 $Q = Av = cA\sqrt{Ri} = K\sqrt{i}$ 用试算法算出一个 Q，如算出的 Q 值等于已知的 Q，则设计的 b(或 h)即为所求;否则重新设定 b(或 h)再算 Q，直到计算的 Q_c 和已知给定的 Q 相等为止. 一般经过3、4次计算之后，即能得到满意解答.

(ii) 假定比值 $\beta = \dfrac{b}{h}$，设任意值 h_1，h_2，$\cdots$，求出 $b_1 = \beta h_1$，$b_2 = \beta h_2$，$\cdots$，按式 $Q = Av = cA\sqrt{Ri} = K\sqrt{i}$ 计算的流量与已知流量进行比较，用选择法或借助曲线 $K = f(h)$ 或 $Q = f(h)$，求出满足已知流量时的水深 h 值.

例 6.7 已知明渠过流量 $Q = 0.2\mathrm{m}^3/s$，渠底坡度 i_b=0.005，边坡系数 m=1.0，粗糙系数 n=0.012，断面为梯形，确定水力最佳断面尺寸 b 和 h.

解 求流量模数

$$K = \frac{Q}{\sqrt{i}} = \frac{0.2}{\sqrt{0.005}} = 0.283(\mathrm{m}^3/s)$$

当 m=1.0 时，由表 6-9 查得梯形水力最佳断面时的 α =1.83、β =0.83，按式(6-22)、式(6-24)和式(6-26)计算得

$$A = \alpha h^2 = 1.83h^2$$

$$b = 2h\left(\sqrt{1 + m^2} - m\right) = \beta h = 0.83h$$

$$R = \frac{h}{2}$$

因为 $K = cA\sqrt{R}$ ，采用试算法，假定一水深 h，计算相应的 K 值，并把计算的 K 值与已知的流量模数值 $K = 2.8\text{m}^3/\text{s}$ 比较，计算结果列于表 6-10.

表 6-10　明渠水深与流量模数计算表

h/m	$b=0.83h/\text{m}$	$A=1.83h^2/\text{m}^2$	$R=\dfrac{h}{2}/\text{m}$	谢才系数 c (按巴甫洛夫斯基公式)	$K_D = cA\sqrt{R}$ $/(\text{m}^3/\text{s})$
0.20	0.166	0.0732	0.100	66.6	1.54
0.25	0.208	0.114	0.125	68.7	2.76
0.30	0.249	0.165	0.150	70.5	4.51

由表 6-10 可见，$h=0.25\text{m}$ 时，计算的流量模数 $K_D \approx K$. 或将表 6-10 计算结果画成水深与流量模数曲线，如图 6-15 所示. 沿横坐标取 $K=2.8$ 时，相应纵坐标 $h=0.25\text{m}$ 即为所求. 因而此梯形水力最佳断面尺寸为

$$h = 0.25\text{m}，\quad b = 0.83h = 0.21\text{m}$$

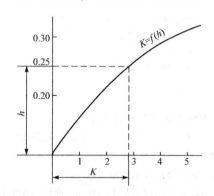

图 6-15　明渠水深与流量模数计算关系曲线

<h1 align="center">习　题　6</h1>

6.1　如图 6-16 所示的一等直径铸铁输水管($\Delta = 0.4\text{mm}$)，管长 $l=100\text{m}$，管径 $d=500\text{mm}$，水流在阻力平方区. 已知进口局部阻力系数为 0.5，出口为 1.0，每个折弯的局部阻力系数 $\zeta=0.3$，上、下游水位差 $H=5\text{m}$，求通过管道的流量 Q.

6.2　水从高位水池流向低位水池，如图 6-17 所示. 已知水面高差为 $H=12\text{m}$，管长 $l=300\text{m}$，水管直径为 100mm 的清洁钢管. 问：水管中流量为多少?当流量为 $Q=150\text{m}^3/\text{h}$ 时，水管的直径应该多大?

6.3　两水池间的水位差恒定为 40m，被一根长为 3000m，直径为 200mm 的铸铁管连通，不计局部水头损失，求由上水池泄入下水池的流量 Q.

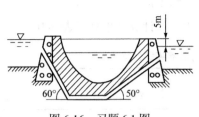

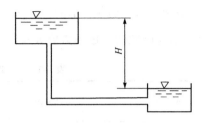

图 6-16　习题 6.1 图　　　　　　　图 6-17　习题 6.2 图

6.4　如图 6-18 所示,设输水管路的总作用水头 H=12m,管路上各管段的管径和管长分别为:
$d_1 = 250\text{mm}$,$l_1 = 1000\text{m}$,$d_2 = 200\text{mm}$,$l_2 = 650\text{m}$,$d_3 = 150\text{mm}$,$l_3 = 750\text{m}$. 试求各管段中的损失水头,并作出测压管水头线. 管子为清洁管,局部损失忽略不计.

6.5　如图 6-19 所示的并联管路,流量 $Q_1 = 50\text{L/s}$,$Q_2 = 30\text{L/s}$,管长 $l_1 = 1000\text{m}$,$l_2 = 500\text{m}$,管径 $d_1 = 200\text{mm}$,管子为清洁管,问管径 d_2 应为多少?

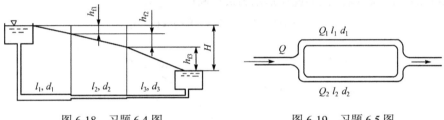

图 6-18　习题 6.4 图　　　　　　　图 6-19　习题 6.5 图

6.6　如图 6-20 所示,水由水塔 A 流出至 B 点后有三支管路,至 C 点又合三为一,最后流入水池 D,各管段尺寸分别为 $d_1 = 300\text{mm}$,$l_1 = 500\text{m}$,$d_2 = 250\text{mm}$,$l_2 = 300\text{m}$,$d_3 = 400\text{mm}$,$l_3 = 800\text{m}$,$d_{AB} = 500\text{mm}$,$l_{AB} = 800\text{m}$,$d_{CD} = 500\text{mm}$,$l_{CD} = 400\text{m}$. 管子为正常情况,流量在 B 点为 250L/s,试求全段管路的损失水头.

6.7　一连续出流管路,长 10m,其通过流量为 35L/s,连续分配流量为 30L/s. 管子为正常管,当水头损失为 4.5m 时,其管径应为多少?

6.8　水塔 A 中其表面相对压强 $p_0 = 1.313 \times 10^5 \text{Pa}$,水经水塔 A 通过不同断面的管道流入开口水塔 B 中,如图 6-21 所示. 设两水塔的水面差 H=8m,各管段的管径和长度分别为:$d_1 = 200\text{mm}$,$l_1 = 200\text{m}$,$d_2 = 100\text{mm}$,$l_2 = 500\text{m}$. 管子为正常管,仅计阀门所形成的局部阻力,试求水的流量 Q.

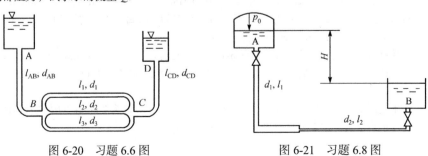

图 6-20　习题 6.6 图　　　　　　　图 6-21　习题 6.8 图

6.9　水泵站用一根管径为 60cm 的输水管时，沿程水头损失为 27m. 为了降低水头损失，取另一根相同长度的管道与之并联，并联后水头损失降为 9.6m，假定两管的沿程阻力系数相同，两种情况下的总流量不变，问新加的管道的直径是多少?

6.10　如图 6-22 所示，两水池的水位差 $H=24\text{m}$，$l_1=l_2=l_3=l_4=100\text{m}$，$d_1=d_2=d_4=100\text{mm}$，$d_3=200\text{mm}$，沿程阻力系数 $\lambda_1=\lambda_2=\lambda_4=0.025$，$\lambda_3=0.02$，除阀门外，其他局部阻力忽略. (1)阀门局部阻力系数 $\zeta=30$，试求管路中的流量; (2)如果阀门关闭，求管路流量.

6.11　一枝状管网如图 6-23 所示，已知点 5 较水塔地面高 2m，其他供水点与水塔地面标高相同，各点要求自由水头为 8m，管长: $l_{1\text{-}2}=200\text{m}$，$l_{2\text{-}3}=350\text{m}$，$l_{1\text{-}4}=300\text{m}$，$l_{4\text{-}5}=200\text{m}$，$l_{0\text{-}1}=400\text{m}$，管道采用铸铁管，试设计水塔高度.

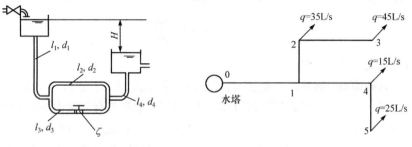

图 6-22　习题 6.10 图　　　　　　图 6-23　习题 6.11 图

6.12　已知某水处理厂的供水管路为枝状管网，如图 6-24 所示. 已知各管段的长度为 $l_1=100\text{m}$，$l_2=50\text{m}$，$l_3=100\text{m}$，$l_4=60\text{m}$，$l_5=200\text{m}$. 各点高程为 $z_1=165\text{m}$，$z_2=167\text{m}$，$z_D=168\text{m}$，$z_3=170\text{m}$，$z_C=171\text{m}$，$z_B=175\text{m}$. 需要的流量为: 点 1，$Q_1=10\text{L/s}$; 点 2、3，$Q_2=Q_3=5\text{L/s}$. 要求给水管出口的自由水头分别为 $h_1=20\text{m}$，$h_2=18\text{m}$，$h_3=15\text{m}$. 试计算该管网各段管径及所需水塔高度(按正常管计算).

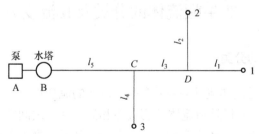

图 6-24　习题 6.12 图

6.13　一刨光矩形木质明渠，底宽 $b=0.5\text{m}$，渠底坡度 $i_b=0.0005$，水深为 $h=0.2\text{m}$，求过流能力 Q 及断面平均流速 v.

6.14　试求流量 $Q=3.5\text{L/s}$，坡度 $i=0.0055$ 的金属集流暗管的直径及管内流速.

6.15　证明梯形水力最佳断面的两边和底边共圆.

6.16　梯形断面明渠，已知 $Q=0.2\text{m}^3/\text{s}$，$i=0.0001$，$m=1.0$，$n=0.02$，求水力最佳断面尺寸.

6.17　矩形混凝土明渠，已知 $Q=0.1\text{m}^3/\text{s}$，$i=0.0001$，设计水力最佳断面.

第 7 章　非牛顿流体的流动

　　水、空气和润滑油等是化学结构比较简单的低分子流体,其运动遵循牛顿内摩擦定律,即剪切应力 τ 与流速梯度 du/dy 呈线性关系,如下式所示:

$$\tau = \pm \mu \frac{du}{dy}$$

这一类流体称为牛顿流体.

　　含蜡原油、钻井液、油漆、高分子熔体和溶液、生物流体(动物关节液、血液、植物黏液等)、乳浊液及悬浮液(如矿山充填料浆)等具有复杂内部结构的流体,其流动一般不服从牛顿内摩擦定律,因而称为非牛顿流体. 只有牛顿流体才具有一种可以严格地称之为黏度的概念,所有非牛顿流体都需要两个或两个以上参数来描述其黏稠特性. 但为了方便起见,引入表观黏度(或称视黏度) η 来近似描述非牛顿流体的黏稠特性.

$$\eta = \frac{\tau}{du/dy}$$

7.1　非牛顿流体的分类及其流变方程

7.1.1　非牛顿流体的分类

　　流变学研究的是流体流动与变形特征. 流体的流变性可以采用流变方程和流变曲线来描述. 流变方程是指流体剪切应力和流速梯度之间的关系方程,也称为本构方程,它只取决于流体本身的性质,是研究流动问题的前提条件,对流动问题的解具有实质性的影响. 由于影响流体性质的因素比较复杂,通常采用实验的方法建立剪切应力与流速梯度之间的关系曲线(称为流变曲线). 按流变曲线结合理论分析,可以建立不同类型流体的流变方程.

　　按照剪切应力与变形率之间的关系,可将流体分为牛顿流体和非牛顿流体. 根据不同的流变性,可将非牛顿流体分为三类:流变性与时间无关的流体;流变性与时间有关的流体;黏弹性流体. 黏性流体的具体分类如表 7-1 所示.

表 7-1　黏性流体的分类

黏性流体	纯黏性流体	与时间无关的	牛顿流体	非牛顿流体
			假塑性流体	
			膨胀性流体	
			宾厄姆流体(塑性流体)	
			屈服-假塑性流体	
			屈服-膨胀性流体	
		与时间有关的	触变性流体	
			震凝性流体	
	黏弹性流体		多种类型	

7.1.2　与时间无关的纯黏性非牛顿流体

1. 塑性流体

这一类的流体有钻井液、油漆、稀润滑脂和牙膏等. 它需要有一定的剪切应力才开始流动, 而当超过启动应力之后, 剪切应力与流速梯度呈线性关系. 原因是这类流体的结构性较强, 加力后不能立即改变其牢固的网状结构, 所加的力必须足以破坏其结构性, 使其产生剪切变形, 流体才会开始流动. 其流变曲线如图 7-1 中的曲线 2 所示.

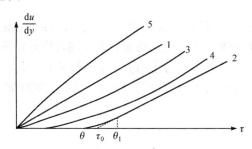

图 7-1　几种流体的流变曲线

1-牛顿流体；2-塑性流体；3-假塑性流体；4-屈服-假塑性流体；5-膨胀性流体

图中 θ 为开始发生流动时需要克服的切应力, 称为极限静切应力. τ_0 为直线段延长线与横轴交点处的虚拟切应力, 是为计算方便而采用的, 称为极限动切应力. 而 θ_1 是曲线段与直线段交点所对应的切应力, 称为极限切应力上限值. 极限静切应力亦称屈服值(或屈服应力).

这种类型的非牛顿流体, 由于其结构性较强, 流动后经过短时间的静止, 其结构将会得到恢复.

根据塑性流体的流变曲线,可以写出如下关系式:

$$\tau = \tau_0 + \eta_p \frac{du}{dy} \tag{7-1}$$

式中, η_p 称为结构黏度(或塑性黏度). 式(7-1)称为宾厄姆(Bingham)方程,符合宾厄姆方程的流体称为宾厄姆流体,塑性流体也称为宾厄姆流体. 宾厄姆流体的表观黏度为

$$\eta = \frac{\tau}{du/dy} = \frac{\tau_0}{du/dy} + \eta_p$$

由此可以看出,宾厄姆流体的表观黏度是随流速梯度而变化的.

2. 幂律流体

幂律流体可分为假塑性流体和膨胀性流体.

(1) 假塑性流体

这种流体在很小的剪切应力作用下即开始运动,随着剪切速率的增加,其表观黏度下降,即所谓剪切变稀特性. 其流变曲线如图 7-1 中的曲线 3 所示. 多数高分子溶液、乳状液及悬浮液属于假塑性流体. 这类非牛顿流体的结构性较弱,溶液中的大分子或固液混合体中的细颗粒形成松散的集合体,在剪切应力的作用下,网状结构被破坏,大分子或细颗粒被分散开,随着剪切作用的加强而使流动速度加快.

(2) 膨胀性流体

膨胀性流体与假塑性流体相比很少遇见,表面活性剂溶液及固体含量较高的悬浮液(如淀粉糊、石灰浆、适当比例的水和砂子混合物等),属于膨胀性流体. 膨胀性流体在一个无限小的剪切应力作用下就能开始流动,其剪切应力是随剪切速率的增加而增加的,即它属于剪切增稠型流体. 其流变曲线如图 7-1 中的曲线 5 所示.

幂律流体的流变方程为

$$\tau = K\left(\frac{du}{dy}\right)^n \tag{7-2}$$

式中, K 为稠度系数,取决于流体的性质,其国际单位为 $Pa \cdot s^n$; n 为流变指数(或称流性指数),量纲为一,其值的大小表征了该流体偏离牛顿流体的程度.

对于假塑性流体, $n < 1$;对于膨胀性流体, $n > 1$;对于牛顿流体, $n = 1$.

满足幂律方程的流体也称为幂律流体. 幂律流体的表观黏度为

$$\eta = \frac{\tau}{du/dy} = K\left(\frac{du}{dy}\right)^{n-1}$$

3. 屈服-假塑性流体和屈服-膨胀性流体

有些物料很像塑性流体的特性，表现出屈服应力，但流动起始后，剪切应力与其流速梯度之间的关系却是非线性的，其流变曲线凸向剪切应力轴，表现出这一特性的流体称为屈服-假塑性流体，如图 7-1 中的曲线 4 所示. 另外一种不太常见的情况是曲线凹向剪切应力轴，称为屈服-膨胀性流体.

具有屈服应力的幂律方程适用于屈服-假塑性流体和屈服-膨胀性流体，其流变方程为

$$\tau = \tau_0 + K\left(\frac{\mathrm{d}u}{\mathrm{d}y}\right)^n \tag{7-3}$$

式(7-3)是具有普遍适用性的流变模式，它也适用于塑性流体，此时 $K = \eta_p$，$n = 1$. 若 $\tau_0 = 0$，$K = \mu$，$n = 1$，则式(7-3)变为描述牛顿流体的流变方程.

7.1.3 与时间有关的非牛顿流体

1. 触变性流体和震凝性流体

与时间有关的非牛顿流体的结构随剪切作用而改变，但其结构的调整是在瞬时完成的，因而其表观黏度只随剪切速率而改变. 有些流体的表观黏度不仅是剪切速率的函数，还与其受剪切作用的时间有关. 这类物质体系的结构对剪切作用十分敏感，其结构的调整却相当缓慢，流变性质也随时间而变化，直到新的平衡结构形成为止. 该物质系统中的结构在不断地形成，同时也在不断地遭到破坏. 所谓平衡结构，是指结构的形成速度与其被破坏的速度相等，也就是一种动平衡状态. 与时间有关的纯黏性非牛顿流体包括触变性流体和震凝性流体.

触变性流体在恒定剪切速率下的表观黏度(或剪切应力)随剪切时间而变小，经过一段时间 t_0 后，形成平衡结构，表观黏度趋近于常数，如图 7-2 所示.

某些低温原油、黏土悬浮液、凝胶及某些高分子聚合物熔体或溶液属于触变性流体，涂料、印刷油墨、番茄酱等很多流体也显示触变性. 在工程上，可加入某种称为触变剂的物质而使流体具有触变性，触变剂能使高黏性的树脂在外力作用下(如搅拌、涂刷等)变成易流动液体，而当外力消失时又很快恢复到高黏性不流动的状态. 这一性质适用于涂刷大型制件，尤其是在垂直面上的涂刷.

震凝性流体与触变性流体相反，在恒定的剪切速率下表观黏度随时间而增大，一般也在一定时间后达到结构上的动平衡状态，如图 7-3 所示. 震凝性流体在工程上较少遇到.

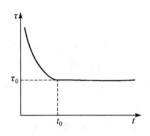 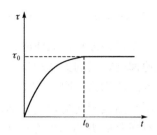

图 7-2 触变性流体剪切应力随时间的变化　　图 7-3　震凝性流体剪切应力随时间的变化

2. 黏弹性流体

黏弹性流体可以认为是纯黏性流体和达到其屈服应力之前能完全恢复其形变的纯弹性固体之间的物质. 黏弹性流体既具有部分弹性恢复效应，又具有与时间无关及与时间有关的两大类非牛顿流体的黏性效应，它是最一般的流体. 某些浓度下的聚丙烯酰胺水溶液属于黏弹性流体.

3. 黏弹性流体的一些奇特现象

1) 魏森贝格(Weissenberg)效应

当将一支快速旋转的圆棒插入牛顿流体时，在圆棒周围会形成一个凹形液面. 若将此旋转着的圆棒插入黏弹性流体，则流体有沿着旋转圆棒向上爬的趋势，如图 7-4 所示. 魏森贝格于 1944 年在英国帝国理工学院公开演示了这一有趣的实验，因此，这一现象被称为魏森贝格效应，俗称爬杆效应.

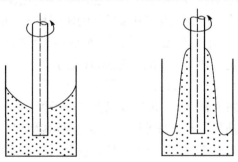

图 7-4　魏森贝格效应

2) 挤出胀大和弹性恢复效应(巴勒斯(Barus)效应)

对于黏度相当的牛顿流体和黏弹性流体，当它们分别从大容器中通过直径为 D 的细圆管流出时，牛顿流体形成射流收缩，而黏弹性流体的流束直径 D_e 比圆管内径要大，如图 7-5 所示，这一现象称为挤出胀大效应或巴勒斯效应. 当突然停止挤出，并剪断挤出物时，挤出物会发生回缩，称为弹性恢复效应.

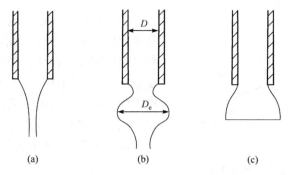

图 7-5　黏弹性流体的挤出胀大和弹性恢复
(a) 甘油的射流收缩；(b) 挤出胀大；(c) 弹性恢复

3) 无管虹吸现象

无管虹吸现象是黏弹性流体具有高拉伸黏度的作用结果. 在牛顿流体的虹吸实验中，当虹吸管提离液面，虹吸就停止了. 而有些黏弹性流体很容易表演无管虹吸实验，即使把虹吸管提得很高，液体还能从杯中吸起，如图 7-6 所示.

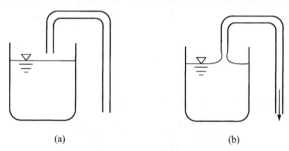

图 7-6　无管虹吸现象
(a) 牛顿流体；(b) 黏弹性流体

7.2　非牛顿流体的结构流

类似于牛顿流体的流动特征，非牛顿流体的流动也可以按照质量守恒、受力平衡和能量守恒规律，引入不同的流变关系，推导出相应的连续性方程、运动方程和能量方程. 非牛顿流体也具有层流和紊流两种流动状态，只是由于有些非牛顿流体具有结构性的特征，使得其层流发展过程与牛顿流体的层流有所不同.

7.2.1　塑性流体管流受力分析

以塑性流体在圆管中的流动为例，当作用在流体上的外力小于或等于极限静切应力时，流体处于静平衡状态；当作用在流体上的外力超过极限静切应力时，流体开始流动，即处于动平衡状态.

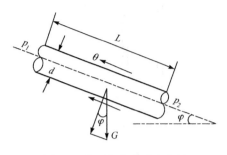

图 7-7　静平衡状态受力分析

静平衡状态一般指流体在压力、重力和阻力作用下的平衡. 如图 7-7 所示的倾斜管路中的塑性流体,当管路倾角大到一定程度时,作用在流体上的压力、重力和极限静切应力造成的阻力达到极限平衡状态,倾角再增大流体就会流动.

根据图 7-7 可建立如下力平衡关系:

$$(p_1 - p_2)\frac{\pi}{4}d^2 + G\sin\varphi = \theta\pi dL \tag{7-4}$$

式中,p_1、p_2 为液柱两端的压强;d 为液柱直径;L 为液柱长度;φ 为管路倾角;θ 为极限静切应力;G 为液柱受到的重力,$G = \rho g\frac{\pi}{4}d^2 L$;$\rho$ 为流体密度.

整理式(7-4),可得

$$\theta = \frac{(p_1 - p_2)d}{4L} + \frac{\rho g d}{4}\sin\varphi$$

或

$$\sin\varphi = \frac{4\theta}{\rho g d} - \frac{(p_1 - p_2)}{\rho g L}$$

若管路水平放置,即 $\varphi = 0°$,$\sin\varphi = 0$,则

$$\theta = \frac{(p_1 - p_2)d}{4L} = \frac{(p_1 - p_2)R}{2L} \tag{7-5}$$

式中,R 为管子半径.

根据上述分析,可利用图 7-8 所示的 U 形管,自其右端加入塑性流体,测定塑性流体的极限静切应力 θ. U 形管中的流体在极限状态下具有如下力平衡关系:

$$\rho g\frac{\pi}{4}d^2 h = \theta\pi dL$$

式中,h 为 U 形管右端加入塑性流体的极限高度;L 为 U 形管内液柱总长(可忽略管子曲度,按中心线计).

于是

$$\theta = \frac{\rho g d h}{4L} \quad 或 \quad h = \frac{4L\theta}{\rho g d}$$

由此可以看出,连通器中的两液面高差与塑性流体性质、连通器形状及尺寸均有关,这一现象与牛顿流体的特点完全不同.

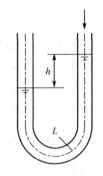

图 7-8　用 U 形管测定极限静切应力

7.2.2　结构流

当作用在流体上的外力超过极限静切应力造成的阻力时，塑性流体便开始流动. 为了简便起见，取水平管路中的流体进行分析，其极限静切应力满足式(7-5). 今将流体开始流动时外界所施加的压差记为 $\Delta p_0 = p_1 - p_2$，以极限动切应力 τ_0 代替极限静切应力 θ，这样便于采用宾厄姆方程处理问题. 于是有

$$\tau_0 = \frac{\Delta p_0 R}{2L}$$

或

$$\Delta p_0 = \frac{2L\tau_0}{R}$$

在极限状态下，半径为 R 处(管壁)的流体推动力 $\Delta p_0 \pi R^2$ 超过了由极限动切应力所产生的阻力 $\tau_0 2\pi RL$，故仅在管壁处的塑性流体产生形变(开始流动)，而半径小于 R 处的流体仍然处于相对静止状态. 若不增大压差，则半径 R 以内的流体仍紧聚在一起，此种流态称为塞流，如图 7-9 所示. 塞流中各流层速度相同，没有流速梯度.

当水平管路两端的压差大于 Δp_0 时，管壁附近的各流层依次开始流动，使得管路中心的流体以相同的速度，像圆柱体一样向前运动，这部分流体称为流核. 流核内部的流层间没有相对运动，具有流核的流体流动称为结构流. 流核以外的部分各流层间速度不同，具有流速梯度，称为流速梯度区. 随着管路两端压差的增大，流速梯度区逐渐扩大，而流核逐渐变小直至消失，形成与牛顿流体类似的层流. 如果压差继续增大,则管路中的塑性流体将转化为紊流流动状态. 由塞流直到形成紊流前的整个区域都称为结构流，如图 7-10 所示. 由此可见，塞流和层流是结构流的两个极端情况.

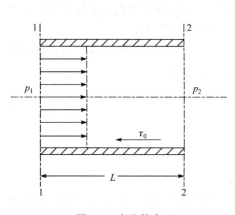

图 7-9　塞流状态

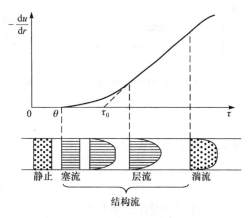

图 7-10　塑性流体流态转化过程

具有屈服应力的非牛顿流体都可以分为结构流和紊流两种流动状态. 对于不具有屈服应力的非牛顿流体, 其流态仍划分为层流和紊流两种状态. 划分结构流和紊流或层流和紊流的标准, 一般仍用雷诺数, 但此时雷诺数的表达式与牛顿流体时的有所不同, 这将在后面讨论.

类似于牛顿流体的层流, 非牛顿流体的结构流或层流, 可以完全从理论分析得出流速分布、阻力分布、流量、平均流速及沿程水头损失等的表达式. 而对于紊流, 则必须依靠实验进行分析.

7.3　塑性流体的流动规律

塑性流体在圆管中的定常流动可以划分为结构流和紊流两种流动状态. 本节根据流体受力平衡的关系, 分析塑性流体结构流的阻力、流速分布以及流量和压降的关系, 进而找出判别塑性流体流态的雷诺数和计算沿程水头损失的表达式.

7.3.1　结构流状态下圆管内的流量和压降

在一定的压差作用下, 塑性流体沿水平圆管作定常结构流, 如图 7-11 所示. 设管子半径为 R, 流核半径为 r_0, 取流速梯度区任意半径 r 的一段液柱进行受力分析. 半径 r 处的流速为 u, 内摩擦应力为 τ, 液柱两端的压差为 $\Delta p = p_1 - p_2$, 其受力平衡关系为

$$\Delta p \pi r^2 = \tau 2\pi r L$$

因此

$$\tau = \frac{\Delta p r}{2L} \tag{7-6}$$

式(7-6)表明, 在流速梯度内, 单位面积上的摩擦阻力与半径呈线性关系.

当 $r = r_0$, 即在流核表面上时, 可得到极限动切应力的表达式

$$\tau_0 = \frac{\Delta p r_0}{2L} \tag{7-7}$$

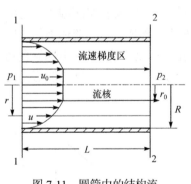

图 7-11　圆管中的结构流

据此可确定流核半径

$$r_0 = \frac{2L\tau_0}{\Delta p}$$

由此可以看出, 流核半径与所施加的压差成反比, 即压差越大, 流核半径越小, 当压差达到一定程度后, 流核必将消失. 上述结果还表达出了极限动切应力 τ_0

与压差 Δp 的关系.

将宾厄姆方程

$$\tau = \tau_0 + \eta_p \left(-\frac{du}{dr} \right) = \tau_0 - \eta_p \frac{du}{dr}$$

中的 τ 和 τ_0 分别代之以式(7-6)和式(7-7), 则

$$\frac{\Delta p r}{2L} = \frac{\Delta p r_0}{2L} - \eta_p \frac{du}{dr}$$

$$du = \frac{\Delta p}{2L\eta_p}(r_0 - r)dr$$

对上式积分, 从管壁到流速梯度区的任意点处($R \rightarrow r$), 流速从 0 变化到 u, 则

$$u = \int_0^u du = \int_R^r \frac{\Delta p}{2L\eta_p}(r_0 - r)dr = \int_r^R \frac{\Delta p}{2L\eta_p}(r - r_0)d(r - r_0)$$

即

$$u = \frac{\Delta p}{4L\eta_p}\Big[(R - r_0)^2 - (r - r_0)^2 \Big]$$

上式为宾厄姆流体为结构流时流速梯度区的流速分布公式.

当 $r = r_0$ 时, 可得到流核流速 u_0, 即

$$u_0 = \frac{\Delta p}{4L\eta_p}(R - r_0)^2$$

管路中的总液流量由两部分组成, 即流核部分的流量 Q_0 和流速梯度区中的流量 Q_1, 所以总流量 $Q = Q_0 + Q_1$. 现分别计算如下:

$$Q_0 = \pi r_0^2 u_0 = \frac{\pi \Delta p}{4L\eta_p} r_0^2 (R - r_0)^2 = \frac{\pi \Delta p}{4L\eta_p}(R^2 r_0^2 - 2R r_0^3 + r_0^4)$$

$$\begin{aligned}
Q_1 &= \int_{r_0}^R u \cdot 2\pi r dr \\
&= \int_{r_0}^R \frac{\Delta p}{4L\eta_p}\Big[(R - r_0)^2 - (r - r_0)^2 \Big] \cdot 2\pi r dr \\
&= \frac{\pi \Delta p}{2L\eta_p}\left[\int_{r_0}^R (R - r_0)^2 r dr - \int_{r_0}^R (r - r_0)^2 r dr \right] \\
&= \frac{\pi \Delta p}{2L\eta_p}\left[\frac{(R - r_0)^2 (R^2 - r_0^2)}{2} - \frac{R^4 - r_0^4}{4} + \frac{2r_0(R^3 - r_0^3)}{3} - \frac{r_0^2(R^2 - r_0^2)}{2} \right]
\end{aligned}$$

$$= \frac{\pi \Delta p}{4L\eta_{\mathrm{p}}} \left(\frac{R^4}{2} - \frac{2R^3 r_0}{3} - R^2 r_0^2 + 2R r_0^3 - \frac{5r_0^4}{6} \right)$$

总流量为

$$Q = Q_0 + Q_1 = \frac{\pi \Delta p}{4L\eta_{\mathrm{p}}} \left(\frac{R^4}{2} - \frac{2R^3 r_0}{3} + \frac{r_0^4}{6} \right)$$

即

$$Q = \frac{\pi \Delta p R^4}{8L\eta_{\mathrm{p}}} \left(1 - \frac{4}{3} \frac{r_0}{R} + \frac{1}{3} \frac{r_0^4}{R^4} \right) \tag{7-8}$$

式(7-8)表达了塑性流体在结构流状态下的管路特性,即流量 Q 与压降 Δp 之间的函数关系.

当结构流的流核较小时, $r_0^4 \ll R^4$,则可忽略式(7-8)中的高次项,得

$$Q = \frac{\pi \Delta p R^4}{8L\eta_{\mathrm{p}}} \left(1 - \frac{4}{3} \frac{r_0}{R} \right) \tag{7-9}$$

7.3.2 结构流的断面平均流速和水力坡降

由式(7-9)可得到塑性流体圆管结构流的断面平均流速

$$v = \frac{Q}{\pi R^2} = \frac{\Delta p R^2}{8L\eta_p} \left(1 - \frac{4}{3} \frac{r_0}{R} \right)$$

考虑到流核半径表达式 $r_0 = \dfrac{2L\tau_0}{\Delta p}$,并用管路直径 D 取代半径 R ,上式可写成

$$v = \frac{R^2}{8\eta_{\mathrm{p}}} \left(\frac{\Delta p}{L} - \frac{4}{3} \frac{\Delta p}{L} \frac{2L\tau_0}{\Delta p R} \right) = \frac{D^2 \gamma}{32\eta_{\mathrm{p}}} \left(\frac{\Delta p}{\gamma L} - \frac{16}{3} \frac{\tau_0}{\gamma D} \right)$$

对于水平放置的圆形直管,其水力坡降为

$$i = \frac{h_{\mathrm{f}}}{L} = \frac{\Delta p}{\gamma L}$$

即

$$i = \frac{32 v \eta_{\mathrm{p}}}{\gamma D^2} + \frac{16 \tau_0}{3 \gamma D} \tag{7-10}$$

此水力坡降表达式中的第一项是牛顿流体做层流运动时由黏性阻力引起的水力坡降,第二项则可视为在结构流状态下塑性流体由于具有网状结构而引起的水力坡降. 若流体不具有网状结构,即 $\tau_0 = 0$,则式(7-10)就是牛顿流体层流流动时的水力坡降.

7.3.3　判别塑性流体流态的综合雷诺数

注意到塑性流体结构流与牛顿流体层流之间的类似性，将圆管内塑性流体结构流的水力坡降表达式(7-10)与牛顿流体层流时的水力坡降表达式

$$i = \lambda \frac{1}{D} \frac{v^2}{2g}$$

进行对比，并参照牛顿流体层流时的沿程水力摩阻系数表达式，$\lambda = \dfrac{64}{Re}$，便可得出判别塑性流体流动状态的综合雷诺数.

将式(7-10)写成

$$i = \frac{32 v \eta_{\mathrm{p}}}{\gamma D^2} \left(1 + \frac{\tau_0 D}{6 \eta_{\mathrm{p}} v} \right) = \frac{64}{\dfrac{\rho D v}{\eta_{\mathrm{p}}}} \left(1 + \frac{\tau_0 D}{6 \eta_{\mathrm{p}} v} \right) \frac{1}{D} \frac{v^2}{2g} = \frac{64}{Re_{\text{综}}} \frac{1}{D} \frac{v^2}{2g} = \lambda \frac{1}{D} \frac{v^2}{2g}$$

其中，

$$\lambda = \frac{64}{Re_{\text{综}}}$$

$$Re_{\text{综}} = \frac{\rho v D}{\eta_{\mathrm{p}} \left(1 + \dfrac{\tau_0 D}{6 \eta_{\mathrm{p}} v} \right)} \tag{7-11}$$

式中，λ 为沿程水力摩阻系数；$Re_{\text{综}}$ 称为综合雷诺数，是判别塑性流体结构流和紊流的标准. 图 7-12 给出了 λ 随 $Re_{\text{综}}$ 变化的实验结果，它表明以 $Re_{\text{综}}$ 判别塑性流体的流动状态是正确的. $Re_{\text{综}}$ 的临界值为

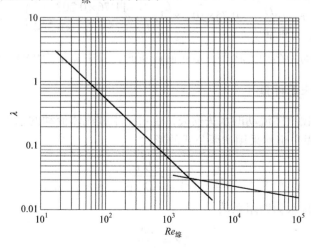

图 7-12　塑性流体的 λ 与 $Re_{\text{综}}$ 的关系曲线

$$Re_{\text{综临}}=2000$$

当 $Re_{\text{综}}<2000$ 时，流动为结构流；当 $Re_{\text{综}}>2000$ 时，流动为紊流.

塑性流体综合雷诺数表达式(7-11)与牛顿流体的雷诺数表达式 $Re=\rho v D/\mu$ 相比，多了黏度修正项 $\tau_0 D/(6\eta_p v)$，它是屈服应力 τ_0 与 6 倍平均黏性应力 $\eta_p v/D$ 的比值.

例 7.1 稠油相对密度为 0.93，结构黏度为 0.75P，极限动切应力为 11.76Pa. 当该油品沿直径 $D=203$mm，长度 $L=300$m 的管路流动时，管路两端压差为 1at，试确定流量 Q.

解 假设为结构流，则

$$Q=\frac{\pi\Delta p R^4}{8L\eta_p}\left(1-\frac{4}{3}\frac{r_0}{R}\right)$$

由于流核半径

$$r_0=\frac{2L\tau_0}{\Delta p}=\frac{2\times300\times11.76}{9.8\times10^4}=0.072(\text{m})$$

所以流量为

$$Q=\frac{3.14\times9.8\times10^4\times0.1015^4}{8\times300\times0.75\times10^{-1}}\times\left(1-\frac{4\times0.072}{3\times0.1015}\right)\approx0.00983(\text{m}^3/\text{s})=9.83(\text{L/s})$$

平均流速

$$v=\frac{Q}{\pi R^2}=\frac{0.00983}{3.14\times0.1015^2}\approx0.304(\text{m/s})$$

$$Re_{\text{综}}=\frac{\rho v D}{\eta_p\left(1+\dfrac{\tau_0 D}{6\eta_p v}\right)}=\frac{930\times0.304\times0.203}{0.75\times10^{-1}\times\left(1+\dfrac{11.76\times0.203}{6\times0.75\times10^{-1}\times0.304}\right)}\approx41.5<2000$$

因此，管中流动为结构流状态，本题假设正确，管中流量为 9.83L/s.

7.3.4 水头损失的计算

对于非牛顿流体流动的水头损失，也可用牛顿流体流动的水头损失公式来计算. 沿程水头损失仍然采用达西公式的形式

$$h_f=\lambda\frac{L}{D}\frac{v^2}{2g}$$

结构流时的沿程水力摩阻系数

$$\lambda=\frac{64}{Re_{\text{综}}}$$

对于紊流时的沿程水力摩阻系数, 根据现场资料和实验分析, 人们曾提出若干不同的经验公式, 其中常用的为

$$\lambda = \frac{0.125}{\sqrt[6]{Re_{综}}}$$

上述沿程水力摩阻系数 λ 也可由图 7-12 查得.

局部水头损失可采用下式计算:

$$h_j = \zeta \frac{v^2}{2g}$$

或

$$h_j = \lambda \frac{L_当}{D} \frac{v^2}{2g}$$

其中, 局部阻力系数 ζ 及当量长度 $L_当$ 在结构流时为变数, 一般随雷诺数的减小而增大, 而在紊流时则近似为常数. 关于这方面的经验及数据不太多, 通常需要通过实验确定. 因实验条件的差异, 所得的结果可能会有较大出入, 因而需要查阅相关的资料.

在钻井工程和采油工程中, 经常会遇到环形空间中的塑性流体流动问题. 下面考虑环形空间内的沿程水头损失, 此项计算可采用引入当量直径 $D_当$ 的办法.

$$h_f = \lambda \frac{L}{D_当} \frac{v^2}{2g}$$

式中, v 为环形空间中流体的平均流速; $D_当$ 为环形空间断面的当量直径, $D_当 = D_外 - D_内$; $D_外$ 为外管内径; $D_内$ 为内管外径.

根据宾厄姆流体在环形空间做结构流的理论分析和数学推导, 此时的综合雷诺数为

$$Re_{综环} = \frac{\rho v D_当}{\eta_p \left(1 + \dfrac{\tau_0 D_当}{8\eta_p v}\right)}$$

实验表明, $Re_{综环}$ 的临界值仍可采用 2000, 而沿程水力摩阻系数为

结构流: $\lambda = \dfrac{96}{Re_{综环}}$

紊流: $\lambda = 0.015 \sim 0.024$

当 $Re_{综环}$ 较小时，λ 取高值；当 $Re_{综环}$ 较大时，λ 取低值.

例 7.2 在钻井过程中，已知井径 $D_{当}=240\text{mm}$，钻杆外径 $D_{外}=114\text{mm}$，钻杆内径 $D_{内}=96\text{mm}$，井深 $L=1200\text{m}$. 钻井液的相对密度为 $\delta=1.3$，极限动切应力 $\tau_0=9.8\text{Pa}$，塑性黏度为 $\eta_\text{p}=10\text{cP}$，流量为 $Q=30\text{L/s}$. 试求钻井液在钻杆和环形空间中的沿程水头损失.

解 (1) 在钻杆中

$$v=\frac{4Q}{\pi D_{内}^2}=\frac{4\times30\times10^{-3}}{3.14\times0.096^2}\approx4.15(\text{m/s})$$

确定流态

$$Re_{综}=\frac{\rho vD}{\eta_\text{p}\left(1+\dfrac{\tau_0 D}{6\eta_\text{p}v}\right)}=\frac{1300\times4.15\times0.096}{10\times10^{-3}\times\left(1+\dfrac{9.8\times0.096}{6\times10^{-3}\times4.15}\right)}$$

$$\approx10839>2000 \quad（为紊流状态）$$

沿程水力摩阻系数

$$\lambda=\frac{0.125}{\sqrt[6]{Re_{综}}}=\frac{0.125}{\sqrt[6]{10839}}\approx0.0266$$

沿程水头损失

$$h_\text{f}=\lambda\frac{L}{D_{内}}\frac{v^2}{2g}=0.0266\times\frac{1200}{0.096}\times\frac{4.15^2}{2\times9.8}\approx292.2(\text{米钻井液柱})$$

(2) 在环形空间中

$$A=\frac{\pi}{4}\left(D_{井}^2-D_{外}^2\right)=\frac{3.14}{4}\times(0.24^2-0.114^2)\approx0.035(\text{m}^2)$$

$$v=\frac{Q}{A}=\frac{30\times10^{-3}}{0.035}\approx0.857(\text{m/s})$$

$$D_{当}=D_{井}-D_{外}=0.24-0.114=0.126(\text{m})$$

确定流态

$$Re_{综环}=\frac{\rho vD_{当}}{\eta_\text{p}\left(1+\dfrac{\tau_0 D_{当}}{8\eta_\text{p}v}\right)}=\frac{1300\times0.857\times0.126}{10\times10^{-3}\times\left(1+\dfrac{9.8\times0.126}{8\times10^{-3}\times0.857}\right)}$$

$$\approx738.4<2000 \quad（结构流状态）$$

沿程水力摩阻系数

$$\lambda = \frac{96}{Re_{综环}} = \frac{96}{738.4} \approx 0.13$$

沿程水头损失

$$h_f = \lambda \frac{L}{D_当} \frac{v^2}{2g} = 0.13 \times \frac{1200}{0.126} \times \frac{0.857^2}{2 \times 9.8} \approx 46.4 (\text{米钻井液柱})$$

7.4　幂律流体的流动规律

假塑性流体和膨胀性流体可用幂律方程来描述其流变特性，所以假塑性流体和膨胀性流体也通常称为幂律流体. 对于管路中的流动，流变方程可写成

$$\tau = K\left(-\frac{du}{dr}\right)^n \tag{7-12}$$

流变指数 $n < 1$ 时，适用于假塑性流体；$n > 1$ 时，适用于膨胀性流体.

对于具有屈服应力的假塑性流体或膨胀性流体，由于其存在结构流流态，因而可按塑性流体的分析方法进行研究. 本节只讨论不具有屈服应力的幂律流体.

7.4.1　层流状态下圆管内的流量和压降

由于幂律流体不具结构性，其在圆管内的阻力分布与牛顿流体完全相同. 对于水平圆管内的定常流动，其切应力在全管内都满足

$$\tau = \frac{\Delta p r}{2L}$$

将上式代入式(7-12)，即

$$\frac{\Delta p r}{2L} = K\left(-\frac{du}{dr}\right)^n$$

或

$$du = -\left(\frac{\Delta p}{2LK}\right)^{\frac{1}{n}} r^{\frac{1}{n}} dr$$

对上式积分，从管壁到轴心处 $(R \to 0)$，流速从 0 变化到 u，则

$$u = \int_0^u du = -\left(\frac{\Delta p}{2LK}\right)^{\frac{1}{n}} \int_R^0 r^{\frac{1}{n}} dr$$

即

$$u = \left(\frac{\Delta p}{2LK}\right)^{\frac{1}{n}} \frac{n}{n+1} R^{\frac{1+n}{n}} \left[1 - \left(\frac{r}{R}\right)^{\frac{1+n}{n}}\right] \tag{7-13}$$

式(7-13)为幂律流体圆管层流时的流速分布公式.

管路中的流量为

$$Q = \int_0^R u \cdot 2\pi r \mathrm{d}r$$

$$= 2\pi \left(\frac{\Delta p}{2LK}\right)^{\frac{1}{n}} \frac{n}{n+1} R^{\frac{1+n}{n}} \int_0^R r \left[1 - \left(\frac{r}{R}\right)^{\frac{1+n}{n}}\right] \mathrm{d}r$$

$$= 2\pi \left(\frac{\Delta p}{2LK}\right)^{\frac{1}{n}} \frac{n}{n+1} R^{\frac{1+n}{n}} \left[\frac{R^2}{2} - \left(\frac{1}{R}\right)^{\frac{1+n}{n}} \frac{n}{3n+1} R^{\frac{3n+1}{n}}\right]$$

$$= \pi \left(\frac{\Delta p}{2LK}\right)^{\frac{1}{n}} \frac{n}{3n+1} R^{\frac{3n+1}{n}}$$

或

$$Q = \frac{\pi n R^3}{3n+1} \left(\frac{\Delta p R}{2LK}\right)^{\frac{1}{n}} \tag{7-14}$$

式(7-14)表达了幂律流体在层流状态下的管路特性,即流量 Q 与压降 Δp 之间的函数关系.

7.4.2 断面平均流速

由式(7-14)可求得幂律流体圆管层流断面平均流速

$$\upsilon = \frac{Q}{\pi R^2} = \left(\frac{\Delta p}{2LK}\right)^{\frac{1}{n}} \frac{n}{3n+1} R^{\frac{1+n}{n}} = \frac{nR}{3n+1} \left(\frac{\Delta p R}{2LK}\right)^{\frac{1}{n}} \tag{7-15}$$

因为最大流速在管轴心处,所以将 $r = 0$ 代入式(7-13)可得

$$u_m = \left(\frac{\Delta p}{2LK}\right)^{\frac{1}{n}} \frac{n}{1+n} R^{\frac{1+n}{n}} = \frac{nR}{n+1} \left(\frac{\Delta p R}{2LK}\right)^{\frac{1}{n}} = \frac{3n+1}{n+1} \upsilon$$

或

$$\upsilon = \frac{n+1}{3n+1} u_{\mathrm{m}}$$

将式(7-13)与式(7-15)相除,可得到无因次速度分布

$$\frac{u}{\upsilon}=\frac{3n+1}{n+1}\left[1-\left(\frac{r}{R}\right)^{\frac{1+n}{n}}\right]$$

根据流变指数不同的 n 值，可以得到不同类型幂律流体的无因次速度分布. 图 7-13 是几种不同 n 值的幂律流体无因次速度分布曲线. n 值越小，流速分布越均匀；n 值越大，流速分布越不均匀. 当 $n<1$ 时，为假塑性流体的流速分布（如 $n=1/3$）；当 $n=0$ 时，为假塑性流体的极限情况，此时 $\mu=\upsilon$，可以看作是理想流体的柱塞运动；$n=1$ 为牛顿流体的抛物线速度分布；当 $n>1$ 时，为膨胀性流体的流速分布（如 $n=3$）；当 $n=\infty$ 时，为膨胀性流体的极限情况，此时的流速分布极不均匀，管中心的最大流速达到平均流速的 3 倍.

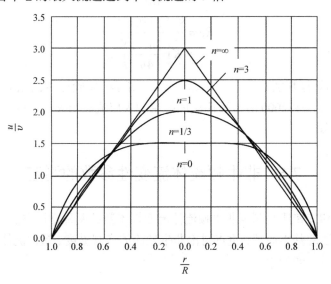

图 7-13　幂律流体无因次速度分布曲线

7.4.3　幂律流体层流流动的沿程水头损失及雷诺数

由幂律流体圆管层流断面平均流速的表达式(7-15)，可得到如下压降关系式：

$$\Delta p=\frac{2LK\upsilon^n}{\left(\dfrac{n}{3n+1}\right)^n R^{1+n}}$$

对于水平放置的圆形直管，其沿程水头损失为

$$h_{\mathrm{f}}=\frac{\Delta p}{\gamma}=\frac{2LK\upsilon^n}{\left(\dfrac{n}{3n+1}\right)^n R^{1+n}\gamma}=\frac{2K\upsilon^n\cdot 2g\upsilon^{-2}}{\left(\dfrac{n}{3n+1}\right)^n R^n\lambda\cdot\dfrac{1}{2}}\frac{L}{D}\frac{\upsilon^2}{2g}=\frac{4K\upsilon^{n-2}}{\left(\dfrac{n}{3n+1}\right)^n\left(\dfrac{D}{2}\right)^n\dfrac{\rho}{2}}\frac{L}{D}\frac{\upsilon^2}{2g}$$

$$= \frac{64}{\dfrac{\left(\dfrac{4n}{3n+1}\right)^n D^n \rho \cdot 8}{K\upsilon^{n-2} \cdot 2^{3n}}} \frac{L}{D} \frac{\upsilon^2}{2g} = \frac{64}{\dfrac{8^{1-n}\rho D^n \upsilon^{2-n}}{K\left(\dfrac{3n+1}{4n}\right)^n}} \frac{L}{D} \frac{\upsilon^2}{2g}$$

参照牛顿流体层流流动的沿程水头损失，有

$$h_f = \frac{64}{Re}\frac{L}{D}\frac{\upsilon^2}{2g} = \lambda \frac{L}{D}\frac{\upsilon^2}{2g}$$

其中

$$\lambda = \frac{64}{Re}$$

$$Re = \frac{8^{1-n}\rho D^n \upsilon^{2-n}}{K\left(\dfrac{3n+1}{4n}\right)^n} \tag{7-16}$$

式(7-16)就是判别幂律流体流动状态的雷诺数. 实验证明，该雷诺数的临界值仍为 2000. 当 $Re \leqslant 2000$ 时，幂律流体的流动为层流；当 $Re > 2000$ 时，幂律流体处于紊流状态.

7.5 非牛顿流体流变性参数的测定

细管法和旋转法是测定非牛顿流体流变性参数的两种常用方法. 本节主要分析这两种方法的基本原理，重点讨论非牛顿流体表观黏度、塑性流体 τ_0 和 η_p 以及幂律流体 K 和 n 的测定.

7.5.1 细管法测定塑性流体的流变参数

利用塑性流体在管路中的结构流特性，能测定塑性流体的流变参数. 毛细管黏度计的工作原理如图 7-14 所示，毛细管实验长度为 L，半径为 R，实验段压差为 $\Delta p = p_1 - p_2$. 当塑性流体在管中流动时，测定不同压差 Δp 下对应的流量 Q，然后绘制流量 Q 与压差 Δp 的关系曲线，如图 7-15 所示.

塑性流体在毛细管中处于结构流状态，图 7-15 中显示出当流量较小时，Q 与 Δp 呈曲线关系；当流量较大时，Q 与 Δp 呈直线关系.

根据塑性流体结构流 Q 与 Δp 的关系

$$Q = \frac{\pi\Delta p R^4}{8L\eta_p}\left(1 - \frac{4}{3}\frac{r_0}{R}\right)$$

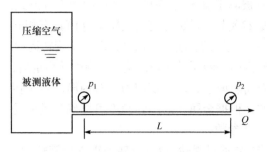

图 7-14 毛细管黏度计的工作原理

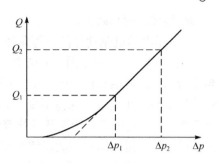

图 7-15 流量 Q 与压差 Δp 的关系曲线

考虑到流核半径

$$r_0 = \frac{2L\tau_0}{\Delta p}$$

Q 与 Δp 的关系可写成

$$Q = \frac{\pi R^4}{8L\eta_p}\left(\Delta p - \frac{8}{3}\frac{L\tau_0}{R}\right) \tag{7-17}$$

分别将 Q_1 和 Δp_1 及 Q_2 和 Δp_2 代入式(7-17)，并将两式相减得

$$Q_2 - Q_1 = \frac{\pi R^4}{8L\eta_p}(\Delta p_2 - \Delta p_1)$$

整理上式可得塑性流体的结构黏度为

$$\eta_p = \frac{\pi R^4}{8L}\frac{\Delta p_2 - \Delta p_1}{Q_2 - Q_1}$$

确定结构黏度后，可通过式(7-17)求出极限动切应力

$$\tau_0 = \frac{3R}{8L}\left(\Delta p - \frac{8L\eta_p Q}{\pi R^4}\right)$$

应当指出，塑性流体流变参数的细管法测定原理是基于其在圆管中的结构流流动规律，因此，必须注意实验过程是否符合结构流条件，这可通过计算综合雷诺数来判断.

7.5.2 旋转法测定流变参数

旋转黏度计常用来测定牛顿流体的黏度或非牛顿流体的表观黏度，也可用于测定非牛顿流体的其他流变参数，例如，塑性流体的 τ_0 和 η_p 以及幂律流体的 K 和 n 等.

1. 旋转黏度计基本结构

最常见的旋转黏度计采用同轴圆筒式的结构，它由两个同轴心不同直径的垂直圆筒构成，两圆筒的环形空间充满着被测定流体. 这种黏度计有两种设计形式.

(1) 用电动机驱动外筒以等角速度 Ω 旋转. 紧贴外筒的液层与外筒具有相同的角速度 Ω，位于它里面的液层由于流体黏性的影响而被依次带动产生旋转运动. 越靠近内筒的液层其角速度越小，紧贴内筒的液层其角速度为零. 待运动稳定后，各液层的旋转角速度将保持不变. 在内筒表面上，产生切应力，对内筒产生了扭转力矩. 内筒是用弹性金属丝悬挂着的，根据金属丝的扭转角度可以确定其所受的扭转力矩，进而求得被测流体的流变性参数.

(2) 外圆筒固定，内圆筒借助于重物，并通过滑轮，以等旋转力矩进行旋转. 此时，只要测量内圆筒的旋转角速度，便可求得被测流体的流变性参数.

2. 流变性测量原理

以上述第(1)种设计形式的旋转黏度计为例，分析其流变参数的测量原理.

设外圆筒以等角速度 Ω 旋转，内圆筒用弹性金属丝悬挂着，可以通过测定扭角 φ，按下式计算旋转力矩 M：

$$M = C\varphi$$

式中，C 为金属丝常数，相当于金属丝扭转 $1°$ 时的旋转力矩；φ 为金属丝的扭转角度.

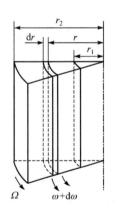

图 7-16　流体扇形一角

设内圆筒外半径为 r_1，外圆筒内半径为 r_2，内圆筒高度为 h. 在环空流体中任意半径 r 处，取一无限薄的液层，其厚度为 dr，此薄层内壁的角速度为 ω，外壁的角速度为 $\omega+d\omega$，如图 7-16 所示. 根据力矩平衡原理可知，半径 r 处圆柱面上的剪切力矩 M 与切应力 τ 之间，存在如下关系：

$$M = 2\pi rh\tau \cdot r = 2\pi r^2 h\tau$$

故

$$\tau = \frac{M}{2\pi r^2 h} \tag{7-18}$$

考虑塑性流体的流变方程

$$\tau = \tau_0 + \eta_p \frac{du}{dr} \tag{7-19}$$

此时的流速梯度 $du/dr > 0$，又因

$$du \approx rd\omega \tag{7-20}$$

将式(7-18)、式(7-20)代入式(7-19)，整理得

$$d\omega = \frac{M}{2\pi h\eta_p} \frac{dr}{r^3} - \frac{\tau_0}{\eta_p} \frac{dr}{r} \tag{7-21}$$

在内、外圆筒间对式(7-21)积分

$$\int_0^\Omega d\omega = \frac{M}{2\pi h\eta_p}\int_{r_1}^{r_2}\frac{dr}{r^3} - \frac{\tau_0}{\eta_p}\int_{r_1}^{r_2}\frac{dr}{r}$$

结果为

$$\Omega\eta_p = \frac{M(r_2^2 - r_1^2)}{4\pi h r_1^2 r_2^2} - \tau_0 \ln\frac{r_2}{r_1}$$

为了求得塑性流体的极限动切应力 τ_0 和塑性黏度 η_p，必须测定两个角速度下的剪切力矩. 如果当外筒角速度为 Ω_1 时，剪切力矩为 M_1；当角速度为 Ω_2 时，剪切力矩为 M_2，则可得

$$\left.\begin{aligned}\Omega_1\eta_p &= \frac{M_1(r_2^2 - r_1^2)}{4\pi h r_1^2 r_2^2} - \tau_0 \ln\frac{r_2}{r_1}\\[2mm]\Omega_2\eta_p &= \frac{M_2(r_2^2 - r_1^2)}{4\pi h r_1^2 r_2^2} - \tau_0 \ln\frac{r_2}{r_1}\end{aligned}\right\} \tag{7-22}$$

两式相减得

$$\eta_p = \frac{(r_2^2 - r_1^2)}{4\pi h r_1^2 r_2^2}\frac{M_2 - M_1}{\Omega_2 - \Omega_1} \tag{7-23}$$

求得 η_p 后，代回方程组(7-22)中的任一式，便可求出 τ_0 的值. 为了提高精确度，消除误差，可将式(7-23)分别代回式(7-22)中的两式，再相加求出 τ_0 的平均值，即

$$2\tau_0 \ln\frac{r_2}{r_1} = \frac{(r_2^2 - r_1^2)}{4\pi h r_1^2 r_2^2}\left[(M_1 + M_2) - (\Omega_1 + \Omega_2)\frac{M_2 - M_1}{\Omega_2 - \Omega_1}\right]$$

化简后得

$$\tau_0 = \frac{r_2^2 - r_1^2}{4\pi h r_1^2 r_2^2}\frac{\Omega_2 M_1 - \Omega_1 M_2}{(\Omega_2 - \Omega_1)\ln(r_2/r_1)} \tag{7-24}$$

对一定的黏度计而言，r_1、r_2 和 h 为定值，故当测得 Ω_1、Ω_2 和相应的 M_1、M_2 后，根据式(7-23)和式(7-24)即可计算出 τ_0 和 η_p.

3. 幂律流体流变性的测定

在旋转黏度计中，幂律流体的流变方程为

$$\tau = K\left(\frac{du}{dr}\right)^n$$

两边取对数得

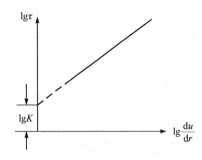

图 7-17 幂律流体的流速梯度与切应力

$$\lg \tau = n \lg \frac{\mathrm{d}u}{\mathrm{d}r} + \lg K \qquad (7\text{-}25)$$

以 $\lg(\mathrm{d}u/\mathrm{d}r)$ 为横坐标,以 $\lg \tau$ 为纵坐标时,对式(7-25)作图,可得一条直线,如图 7-17 所示,其中 n 是直线的斜率,而 $\lg K$ 是直线在纵坐标上的截距,这就是图解法.

也可由旋转黏度计测得一组实验数据 $[\tau_i,(\mathrm{d}u/\mathrm{d}r)_i]$,$i=1,2,\cdots,N$,依据数学中的最小二乘法,对实验数据进行线性回归分析,得到幂律流体的流变指数 n 和稠度系数 K.

$$n = \frac{N \sum\limits_{i=1}^{N}\left[\lg \tau_i \cdot \lg\left(\dfrac{\mathrm{d}u}{\mathrm{d}r}\right)_i\right] - \sum\limits_{i=1}^{N}\lg \tau_i \cdot \sum\limits_{i=1}^{N}\lg\left(\dfrac{\mathrm{d}u}{\mathrm{d}r}\right)_i}{N \sum\limits_{i=1}^{N}\left[\lg\left(\dfrac{\mathrm{d}u}{\mathrm{d}r}\right)_i\right]^2 - \left[\sum\limits_{i=1}^{N}\lg\left(\dfrac{\mathrm{d}u}{\mathrm{d}r}\right)_i\right]^2}$$

$$\lg K = \frac{\sum\limits_{i=1}^{N}\lg \tau_i - n \sum\limits_{i=1}^{N}\lg\left(\dfrac{\mathrm{d}u}{\mathrm{d}r}\right)_i}{N}$$

亦可以根据两个测点的数据进行简单解析计算,由式(7-25)得

$$\lg \tau_1 = n \lg\left(\frac{\mathrm{d}u}{\mathrm{d}r}\right)_1 + \lg K \qquad (7\text{-}26)$$

$$\lg \tau_2 = n \lg\left(\frac{\mathrm{d}u}{\mathrm{d}r}\right)_2 + \lg K \qquad (7\text{-}27)$$

联合解式(7-26)和式(7-27)得

$$n = \frac{\lg \tau_2 - \lg \tau_1}{\lg\left(\dfrac{\mathrm{d}u}{\mathrm{d}r}\right)_2 - \lg\left(\dfrac{\mathrm{d}u}{\mathrm{d}r}\right)_1}$$

$$\lg K = \frac{\lg \tau_1 \lg\left(\dfrac{\mathrm{d}u}{\mathrm{d}r}\right)_2 - \lg \tau_2 \lg\left(\dfrac{\mathrm{d}u}{\mathrm{d}r}\right)_1}{\lg\left(\dfrac{\mathrm{d}u}{\mathrm{d}r}\right)_2 - \lg\left(\dfrac{\mathrm{d}u}{\mathrm{d}r}\right)_1}$$

习　题　7

7.1　为了确定钻井液的极限切应力和结构黏度,在黏度计上进行了流变曲线的测定,测得的结

果如下.

$\dfrac{\mathrm{d}u}{\mathrm{d}r}/\mathrm{s}^{-1}$	800	700	600	500	400	300	250
$\tau/(\mathrm{N/m^2})$	16.15	15.25	14.35	13.45	12.55	11.65	11.20
$\dfrac{\mathrm{d}u}{\mathrm{d}r}/\mathrm{s}^{-1}$	200	150	100	50	25	10	
$\tau/(\mathrm{N/m^2})$	10.70	10.15	9.50	8.50	7.50	7.00	

试作出流变曲线, 求出极限静切应力 θ、极限动切应力 τ_0 及结构黏度 η_p 的值. 其视黏度如何变化?

7.2　如图 7-18 所示, 将钻井液注入内径为 16mm 的 U 形管中, 并在两边达到 A-A 的水平. 图中管子的尺寸为 r=4cm, a=1.2cm, U 形管的两端敞开于大气中. 已知钻井液的相对密度为 1.26, 极限静切应力为 20.58Pa. 为了使钻井液在 U 形管内开始流动, 应以 U 形管的一边将同一种钻井液增加到一定高度 h, 忽略管子弯曲对流体变形的影响, 求高度 h.

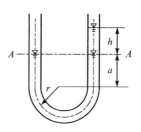

图 7-18　习题 7.2 图

7.3　水平管路充满稠油, 管径为 156mm, 长为 100m, 若管路终点压强为 0.1MPa, 稠油极限静切应力为 19.6Pa. 试分析当管路起点压强为何值时, 管中的油才能开始流动.

7.4　两端开口的直管, 其中充满钻井液. 如果管子是铅直放置的, 试求为了保持其中的钻井液不动, 管子可能具有的最大直径应为何值. 已知钻井液的相对密度为 1.29, 极限静切应力为 23.52Pa.

7.5　内径为 21mm 的直管, 两端开口, 在其中充满相对密度为 0.95 的黏油, 其极限静切应力为 11.8Pa. 问将管子倾斜到多大角度后油开始流动?

7.6　相对密度为 1.3, 结构黏度为 10cP, 极限动切应力为 10.29Pa 的流体, 沿内径为 82mm 的管线流动时, 流量为 5L/s, 试确定其流动状态.

7.7　相对密度为 0.9 的原油, 结构黏度为 0.05P, 极限动切应力为 5Pa, 沿内径为 125mm 的管线流动. 当流量为 30L/s 时, 其处于何种流动状态? 其处于临界状态时的流量应为何值?

7.8　用水平放置的毛细管黏度计测定钻井液的极限动切应力和结构黏度. 已知钻井液的相对密度为 1.23, 毛细管内径为 0.535cm, 长度为 100cm. 实测数据如下.

$\Delta p/\mathrm{kPa}$	18	17.5	17	16.5	16	15.5	15	14.5
$Q/(\mathrm{cm^3/s})$	19.5	18.1	16.8	15.4	14.0	12.6	11.4	10.0
$\Delta p/\mathrm{kPa}$	14	13.5	13	12.5	12	11.5	11	10.5
$Q/(\mathrm{cm^3/s})$	8.6	7.2	5.9	4.6	4.0	3.2	2.5	2.0

试作图求 τ_0 及 η_p 之值.

7.9 旋转黏度计的内筒外径为 30.8cm，外筒内径为 32.8cm，内筒高为 h=7.2cm. 当外筒转速为 300r/min 时，钢丝扭角为 38′45″；当外筒转速为 150r/min 时，钢丝扭角为 25′12″. 已知钢丝的扭转常数为 2000dyn·cm/(°)，求流体的结构黏度和极限动切应力(1dyn=10^5N).

7.10 当流速梯度为 100s^{-1} 时，测得幂律流体的剪切应力为 700dyn/cm^2；当流速梯度为 10s^{-1} 时，剪切应力为 90dyn/cm^2. 求流变指数 n 和稠度系数 K 的大小.

第8章 管内多相流

8.1 管内气固两相流

管内气固两相流一般就是所谓的气力输送，也就是利用具有一定压力和速度的气流来输送粉粒状物料. 气力输送又称为风力输送，并简称为风送或风运. 气力输送在粮食、水泥、粉煤灰、化工物料、矿粉、食盐、面粉等许多工业部门中都有广泛应用.

气力输送装置可分为吸送式与压送式.

吸送式气力输送装置将大气与物料一起吸入管道，用低于大气压力的气流进行输送，因而又称为真空吸送. 吸送式气力输送适用于从几处向一处集中输送. 供料点可以是一个或几个，料管可以装一根或几根支管. 不但可以将几处供料点的物料依次输送至卸料点，而且也可以同时将几处供料点的物料输送至卸料点；在负压作用下，物料很容易被吸入，因此喉管处的供料装置简单. 料斗口可以敞开，能连续地供料和输送；物料在负压下输送，水分易于蒸发，因此对水分较高的物料，比压送式易于输送，对于加热状态下供给的物料，经输送可起到冷却作用；部件要保持密封，因而分离器、除尘器、锁气器等部件的构造比较复杂；风机设在系统末端，要求空气净化程度高；与压送式相比，物料浓度与输送距离受到限制. 因为浓度与输送距离加大，阻力也不断加大，这就要求提高管道内的真空度，而真空度太高，空气变得稀薄，携带能力也就下降.

压送式气力输送装置用高于大气压力的压缩空气推动物料进行输送. 压送式气力输送适用于从一处向几处进行分散输送，即供料点是一个，而卸料点可以是一个或几个；与吸送式相比，浓度与输送距离可大大增加. 从原理上讲，通过提高空气的压力就可以使浓度与输送距离增加，输送距离可长达数千米. 在正压情况下，物料容易从排料口卸出，因而分离器、除尘器的构造简单，一般不需要锁气器；鼓风机或空气压缩机在系统首端，对空气净化程度要求低；在正压作用下，物料不易进入输料管，因此供料装置构造比较复杂. 间歇式压送不能连续供给物料；与吸送式比较，管路上不严密处的漏气对工作影响不大，并且根据漏气处喷射出来的灰尘很易发现漏气部位.

气力输送与其他机械相比，动力消耗大，管道磨损严重；不易输送易固结的黏滞性物料及湿度较大的物料；生产率及输送距离有一定的限制.

8.1.1 悬浮式气固两相流

如果一个管内气固两相流系统是低浓度(固气质量流量比 $m<10$)的低压压送或低真空吸送,流动基本呈均匀悬浮状,如果是高浓度($m>10$)的高压压送或高真空吸送,流动基本呈集团流或停滞流. 均匀悬浮流时,固体颗粒比较均匀地分布在管道中,并均匀地同整个管壁相接触,它与管壁的摩擦系数,可以采用类似于流体的沿程阻力系数来表征,颗粒之所以能够向前运动,主要靠气动推力,或者说是靠流体与粒子间的相对速度. 集团流或停滞流时,流体从集团内的颗粒之间穿过的数量较少,集团类似于极易变形的塑性体,颗粒主要靠集团前后形成的流体压差推动向前运动,而且有部分颗粒沿管底滑动,它与管壁的摩擦系数近似于固体间的摩擦系数,所以压力损失较大.

悬浮流一般可分为自由均匀悬浮流(或单颗粒自由悬浮流)和粒群均匀悬浮流两种.

1. 管内单颗粒自由悬浮运动

输料管中颗粒的运动既有滚动、悬浮,又不断发生碰撞,运动机理很复杂,不能依靠理论获得解决. 但对均匀悬浮的气力输送而言,可以认为粒子之间和粒子与管壁之间都没有碰撞和摩擦,即粒子间和粒子与管壁间都互不干扰,每个粒子所受气流推动及其运动规律均相同,相当于是研究单个粒子的运动规律,这就是最理想化的自由均匀悬浮流模型.

下面来分析有代表性的倾斜管中单粒子的运动规律.

如图 8-1 所示,某粒子 M 落入初始断面后,被气流加速,经 t 时间后,移动距离 l,具有速度 u_p. 这时气流以相对速度($u_G - u_p$)对粒子作用的气动推力 R,使粒子做加速运动. 根据牛顿第二定律,有

$$R - W_p \sin\theta = m\frac{\mathrm{d}u_p}{\mathrm{d}t}$$

即

$$C\frac{\pi}{4}d_p^2\rho_G\frac{\left(u_G - u_p\right)^2}{2} - \frac{\pi}{6}d_p^3\rho_p g\sin\theta = \frac{\pi}{6}d_p^3\rho_p\frac{\mathrm{d}u_p}{\mathrm{d}t} \tag{8-1}$$

为了求任意速度($u_G - u_p$)下的阻力系数 C,用悬浮速度 u_0 中的 C_0 代换,可由

$$C = \frac{a}{Re^K} = \frac{a}{\left[\dfrac{\left(u_G - u_p\right)d_p}{\nu}\right]^K}$$

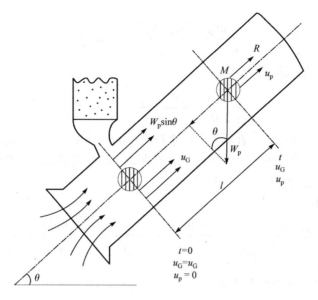

图 8-1　倾斜管中单粒子受力与加速

$$C_0 = \frac{a}{Re_0^K} = \frac{a}{\left[\dfrac{u_0 d_p}{\nu}\right]^K}$$

假定上述两种情况都在同一阻力区，即二者对应的 K，a 各自相等，则取比值，可得

$$\frac{C}{C_0} = \left(\frac{u_0}{u_G - u_p}\right)^K$$

即有

$$C = C_0 \left(\frac{u_0}{u_G - u_p}\right)^K$$

因为

$$C_0 = \frac{4g}{3} \frac{\rho_p}{\rho_G} \frac{d_p}{u_0^2}$$

则

$$C = \frac{4g}{3} \frac{\rho_p}{\rho_G} \frac{d_p}{u_0^2} \left(\frac{u_0}{u_G - u_p}\right)^K \tag{8-2}$$

将式(8-2)代入式(8-1)，可简化为

$$\frac{1}{g}\frac{\mathrm{d}u_{\mathrm{p}}}{\mathrm{d}t} = \left(\frac{u_{\mathrm{G}}-u_{\mathrm{p}}}{u_{0}}\right)^{2-K} - \sin\theta$$

稳定流只有位变加速度，那么

$$\frac{1}{g}\frac{u_{\mathrm{p}}\mathrm{d}u_{\mathrm{p}}}{\mathrm{d}l} = \left(\frac{u_{\mathrm{G}}-u_{\mathrm{p}}}{u_{0}}\right)^{2-K} - \sin\theta \tag{8-3}$$

以上两式即为单粒子在倾斜管内平行流中的运动微分方程，前者是粒子速度 u_{p} 随时间 t 的变化关系，后者是 u_{p} 随运动距离 l 的变化关系，这两个运动微分方程是研究粒子运动规律的理论基础.

由式(8-3)可写出

$$\mathrm{d}l = \frac{u_0^{2-K}}{g}\frac{u_{\mathrm{p}}\mathrm{d}u_{\mathrm{p}}}{\left(u_{\mathrm{G}}-u_{\mathrm{p}}\right)^{2-K}-u_0^{2-K}\sin\theta} = A\frac{u_{\mathrm{p}}\mathrm{d}u_{\mathrm{p}}}{\left(u_{\mathrm{G}}-u_{\mathrm{p}}\right)^{2-K}-B}$$

2. 管内颗粒群均匀悬浮运动

分析颗粒群均匀悬浮流时，很难定量地来研究每个颗粒的运动规律. 通常把两相流视为一种以流体流动为主的运动加上颗粒的运动，即把固体颗粒群也当作一种特殊流体来看待，研究其运动. 这种特殊流体服从于纯流体运动的一些规律.

物料进入输料管后，被气流加速，故有加速终了的加速段长度. 而后物料以最终速度运动，即为等速段. 在等速段中，滑动速度($u_{\mathrm{G}}-u_{\mathrm{m}}$)的气动力与料群的阻力相平衡，而保持等速运动.

如图 8-2 所示，对倾斜管中 Δl 段粒群的受力和运动规律进行分析. 图中符号

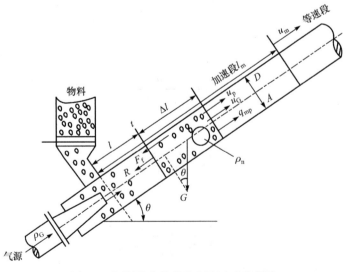

图 8-2　倾斜管中粒群受力及运动示意图

意义如下：R 为 Δl 段粒群所受的气动推力；F_{f} 为管壁对粒群的阻力；G 为 Δl 段粒群的重力；ρ_{n} 为悬浮分散态粒群的密度；u_{G} 为管中气流速度；u_{p} 为 l 处粒群速度；u_{m} 为粒群最终速度；l_{m} 为加速段长；q_{mp} 为输送产量；ρ_{G} 为气体密度；D 为管径；A 为管的截面积.

(1) 气动推力.

$$R = C_{\mathrm{p}} A_{\mathrm{p}} \rho_{\mathrm{G}} \frac{\left(u_{\mathrm{G}} - u_{\mathrm{p}}\right)^{2}}{2}$$

式中，C_{p} 为绕流阻力系数；A_{p} 为 Δl 段粒群总的迎风面积.

(2) 管壁阻力.

$$F_{\mathrm{f}} = \Delta p_{\mathrm{l}} A = \lambda_{\mathrm{p}} \frac{\Delta l}{D} \rho_{\mathrm{n}} \frac{u_{\mathrm{p}}^{2}}{2} A$$

式中，λ_{p} 为粒群的阻力系数.

(3) Δl 段粒群重.

$$G = g M_{\mathrm{p}} = g \frac{q_{\mathrm{mp}}}{u_{\mathrm{p}}} \Delta l$$

轴向投影

$$G \sin\theta = g \frac{q_{\mathrm{mp}}}{A u_{\mathrm{p}}} \Delta l \sin\theta$$

(4) 有关量的代换.

悬浮分散状态下粒群密度

$$\rho_{\mathrm{n}} = \frac{q_{\mathrm{mp}}}{A u_{\mathrm{p}}}$$

于是

$$F_{\mathrm{f}} = g \frac{q_{\mathrm{mp}}}{u_{\mathrm{p}}} \Delta l \frac{\lambda_{\mathrm{p}} u_{\mathrm{p}}^{2}}{2 g D}$$

输运状态下的 C_{p} 用悬浮沉降状态下的 C_{n} 来代替

$$C_{\mathrm{p}} = \frac{\alpha}{Re^{k}} = \frac{\alpha}{\left[\dfrac{\left(u_{\mathrm{G}} - u_{\mathrm{p}}\right) d_{\mathrm{p}} \rho}{\mu}\right]^{K}}$$

式中，d_{p} 为粒径.

$$C_{\mathrm{n}} = \frac{\alpha'}{Re'K} = \frac{\alpha'}{\left[\dfrac{u_{\mathrm{n}} d_{\mathrm{p}} \rho}{\mu}\right]^{K'}}$$

式中，u_{n} 为粒群的悬浮速度.

当两种状态在同一阻力区时，则可得 $a = a'$；$K = K'$，可得

$$C_{\mathrm{p}} = C_{\mathrm{n}} \left(\frac{u_{\mathrm{n}}}{u_{\mathrm{G}} - u_{\mathrm{p}}}\right)^{K}$$

此外，当微段粒群处于悬浮状态时；气动力与粒群重量相等，即

$$C_{\mathrm{n}} A_{\mathrm{p}} \rho_{\mathrm{G}} \frac{u_{\mathrm{n}}^2}{2} = g \frac{q_{\mathrm{mp}}}{u_{\mathrm{p}}} \Delta l$$

$$C_{\mathrm{n}} = g \frac{q_{\mathrm{mp}}}{u_{\mathrm{p}}} \Delta l \bigg/ \left(A_{\mathrm{p}} \rho_{\mathrm{G}} \frac{u_{\mathrm{n}}^2}{2}\right)$$

于是

$$R = g \frac{q_{\mathrm{mp}}}{u_{\mathrm{p}}} \Delta l \left(\frac{u_{\mathrm{G}} - u_{\mathrm{p}}}{u_{\mathrm{n}}}\right)^{2-K}$$

根据牛顿第二定律，有 $M_{\mathrm{p}} \dfrac{\mathrm{d}u_{\mathrm{p}}}{\mathrm{d}t} = R - F_{\mathrm{f}} - G\sin\theta$，将前述关系代入，则得

$$\frac{1}{g} \frac{\mathrm{d}u_{\mathrm{p}}}{\mathrm{d}t} = \left(\frac{u_{\mathrm{G}} - u_{\mathrm{p}}}{u_{\mathrm{n}}}\right)^{2-K} - \frac{\lambda_{\mathrm{p}} u_{\mathrm{p}}^2}{2gD} - \sin\theta$$

由此式可建立粒群运动速度 u_{p} 与运动的时间 t 之间的关系式.

在以等速气流 u_{G} 对均匀粒群加速的加速段中，对粒群而言的流场是定常场，所以只有位变加速度，即 $\dfrac{\mathrm{d}u_{\mathrm{p}}}{\mathrm{d}t} = u_{\mathrm{p}} \dfrac{\mathrm{d}u_{\mathrm{p}}}{\mathrm{d}l}$. 因此上式可写成

$$\frac{1}{g} u_{\mathrm{p}} \frac{\mathrm{d}u_{\mathrm{p}}}{\mathrm{d}l} = \left(\frac{u_{\mathrm{G}} - u_{\mathrm{p}}}{u_{\mathrm{n}}}\right)^{2-K} - \frac{\lambda_{\mathrm{p}} u_{\mathrm{p}}^2}{2gD} - \sin\theta$$

(1) 对于水平管：$\sin\theta = 0$，则为

$$\frac{1}{g} u_{\mathrm{p}} \frac{\mathrm{d}u_{\mathrm{p}}}{\mathrm{d}l} = \left(\frac{u_{\mathrm{G}} - u_{\mathrm{p}}}{u_{\mathrm{n}}}\right)^{2-K} - \frac{\lambda_{\mathrm{p}} u_{\mathrm{p}}^2}{2gD}$$

(2) 对于垂直管：$\sin\theta = 1$，则为

$$\frac{1}{g} u_{\mathrm{p}} \frac{\mathrm{d}u_{\mathrm{p}}}{\mathrm{d}l} = \left(\frac{u_{\mathrm{G}} - u_{\mathrm{p}}}{u_{\mathrm{n}}}\right)^{2-K} - \frac{\lambda_{\mathrm{p}} u_{\mathrm{p}}^2}{2gD} - 1$$

粒群运动速度 u_p 是随时间或距离的增加而增大的,同时所受阻力也随之增大.当 u_p 增大到最大速度(或称最终速度 u_m,气流对粒群作用的气动推力与粒群所受阻力相平衡)时,加速度为零,此段为加速度段,其长度为加速度段长度.而后粒群便以 u_m 做等速运动,即为等速段.令粒群运动微分方程中的加速度为零,即可求得各种情况下的最终速度 u_m 及速度比 u_m / u_p.

3. 管内悬浮式气固两相流的压力降

气固两相系统中,气流和物料所消耗的各种能量,都是由气流的压力能量来提供的.对于管道悬浮输送,气固两相流的压力损失可按下述原则来确定.

(1) 将两相流中的颗粒群运动,视为一种特殊流体,它在管道中运动和一般流体一样,有摩擦阻力和局部阻力,所引起的附加压力损失,分别服从达西公式及局部损失一般公式;

(2) 在确定纯气流压力损失时,忽略物料所占的断面和容积,按单相气流的压力损失来计算;

(3) 两相流的总压力损失 Δp_m,是气流的各项压力损失 Δp_0 与颗粒群运动附加的各项压力损失 Δp_s 之和,即

$$\Delta p_m = \Delta p_0 + \Delta p_s$$

两相流的总压力损失由加速压损、摩擦压损、悬浮提升压损及局部压损组成,分述如下.

(1) 两相流的加速压损.

这项压损产生于加速段,它消耗于空气和物料的启动与加速.当料仓中物料由供料器进入输料管时,物料的初速都很小(按零处理),经过加速段后,气流和物料分别达到最大速度 u_G 和 u_p.假设使二者加速终了所需要(损失)的压力差为 Δp_{ma},根据功能原理,单位时间内,气流供给(损失)的功($\Delta p_{ma} A u_G$)应等于空气(流)量和物料产量所增加的动能,即

$$\Delta p_{ma} A u_G = \frac{1}{2} q_{mG} u_G^2 + \frac{1}{2} q_{mp} u_p^2$$

(2) 摩擦压损.

纯气流的摩擦压损 Δp_{0f} 取管道长为 L,则按达西公式为

$$\Delta p_{0f} = \lambda_G \frac{L}{D} \rho_G \frac{u_G^2}{2}$$

气流的沿程阻力系数可按下式计算:

$$\lambda_G = 0.0125 + \frac{0.0011}{D} \quad (D \text{ 以 m 计})$$

颗粒群的附加摩擦压损 Δp_{nf}，按达西公式

$$\Delta p_{\mathrm{nf}} = \lambda_{\mathrm{p}} \frac{L}{D} \rho_{\mathrm{n}} \frac{u_{\mathrm{p}}^2}{2} = m \frac{u_{\mathrm{p}}}{v_{\mathrm{G}}} \lambda_{\mathrm{p}} \frac{L}{D} \rho_{\mathrm{G}} \frac{u_{\mathrm{G}}^2}{2}$$

两相流的摩擦压损 Δp_{mf}，上述两项之和，即

$$\Delta p_{\mathrm{mf}} = \left(1 + m \frac{\lambda_{\mathrm{p}}}{\lambda_{\mathrm{G}}} \frac{u_{\mathrm{p}}}{u_{\mathrm{G}}} \right) \lambda_{\mathrm{G}} \frac{L}{D} \rho_{\mathrm{G}} \frac{u_{\mathrm{G}}^2}{2}$$

取 $k = \dfrac{\lambda_{\mathrm{p}}}{\lambda_{\mathrm{G}}} \dfrac{u_{\mathrm{p}}}{u_{\mathrm{G}}}$，称为沿程阻力的附加系数，则

$$\Delta p_{\mathrm{mf}} = (1 + mk) \lambda_{\mathrm{G}} \frac{L}{D} \rho_{\mathrm{G}} \frac{u_{\mathrm{G}}^2}{2} = a \Delta p_{0\mathrm{f}}$$

式中，$a = (1 + mk)$ 称为压损比. 可采用如下公式计算.

对于水平管

$$a = 0.2m + \sqrt{\frac{30}{u_{\mathrm{G}}}}$$

对于垂直管

$$a = 0.15m + \frac{250}{u_{\mathrm{a}}^{1.5}}$$

对于水平管，也有人建议采用下式计算：

$$a = 1 + \frac{1.25mD}{\dfrac{u_{\mathrm{p}}}{u_{\mathrm{G}}}}$$

(3) 颗粒群的悬浮提升压损.

悬浮阻力 $\left(\Delta T_{\mathrm{sf}} \right)$. 如图 8-2 所示，$\mathrm{d}l$ 段物料所受的重力 $\left(g q_{\mathrm{mp}} / u_{\mathrm{p}} \right) \mathrm{d}l$，其颗粒群悬浮速度 u_{n}. 设为使物料悬浮(防止下落)所引起的气流压力差为 Δp_{sf}. 根据功能原理，单位时间内，气流供(损失)的能量 $\Delta p_{\mathrm{sf}} A u_{\mathrm{G}}$ 应等于颗粒群的落下功，即

$$\Delta p_{\mathrm{sf}} A u_{\mathrm{G}} = g \frac{q_{\mathrm{mp}}}{u_{\mathrm{p}}} \mathrm{d}l \cdot u_{\mathrm{n}}$$

所以悬浮阻力

$$\Delta p_{\mathrm{sf}} A = g \frac{q_{\mathrm{mp}}}{u_{\mathrm{p}}} \mathrm{d}l \frac{u_{\mathrm{n}}}{u_{\mathrm{G}}} = \Delta T_{\mathrm{sf}}$$

悬浮压力损失

$$\Delta p_{sf} = g \frac{q_{mp}}{A u_G} \mathrm{d}l \frac{u_n}{u_p} = g \rho_G m \mathrm{d}l \cdot \frac{u_n}{u_p}$$

其中，m 为固气混合比或浓度，即

$$m = \frac{q_{mp}}{q_{mG}} = \frac{q_{mp}}{\rho_G A u_G}$$

提升阻力 (ΔT_s). $\mathrm{d}l$ 段物料以 $u_p \sin\theta$ 速度克服重力升起的提升功率为 $g q_{mp} \mathrm{d}l \cdot u_p \sin\theta / u_p$. 设提升物料所需要的气流压力差为 Δp_t. 单位时间内，气流供给(损失)的能量 $\Delta p_t A u_G$ 应等于提升功，即

$$\Delta p_t A u_G = g \frac{q_{mp}}{u_p} \mathrm{d}l \cdot u_p \sin\theta$$

所以提升阻力

$$\Delta T_S = \Delta p_t A = g \frac{q_{mp}}{u_p} \mathrm{d}l \cdot \frac{u_p \sin\theta}{u_G}$$

提升压力损失

$$\Delta p_t = g \rho_G m \mathrm{d}l \cdot \sin\theta$$

重力阻力及其压力损失. 颗粒群的重力阻力为悬浮与提升阻力之和，即

$$\Delta T_{st} = \Delta T_{sf} + \Delta T_s = g \frac{q_{mp}}{u_p} \mathrm{d}l \left(\frac{u_G + u_p \sin\theta}{u_a} \right) = g \frac{q_{mp}}{u_p} \mathrm{d}l \cdot f_G$$

重力压力损失

$$\Delta p_{st} = \Delta p_{sf} + \Delta p_t = g \rho \cdot m \mathrm{d}l \frac{u_G}{u_p} \left(\frac{u_G + u_p \sin\theta}{u_G} \right) = g \rho_G m \mathrm{d}l \frac{u_G}{u_p} f_G \tag{8-4}$$

式中，重力阻力系数如下.

倾斜管

$$f_G = \frac{u_n + u_p \sin\theta}{u_G}$$

水平管

$$f_G = \frac{u_n}{u_G}$$

垂直管

$$f_\mathrm{G} = \frac{u_n + u_\mathrm{p}}{u_\mathrm{G}} \approx \frac{u_\mathrm{G}}{u_\mathrm{G}} = 1$$

对 L 段长度，则式(8-4)变为

$$\Delta p_\mathrm{st} = m\frac{u_\mathrm{G}}{u_\mathrm{p}} g\rho_\mathrm{G} f_\mathrm{G} L$$

写成达西公式形式

$$\Delta p_\mathrm{st} = \left(\frac{2f_\mathrm{G}}{u_\mathrm{p}/u_\mathrm{G}}\frac{gD}{u_\mathrm{G}^2}\right)m\frac{L}{D}\rho_\mathrm{G}\frac{u_\mathrm{G}^2}{2}$$

(4) 局部压损.

纯气流的局部压损

$$\Delta p_\mathrm{l0} = \xi_\mathrm{G}\rho_\mathrm{G}\frac{u_\mathrm{G}^2}{2}$$

颗粒群的附加局部压损为 Δp_ls. 按局部压损一般公式，则有

$$\Delta p_\mathrm{ls} = \xi_\mathrm{p}\rho_\mathrm{n}\frac{u_\mathrm{p}^2}{2} = \xi_\mathrm{p}\frac{u_\mathrm{p}}{u_\mathrm{G}}m\rho_\mathrm{G}\frac{u_\mathrm{G}^2}{2}$$

取 $k_1 = \frac{\xi_\mathrm{p}}{\xi_\mathrm{G}}\left(\frac{u_\mathrm{p}}{u_\mathrm{G}}\right)$，则总的局部压损为

$$\Delta p_\mathrm{ml} = (1 + mk_1)\xi_\mathrm{G}\rho_\mathrm{G}\frac{u_\mathrm{G}^2}{2}$$

供料器的局部压损 Δp_lg 在供料器处料气速度均不稳定，但二者差别不大，故可近似取 $k_1 = 1$，则

$$\Delta p_\mathrm{lg} = (1 + m)\xi_\mathrm{G}\rho_\mathrm{G}\frac{v_\mathrm{G}^2}{2}$$

式中，ξ_G 为纯气流时供料器的局阻系数.

弯头的局部压损 Δp_lb，它取决于物料性质、气流速度、弯头在空间的方位以及弯曲角和曲率半径. 一般按下式确定:

$$\Delta p_\mathrm{lb} = (1 + mk_\mathrm{b})\xi_\mathrm{b}\rho_\mathrm{G}\frac{u_\mathrm{G}^2}{2}$$

式中，ξ_b 为纯气流时弯头的局部阻力系数；k_b 为弯头局部阻力的附加系数，其值见表 8-1.

表 8-1　弯头局部阻力的附加系数

弯头空间方位	k_b
垂直向下转向水平转 90°	1.0
垂直向上转向水平转 90°	1.6
水平转向水平 90°	1.5
水平转向垂直向上 90°	2.2
水平转向垂直向下 90°	0.7

卸料器和除尘器的压损 Δp_{1x}，在器内的物料颗粒和灰尘，其运动是靠惯性运动，无须消耗压力能而只有空气继续靠压力能沿给定路线流动，所以只考虑气流通过的压损，即

$$\Delta p_{1x} = \xi_x \rho_G \frac{u_x^2}{2}$$

式中，ξ_x 为卸料器或除尘器的阻力系数；u_x 为卸料器或除尘器进口风速.

(5) 气力输送装置的总压损 Δp_m.

总压损是装置系统所有各项压损之和，即

$$\Delta p_m = \Delta p_{la} + \Delta p_{ma} + \Delta p_{mf} + \Delta p_{st} + \Delta p_{lb} + \Sigma \Delta p_{lx}$$

总压力损失是气源机械用来克服系统全部阻力所应提供的压力，所以准确计算各项压损是极为重要的. 但应注意到，上述两相流的各项压损计算公式中，基本上都含有固气速度比 (u_p/u_G) 这一重要参数，这是两相流具有的内在规律. 可见，精确地分析研究两相流的固气速度比，是具有重要作用的.

8.1.2　栓塞式气固两相流

由于稀相动压输送存在混合比低、空气耗量大、动力消耗大、管道磨损严重和物料易被粉碎等缺点，近年来国外研制了多种新形式的低速高混合比的密相静压气力输送装置. 于是，促进了以低速高浓度的、用静压差推动料栓运动的栓流输送的发展. 图 8-3 是一种脉冲气刀式气力输送装置. 这种密相静压输送装置，是用脉冲进气的"气刀"将粉料切割成料栓，同时所喷进的气体构成气栓，利用气栓压力来推动前一个料栓. 这样一个脉冲一个脉冲地循环动作，料栓在两端气栓的静压差作用下，以较低速度来输送，从而实现了以料栓、气栓相间的形式，来输送粉粒状物料，这就是栓流密相静压输送，即栓塞式气固两相流，简称栓流. 它具有低速高混合比和低耗气量以及显著减少物料破碎与管壁磨损等特点，弥补了稀相动压输送的缺点，而且除尘净化系统大为简化，只需较小的袋式除尘器即可满足要求，已成为能保护自然环境卫生的新输送设备，代表着近代气力输送的发展方向.

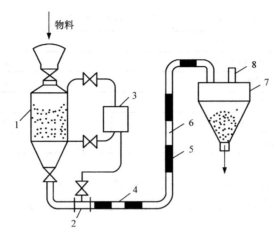

图 8-3 脉冲气刀式气力输送装置

1-压力容器；2-气刀；3-控制器；4-输料管；5-料栓；6-气栓；7-贮料器；8-除尘器

栓流可分为供料成栓的栓流及中途成栓的栓流两大类. 这里以水平供料成栓来说明料栓的形成与运动状态.

粉粒状物料由成栓器将料栓推送到水平管后，由于物料粒群的内摩擦有一定限度，并因运动及其引起的扰动，栓尾逐渐滑落，料栓减短，最后被气流击穿而溃散成沉积层. 后来的料栓的栓头铲起前面的沉积层而参加料栓，但其栓尾仍逐渐滑落沉积，结果又向前延伸了一段沉积层(图 8-4)，于是单管栓流中，会在管底形成"周期性迁移"的沉积层.

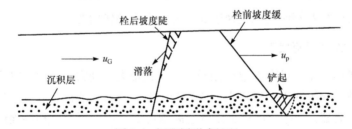

图 8-4 沉积层形成机理

当管底铺满沉积层后，其后续料栓的栓头铲起量，补偿了栓尾滑落量，使栓长保持基本不变，呈现正常输送，即稳定栓流输送.

在稳定栓流输送中，物料是随料栓以波动状向前运动的. 如图 8-5(a)所示，某一料栓(S)的栓头铲起沉积层中 X 部分而使其参加料栓. X 部分沿栓向逐渐变细向右上方运动(图中 X、X_1、X_2、X_3)，达栓头顶时呈最小断面. 从栓尾顶以后为滑落沉积阶，质心以 u_p 与滑落速度 w 的合成速度方向，沿 X_4、X_5、X_6 滑落到 X'，进入沉积层. 结果被铲起部分的质心运动轨迹，为图 8-5(a)中箭头所示的波动状曲线. 图 8-5(b)是被铲起部分在料栓中的相对运动，呈反向的波动状曲线，可见料栓中粒子速度是小于料栓速度的.

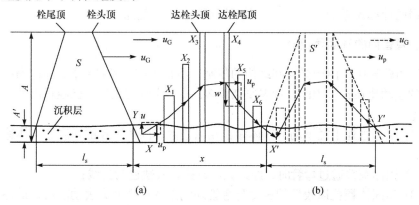

图 8-5　沉积层参加料栓过程的波动状运动与迁移运动

(a) 被铲起部分(X)的绝对运动波动曲线; (b) 被铲起部分(X)在料栓中相对运动波动曲线

上述机理和运动形态表明, 沉积层中粒子被铲起到滑落的这一参加料栓的运动过程, 其质心是以波动状前进的. 并且每参加一个料栓的运动, 则由 X 沿波动状曲线迁移到 $X'(\overline{XX'} = x)$, 实质上代表料栓中粒子的迁移距离. 在同一周期内, 料栓头水平迁移距离 $\overline{YY'} = x + l_s$. 设栓中粒子运动速度为 u_p' 料栓速度为 u_p, 按周期相等, 则有

$$\frac{x}{u_p'} = \frac{x + l_s}{u_p} \quad 或 \quad \frac{u_p}{u_p'} = 1 + \frac{l_s}{x} \tag{8-5}$$

式(8-5)表明, 料栓中粒子速度小于料栓速度.

应当指出, 沉积层不断被铲起参加料栓运动, 又不断滑落补充沉积层, 所以两者是周期性循环置换的, 沉积层中粒子被向前迁移, 结果是沉积中物料又被后来的料栓所更新.

在沉积层与料栓的相互置换中, 在沉积层被铲起到滑落这一周期内, 滑落后的料栓(S')是被栓头掠过的沉积层所置换更新的, 所以二者体积相等(容积密度不变), 且按等长栓计算, 即有

$$A l_s = A'\left(x + l_s\right) \quad 或 \quad x = l_s\left(\frac{A}{A'} - 1\right)$$

将此 x 关系代入式(8-5), 则得

$$u_p = \frac{u_p'}{1 - \alpha}$$

式中, $\alpha = A / A'$ 为沉积层截面积占总截面积的分数.

关于栓流压损的研究, 有学者采用稀相附加压损的方法, 有学者从料栓受力

平衡出发，提出了压损简易计算的指数关系式，还有学者根据料栓受力平衡，给出压损的计算式等. 可以认为，压损的计算还很不成熟.

8.1.3　弯管内的气固两相流

管道输送中，由于受空间结构的限制，不得不应用各种弯管. 固体颗粒在弯管中的运动比在直管中的运动要复杂得多. 通过实验与观察，已经得出如下公认的结论.

(1) 绕弯管外半径滑动的固体颗粒相当松散，固体颗粒的速度比气体速度低得多；

(2) 固体颗粒通过弯管时，经过数次碰撞，其轨迹为折线；

(3) 当固体颗粒以较低的速度与弯管外侧内壁碰撞而失去动能后，最终将导致颗粒与管壁保持接触，并沿管壁做减速滑动；

(4) 固体颗粒在弯管中运动时，在垂直于运动的方向上，离心力的作用要比重力大许多倍；

(5) 由于受离心力的作用，在径向平面内形成旋涡，引起二次流动，使流动状态更为复杂，很难分析.

总体来说，离心力一般都可以大到足以使颗粒贴着弯管的外侧内壁运动，即使水平弯管，由于离心力要比将颗粒悬浮在气流中的力大得多，输送颗粒仍旧能紧贴在弯管的外侧内壁移动. 另外，在弯管内还存在旋涡的作用，使得沿外侧内壁移动的颗粒不断被带走. 但是由于颗粒沉积于弯管外侧内壁，减少了气流与颗粒的接触表面，引起空气对固体颗粒阻力的下降，固体颗粒实际上仍然主要在惯性力的作用下运动.

陈一平[1]研究了煤粉颗粒在水平弯管中的两相流动，采用等速取样法测量了不同工况下弯管各截面的浓度分布. 研究发现：煤粉通过弯管时，绝大部分被抛向外壁，只有少数较细的煤粉留在中间；水平弯管气固两相流发生沉积的可能性比直管大为降低；沿弯管外壁运动的煤粉群相当松散，并以线状流向前滑动，外壁煤粉群的速度比管中间煤粉速度小，出口速度主要受摩擦系数 f_w、弯曲角 θ 及一定范围弯曲半径 R 的影响；煤粉被抛到外壁时，反弹不强烈，速度不断衰减，在一定位置煤粉群线状流散开；在弯管中部，细粉受二次流、紊流脉动影响大，浓度分布较均匀.

柴彬[2]对由 $R/D=2.39$，$\theta=90°$、$60°$ 以及 $R/D=1.75$，$\theta=90°$ 三种弯头组成的空间组合弯管内煤粉空气两相流动特性进行了研究. 实验结论包括：对于实验条件下的空间组合弯管出口截面的煤粉浓度分布特性基本由最后一个弯管所决定.

① 陈一平. 煤粉在水平弯管中气-固两相流动研究.西安交通大学硕士学位论文，1989.

② 柴彬. 空间组合弯管内气固两相流流动特性研究.西安交通大学硕士学位论文，1989.

在最后一个弯管弯曲角 $\theta > 60°$ 时，前面弯管对气固两相流颗粒浓度分布的影响，基本不影响出口截面的浓度分布特性. 实验条件下，弯曲角 $\theta > 60°$ 以后，弯管内煤粉分布特性为：在弯管外侧壁脊线附近煤粉浓度较高，其余部分煤粉浓度分布相对比较均匀且浓度较低；水平转竖直向上弯管出口截面浓度分布的不均匀性对竖直上升直管段内浓度分布特性的影响距离，比竖直转倾斜弯管出口截面浓度分布的不均匀性对倾斜直管内浓度分布特性的影响距离长很多.

美国理海大学的研究人员 Yilmaz 等，研究了稀相固体颗粒沿水平转向垂直弯管后垂直管中的不均匀性. 实验弯管为 90° 弯头，内径为 154mm 和 203mm，弯管半径与管子直径的比分别为 1.5 和 3，固体颗粒为煤粉(90% 的煤粉颗粒直径小于 75μm). 采用光导纤维测量了颗粒速度、浓度及质量流量的时均值. 实验工况设计中固体颗粒浓度和气体平均速度覆盖了典型的煤粉燃烧锅炉燃料输送管道中的工况. 测量表明，弯管内总是形成连续的线条流，这一连续的线条流一直延续到下游才解体成为不连续的颗粒团. 此外，还采用拉格朗日追踪法及 k-ε 两方程模型对弯管中气固两相紊流流动进行了数值模拟.

吕清刚[①]采用激光多普勒测速仪(laser doppler velocimeter, LDV)，对直管、直立弯管(直角肘管和 90° 弯道)、直立二分叉管及三分叉管内两相流动进行了研究. 实验研究发现如下.

对于直角肘管内的两相流动，直角肘管内气相没有测出回流. 肘管转角处的气相速度较低，出口速度较高，转角处的紊流强度较高. 颗粒速度远小于气相速度，其分布较为平坦. 垂直方向的紊流强度很大，这是颗粒与上壁强烈碰撞的结果. 水平方向紊流强度较小，分布也较平坦. 颗粒与管壁碰撞严重，二次流影响较大，出口颗粒积聚于通道中下部.

对于 90° 弯道内的两相流动，颗粒切向速度分布线与气相切向速度分布线在外壁附近相交. 气相切向速度分布峰值偏向内侧，在 $\theta = 60°$ 截面以后，靠近内壁的气相流动边界层发生脱离. 气相径向速度为正值，特别是在 $\theta = 45°$ 截面以后，显著增大，表明二次流影响较为严重. 在弯道内，颗粒近似沿直线飞行，与外壁发生碰撞并反弹，因而外壁附近的颗粒径向速度陡降对应的紊流强度较大；在内壁附近区域，大多是反弹颗粒，特别是在 30° 截面以后，因此其径向速度为负. 颗粒首先与外壁碰撞，然后反弹，有些反弹颗粒再次与内壁碰撞，每次碰撞颗粒的径向动量损失严重. 弯道内部的颗粒涌向外壁，外壁颗粒浓度很高. 内壁存在颗粒缺乏区. 在 45° 截面上，颗粒缺乏区高达通道的 50%. 从颗粒浓度分布上看，大部分颗粒与壁面发生碰撞后发生反弹. 经过重新组织实验，根据浓度分布的峰值的位置和其相应的速度能够确定颗粒与壁面碰撞的入射角和反弹角. 大部分颗粒与壁面的首次碰撞在 30°～45°，第二次碰撞发生在 75°～90°. 出口截面处的颗粒集

---

① 吕清刚. 直立弯道和直立分叉管中气固两相流动的研究. 西安交通大学博士学位论文，1990.

中在弯道外侧.

对于弯道恢复段中的两相流场,直角肘管后的颗粒浓度分布在 $X=45\text{mm}$ 截面时就已基本恢复平坦,并且弯头没有造成明显的分离;90° 弯道后的颗粒浓度分布直到 $X=300\text{mm}$ 截面才恢复平坦,造成了明显的相分离. 直角肘管后和 90° 弯道后的两相流场沿流向稳步恢复. 显著影响距离(指流动参数沿流向存在较大的变化)约为 $X/D=10$. 完全恢复需要的距离约为 $X/D=21$,或者更长($X/D=28$).

在允许管壁磨损和颗粒破碎的情况下,应优先选择直角肘管,特别是在不希望有严重的相分离的场合.

8.2　管内液固两相流

管内液固两相流一般就是指液力管道输送,这是一种以液体(通常为水)为载体,通过封闭管道来输送固体物料的输送方式.

8.2.1　固体颗粒的输送方式和流态

当液体中单个固体颗粒所受到的重力、阻力和浮力之间达到平衡状态时,可求出固体颗粒的沉降速度

$$u_\text{m} = \sqrt{\frac{4}{3} g \frac{d_\text{p}}{C_\text{D}} \frac{\rho_\text{S} - \rho_\text{L}}{\rho_\text{L}}}$$

式中, d_p 为颗粒粒径; ρ_L 液体密度; C_D 阻力系数; ρ_S 为固体密度.

根据管道的布置,固体颗粒在管道中的输送方式有以下几种.

(1) 垂直输送.

垂直输送(提升)时,携载力和驱动力的方向与固体的重力方向相反. 因此,要想达到物料提升所必需的固体运动速度 u_S,则平均流速 u 应该大于沉降速度 u_m. 这样,实现垂直输送的标准是

$$u > u_\text{m}$$

(2) 水平输送.

在这种情况下,液体的驱动流水平运动,同时还有其他因素,例如,横向的紊流交换、物体周围的非对称流、管道壁和颗粒处的非对称流的影响等相互叠加. 因此,很难确立水平输送条件下的标准,因为固体呈悬浮状态输送时除浮力外,还需要若干附加力的作用.

但在输送很细的颗粒时,浮力和紊流所产生的力起主要作用,因此,为避免发生沉积,可以确立下列标准:

$$\overline{u'} > u_\text{m}$$

式中, u' 为紊流的横向脉动分速度,其平均值约为轴向速度的 5%. 此外,流体

的速度必须永远大于颗粒开始沉淀时的临界速度 (u_c),即

$$u > u_c$$

(3) 倾斜输送.

对于与水平成一倾角的倾斜管道输送来说,情况就更为复杂,目前对此尚缺乏定量的研究,一般是将这种情况看成垂直输送与水平输送条件下的叠加.

从上述公式可以看出,固体颗粒越细越轻,越容易实现管道水力输送.

固体物料在管道中的流动状态分为均质流、非均质流和复合流. 非均质悬浮流动、推移层流动和固定沉积层流动均属于非均质流的范畴. 真正的均质流是不存在的,严格地讲,应为伪均质流或拟均质流.

对于以细颗粒组成为主的固液两相混合物,当浓度较高时,具有非牛顿流体的特性,一般常被看成是宾厄姆体. 随着固体浓度增大,颗粒之间很快形成絮网结构,黏性急剧增加,固体颗粒沉速极慢,整个混合物已成为一种均质浆液. 颗粒自重由宾厄姆剪切力及浮力支持,或由紊动扩散作用维持其均匀的悬移运动,在垂线上固体浓度分布十分均匀. 这种流动一般称均质流或伪一相流. 当固体浓度高达一定程度时,由于黏性很高,颗粒运动的惯性阻力可以忽略不计.

对于以粗颗粒为主体的固液两相混合物,在固体浓度不是很高时,依然保持牛顿流体的性质. 当浓度达到很高时,尽管也出现宾厄姆剪切力,但其产生原因是颗粒在高浓度不相互接触,在运动时受到静摩擦力作用,因而其绝对值一般比较小. 固体颗粒以推移和悬移的形式运动. 随着固体浓度的增大,紊动强度不断减弱,颗粒与颗粒之间因剪切运动而产生的离散力变得越来越重要. 但在固体浓度不是很高的情况下,颗粒运动的惯性阻力是主要的,垂向浓度分布具有明显的梯度. 这种流动一般称非均质流或两相流. 在固体浓度很高时,紊流转化为层流,整个颗粒的重量由离散力支持,垂向浓度分布也会变得十分均匀,但仍然保持固、液分离的两相特性.

对于物质组成中粗、细颗粒分布范围很广的固液混合物,在固体浓度达到一定程度以后,细颗粒形成结构与清水一起组成均质浆液,粗颗粒则在浆液中自由下沉,整个水流依然保持二相挟沙水流的特点,只不过组成液相的不是清水,而是清水与细颗粒组成的浆液. 随着固体浓度的提高,越来越多的粗颗粒物质成为浆液的组成部分. 当固体浓度超过某一临界值时,整个水流转化成均质浆液. 这种固液混合物在一定浓度下仍然保持非均质或两相流的特性. 这种以均质浆液为液相的两相流称为复合流.

对于均质和非均质流来说,其流动特性是不同的. 管道中的流动是均质还是非均质流取决于固体浓度、相对密度、颗粒粒径、管内流速和管径等许多因素,目前尚无统一的定量指标.

早期的判定方法是 Durand[1]提出的以颗粒粒径大小作为区分标准的方法,他认为对水、沙流系统来说,粒径大于 0.02mm 的可看成是非均质流. 这种方法考虑影响均质性的因素过于简单,不适合工业应用. Govier 等[2]用颗粒沉降速度来作判别,认为凡沉速小于 $0.6\sim1.5$mm/s 即为均质流. Newitt[3],Turian[4]等采用一临界速度 u_c 作为均质和非均质的判别指标,提出了各自 u_c 的计算公式. Thomas[5]和 Charles[6]则以颗粒沉降速度 u_m 和管道摩阻流速 u^* 之比 u_m/u^* 作为判定标准,取值分别为 0.2 和 0.13. Wasp[7]从便于工程设计的实际考虑,提出用管道断面的垂向浓度分布作为定量指标,即以管顶下 0.08 倍管径 D 处的固体体积分数 C_{VB} 与管中心处的体积分数 C_{VA} 之比来作为判定均质性的指标. 他认为 $C_{VB}/C_{VA}>0.8$ 时为均质流,$C_{VB}/C_{VA}<0.1$ 时为非均质流. 王邵周[8]参照 Bechtel 指标对此作了修正,认为 $C_{VB}/C_{VA}>0.8$ 且 d_{95} 粒级(小于该粒级的颗粒含量占 95%)的 $\left(C_{VB}/C_{VA}\right)_{d_{95}}>0.5$ 时为均质流,否则为非均质流. 佐藤博[9]又提出以管中心体积分数 C_{VA} 与基准点体积分数 C_{V0} 的比值 C_{VA}/C_{V0} 作为均质性的判定标准.

应该说,在上述各个标准中,Wasp 的判定标准同时考虑了颗粒沉速、紊流程度、管流条件和边界条件等多种因素影响,是目前最适合应用在管道工程设计的判定标准. 值得注意的是,对于 $\left(C_{VB}/C_{VA}\right)=0.1\sim0.8$ 的中间状态,Wasp 并没有说明属于哪一类流动状态. 费祥俊[10]把它称为均质-非均质复合流,但实际上也属于非均质流的范畴. 表 8-2 列出了两类不同的流动状态及其主要特征.

---

① Durand R. The Hydraulic Transportation of Coal and Solid Materials in Pipes. Colloq of National Coal Board, London, 1952, 39~52.

② Govier G W, Aziz K. The Flow of Complex Mixtures in Pipes. Van Nos trand Reinhold Co, 1972.

③ Newitt D M, et al. Hydraulic Conveying of Solids in Horizontal Pipes: part 2, Distribution of Particles and Slip Velocities. Proc Syrup Interaction Between Fluids and Panicles, London:Inst Chem Engrs, 1962.

④ Turian R M, Yuan T F. Flow of Slurries in Pipelines. AIChE Journal, 1977, 23(3): 232~243.

⑤ Thomas D G.Transport Characteristics of Suspensions:Part VI,Minimum Transport Velocity for Large Particle Size Suspensions on Round Horizontal Pipes, AIChE Journal, 1962, 8(3): 373~378.

⑥ Charles M E, Stevens G S. The Pipeline Flow of Slurries: Transition Velocities.Proc Hydrotransport, 1972, 2: 37~62.

⑦ Wasp E J, Kenny J P, Gandhi B L. Solid Liquid Flow Slurry Pipeline Transportation.Clausthal, Trans Tech Publications, 1977.

⑧ 王邵周. 粒状物料的浆体管道输送. 北京: 海洋出版社, 1998.

⑨ 佐藤博, 竹村昌太.沉降性浆体在水平管道内流动过程中浓度分布的近似解法. 水力采煤与管道运输, 1998, 2: 38~40.

⑩ 费祥俊. 浆体与粒状物料输送水力学. 北京: 清华大学出版社, 1994.

表 8-2 均质流和非均质流的主要特征

名称	均质流	非均质流	
C_{VB}/C_{VA}	$C_{VB}/C_{VA}>0.8$	$C_{VB}/C_{VA}<0.1$	$0.1<C_{VB}/C_{VA}<0.8$
载体	浆体本身	清水	二相载体
粒度	细颗粒	粗颗粒	粗细颗粒混合
流型	非牛顿体	牛顿体	非牛顿体
流态	层流或紊流	紊流	紊流
实例	泥流、高浓度煤浆或精矿浆	水石流、粗颗粒矿石水力输送	泥石流、尾矿浆、灰渣浆、粗细颗粒矿石

图 8-6 是均质流与非均质流的摩阻损失与流速关系的比较.

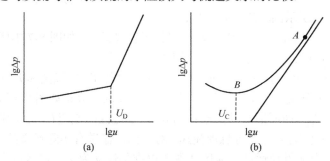

图 8-6 均质流与非均质流的摩阻损失与流速关系的比较
(a) 均质流; (b) 非均质流

均质流的摩阻损失与流速的典型关系如图 8-6(a)中的折线. 在高流速区, 流动是紊流, 在图中是陡的线性关系线. 当流速减小到某一点时, 流动从紊流变为层流, 这一点就是所谓的"黏性过渡流速", 低于此过渡流速, 是一段平缓的典型层流特性曲线.

非均质流的摩阻损失与流速关系如图 8-6(b)中所示的曲线. 在高流速区(A 点), 曲线趋于平行清水的损失关系, 也就是说, 随着流速的增加, 浓度梯度变得不明显. 随着流速从 A 点减小, 固体颗粒分布不均性变得越明显, 减小到 B 点时, 出现不动的或滑动的床面淤积层, 这时的流速叫作淤积流速. 对于粒径均匀的浆体来说, 淤积流速与摩阻损失、流速关系曲线上的最小值相符. 如流速进一步减小到低于 B 点, 则在流动床面上开始形成固体颗粒层, 同时由于减小了有效过流面积, 使摩阻损失增加. 与均质流的过渡流速不同, 非均质流的淤积流速仍属紊流流速, 在淤积流速时, 颗粒重力作用下的下沉趋势恰好超过维持颗粒悬浮的紊动作用.

对于均质流, 固体颗粒以悬移形式运动. 对于非均质流, 固体颗粒随着流速的变化出现不同程度的推移质运动. 对于一定的固体浓度和颗粒大小, 从颗粒运动形

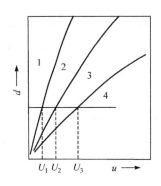

图 8-7 非均质流的流区与界限流速
1-固定床面区；2-可动床面区；
3-非均匀悬浮区；4-均匀悬浮区

式的角度,非均质流还可随着流速变化划分为几个流区,如图 8-7 所示.图中纵坐标为固体颗粒的大小,横坐标为水流平均速度.一般情况下存在如下四个典型的流区：

(1) 当固体颗粒较粗,流速较低时,固体颗粒没有开始运动,床面保持固定,如图 8-7 中所示的固定床面区.

(2) 当流速增加,一定大小的床面颗粒起动进入运动状态,颗粒以推移运动为主,也有少量悬移运动,如图 8-7 中所示的可动床面区.

(3) 当流速进一步增大,大部分颗粒进入悬移运动,但仍有一部分或小部分颗粒为推移运动,如图 8-7 中所示的非均匀悬浮区.

(4) 当流速很高时,全部固体颗粒都属于悬移运动,如图 8-7 中所示的均匀悬浮区.在这一区内,流动特性近似于均质流.

当颗粒直径一定时,随着流速增大,一定浓度的浆体,以图 8-7 中所示的 U_1、U_2 及 U_3 为界划分流区,其相应的颗粒运动状况及浓度分布如图 8-8 所示.划分 1、2 流区的流速 U_1,即所谓起动流速；划分 2、3 流区的流速 U_2 称不淤流速；划分 3、4 流区的流速 U_3 或称充分悬浮流速.对于固体输送有实际意义的是流区 3.因为流区 1 基本上无颗粒运动,流区 2 颗粒以推移运动为主,输送量少,效率低而且边壁受到严重磨损,在浓度提高以后还会造成输送明渠的淤积,或输送管道的堵塞.而流区 4 虽然颗粒充分悬浮不会淤积或堵塞,但因流速太高,输送能量消耗过大.所以,无论是采用明渠自流输送固体,还是管道泵送,均采用流区 3,即非均匀悬浮区.在这一流区既能使绝大多数颗粒以悬移形式运动,输送比较安全,而且输送流速又不是很高,使输送的能耗可以减少.因而这一流区的下限流速,即 U_2 的确定,就有重要的实际意义.

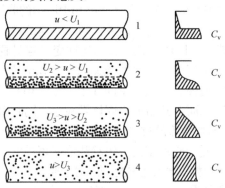

图 8-8 非均质流各流区的固体浓度分布及界限流速

但由于实验观测的困难，对这一下限流速的定义不尽一致，主要有两类临界流速的定义. 一是"极限淤积流速"和"临界淤积流速".措辞虽有不同，但都指固体颗粒从悬浮状态沉淀下来，并形成固定底床的流速. 这实际上已不是图 8-7 中的 U_2，而是接近于 U_1，因为 U_1 与 U_2 一般差别不是很大. 更多的人主张用另一定义的临界流速，或称"临界不淤流速"，指的是固体颗粒从悬浮状态转入在床面滑动或滚动的流速，这更接近于图 8-7 中的 U_2. 由于测验观察上存在的实际困难，即使按同一定义来观测临界流速，结果也会因人而异.

均匀颗粒的非均质流临界流速，在早期完全根据实验观测结果给出纯经验性的计算公式，以后逐渐有根据实验及分析方法确定临界流速，但迄今为止尚无普遍适用的公式.

费祥俊[①]曾整理过经过换算后的各种临界流速公式.

8.2.2　浓度和速度分布

在管道两相流动中，要说明阻力损失等问题，必须了解表示流动机理的浓度和速度分布，这也是多年来两相流研究中的重要课题之一. 倪晋仁[②]曾对此作过详细论述.

早期的研究主要以实验为主. Durand[③]曾在 150mm 的管道中研究了粗、细两种粒径(d_p 为 0.18mm，2.04mm)泥沙的浓度和流速分布，后来，Newitt[④]、Toda[⑤] 等又在不同的管径下对各种泥沙进行了实验研究，并提出了一些相应的计算公式. 但是由于当时测量手段的限制，他们的分析成果仅限于特定的实验条件，不一定具有普遍意义. 近些年来，从理论上探讨管道两相流浓度和速度分布机理的文献增多. 例如，Roco[⑥]、Asakura[⑦]、Ayukawa[⑧]、许振良[⑨]等采用数值解法计算了水平

---

① 费祥俊. 浆体与粒状物料输送水力学. 北京: 清华大学出版社, 1994.

② 倪晋仁, 王光谦, 张红武. 固液两相流基本理论及其最新应用. 北京: 科学出版社, 1991.

③ Durand R. Basic Relationship of the Transportation of Solids in Pipes Experimental Research. Proc Minnesota Int. Hydraulic Convention, 1953.

④ Newitt D M, et al. Hydraulic Conveying of Solids in Horizontal Pipes: part 2, Distribution of Particles and Slip Velocities. Proc Syrup Interaction Between Fluids and Panicles, London: Inst Chem Engrs, 1962.

⑤ Toda M, Konno H, Saito S, et al. Hydraulic Conveying of Solids Through Horizontal and Vertical Pipes. Intern Chem Eng, 1969, 9(3): 553~560.

⑥ Roco M C, Mahadewan S.Scale up Technique if Slurry Pipelinws: Part 2, Numerical Integration. Trans ASME J Energy Resource Tech, 1986, 108: 278~285.

⑦ Asakura K, Tozawa Y, Nakaja I, et al. Numerical Calculation of Velocity and Concentration Distribution and Pressure Loss of a solid Liquid Flow.Proc 1st ASME JSME Fluid Eng Conf,Liquid Solid Flow, FED, 1991, 118: 45~51.

⑧ Ayukawa K. Hydraulic Transport of Suspended Solid Particles in a Horizontal Pipe:1st report, Velocity Distribution and Concentration Distribution. Trans JSME, 1972, 38(315): 2863~2871.

⑨ 许振良, 张永吉, 孙宝铮. 水平管道沉降性浆体速度分布与浓度分布关系的研究. 水力采煤与管道运输, 1997, 3: 21~27.

管道沉降性浆体的浓度和速度分布. Alajbegovic[①]、魏进家[②]等对管道密相液固两相流动进行了数值研究. 张兴荣[③]则提出了高浓度管道输送中的流速分布计算模型.

图 8-9 给出的不同流动状态下的浓度和速度分布图, 可以很好地说明问题. 其中, 横坐标分别表示固体体积分数 C_v 和混合液流速 u, 纵坐标表示距管底的距离 y 与管径 D 的比值.

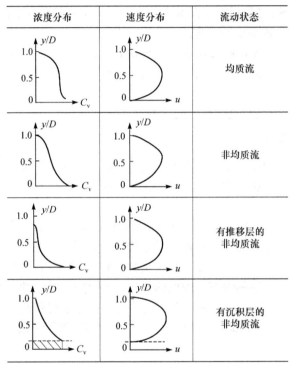

图 8-9 浓度分布、速度分布与流动状态的关系

8.2.3 摩阻损失

对管道两相流来说, 摩阻损失的研究主要集中在两个方面: 一是影响因素的分析; 二是摩阻损失的计算.

研究表明, 管道摩阻损失与流速、颗粒大小、密度、级配、浓度比及管道直径等都有关系. 为了分析各因素对摩阻损失的影响, 很多研究者采用孤立因素的

① Alajbegovic A, Assad A, Bonetto F, et al. Phase Distribution and Turbulence Structure for Solid Liquid Upflow in a Pipe. Int J Multiphase Flow, 1994, 20(3): 453~479.

② 魏进家, 姜培正, 王长安. 密相液固两相流动的数值研究. 水动力学研究与进展, 1997, 12(3): 350~355.

③ 张兴荣. 高浓度管道输送中水流结构及运动机理的研究. 管道运输, 1997, 2(3): 19~27.

方法进行实验研究. Duckworth[①]采用比水轻和比水重的物质进行实验，研究了颗粒密度的影响. Shook[②]采用中径分别为 0.2mm 及 0.5mm 且各具 3 种不同分散程度的泥沙，研究了在 D 为 53mm 及 107mm 的管道中泥沙级配对摩阻损失的影响. 钱宁[③]、Sakamoto[④]也曾进行过类似的颗粒级配实验. 除此以外，Thomas[⑤]以粗细不同的泥沙研究了颗粒粒径对摩阻损失的影响.

对于管道摩阻损失的计算，已经提出了近百种经验或半经验的计算公式. 但迄今还没有普遍适用的公式. 如果以这些公式所属的理论体系来分，主要有以下三类.

(1) 扩散理论.

这一理论的基本论点是两相流中固体颗粒与流体质点一起参加扩散，因此可把浆体作为密度相同的纯液体. 其摩阻损失 i_m 的基本形式为

$$i_m = i_0 \frac{\rho_m}{\rho}$$

式中，i_m 为浆体管道的摩阻损失；ρ_m 为混合物密度；i_0 为清水管道的摩阻损失.

这种理论没有考虑固体颗粒与流体质点之间的相互作用，而把浆体看成均质流体，因此它只适用于粒度较细、浓度较低的情况. 从实际应用来看，属于这种理论体系的公式相对较少，我国鞍山矿山设计院提出的经验公式[⑥]属于这种理论.

$$i_m = K i_0 \frac{\rho_m}{\rho}$$

当固体质量分数 $C_w = 0.1 \sim 0.3$ 时，$K = 1$；当 $C_w = 0.3 \sim 0.6$ 时，$K = 1.464 \sim 0.454$.

(2) 重力理论.

重力理论的基本观点是两相流的能量消耗大于纯液体的能耗. 其摩阻损失 i_m 的基本形式为

$$i_m = i_0 + \Delta i_0$$

---

① Duckworth R A, Argyros G. Influence of Density Ratio on the Pressure Gradient in Pipe Conveying Suspensions of Solids in Liquids. Proc Hydro transport, 1972, 2:1~11.

② Shook C A. Some Experimental Studies of the Effect of Particle and Fluid Properties upon the Pressure Drop for Slurry Flow. Proc Hydrotransport, 1972, 2: 13~22.

③ 钱宁, 万兆惠. 泥沙运动力学. 北京: 科学出版社, 1983.

④ Sakamoto M. A Hydraulic Transport Study of Coarse Materials Including fine Particles with Hydrohoist. Proc Hydrotransport, 1978, 5: 79~90.

⑤ Thomas D G.Transport Characteristics of Suspensions:Part VI, Minimum Transport Velocity for Large Particle Size Suspensions in Round Horizontal Pipes, AIChE Journal, 1962, 8(3): 373~378.

⑥ 费祥俊. 浆体与粒状物料输送水力学. 北京: 清华大学出版社, 1994.

式中，Δi_0 为附加摩阻损失.

属于这种理论体系的公式有多种，例如，Durand[1]、Newitt[2]、Zandi[3]、Wasp[4] 及邹履泰等[5]的公式. 不同作者给出不同的摩阻损失数学模型，其中应用最广的是 Durand 公式

$$i_{\mathrm{m}} = i_0 + KC_{\mathrm{V}}\left[\left(\frac{u^2}{gD}\right)\left(\frac{\rho}{\rho_{\mathrm{s}} - \rho}\right)\sqrt{C_{\mathrm{D}}}\right]$$

式中，K 代表不同物料的系数；u 为水流速度.

应该指出，重力理论只考虑了使固体颗粒悬浮所需的能量，而未考虑固体颗粒在运动中的能耗，因而它较适用于粗颗粒的情况.

(3) 能量理论.

鉴于上述两种理论的局限性，后来又提出了能量理论. 这一理论是扩散理论与重力理论相结合的理论，其摩阻损失 i_{m} 的基本形式为

$$i_{\mathrm{m}} = i_0 \frac{\rho_{\mathrm{m}}}{\rho} + \Delta i_0$$

属于这种理论体系的有费祥俊[6]，王邵周[7]等的公式. 其中，王邵周的公式为

$$i_{\mathrm{m}} = \frac{\lambda_{\mathrm{m}}}{D}\frac{u^2}{2g}\frac{\rho_{\mathrm{m}}}{\rho} + \left(1.86 - 6.85\frac{u_{\mathrm{m}}}{u}\right)C_{\mathrm{V}}\left(\frac{\rho_{\mathrm{s}} - \rho}{\rho_{\mathrm{m}}}\right)\frac{u_{\mathrm{m}}}{u}$$

式中，λ_{m} 为摩阻系数；u_{m} 为颗粒平均沉降速度.

值得注意的是，与早期的研究方式不同，近年来国内外学者多趋向于用流变参数预测浆体管道摩阻损失，以解决环管实验数据外延预测摩阻损失所存在的比尺效应、水温以及实验条件与实际工程的差异等问题.

① Durand R. The Hydraulic Transportation of Coal and Solid Materials in Pipes.Colloq of National Coal Board, London, 1952, 39～52.

② Newitt D M, et al.Hydraulic Conveying of Solids in Horizontal Pipes. Trans Inst Chem Engrs, 1955, 33(2): 93～113.

③ Zandi I, Oovatos G. Heterogeneous Flow of Solids in Pipeline.J Hyd Div, Proc Amer Soc Civil Engrs, 1967, 93(3): 145～159.

④ Wasp E J, Kenny J P, Gandhi B L. Solid Liquid Flow Slurry Pipeline Trans portation. Clausthal, Trans Tech Publications, 1977.

⑤ 邹履泰. 两相流管道水力输送中摩阻损失的预估. 杂质泵及管道水力输送学术讨论会论文集, 1988, 176～182.

⑥ 费祥俊. 浆体与粒状物料输送水力学. 北京: 清华大学出版社, 1994.

⑦ 王邵周. 粒状物料的浆体管道输送. 北京: 海洋出版社, 1998.

8.3　管内气液固三相流

8.3.1　基本原理

空气提升泵(air-lift pump)是三相流的代表性工业装置，这种泵由德国人 Carl Löscher 于 18 世纪末所发明. 三相流垂直提升的原理是将压缩空气由输送管送至水下某一深度，由于水中掺气后其气液两相流的密度比水小，管内液面便高出水面. 当提升高度超过管上端的管道长度时，水便会产生溢出流动. 根据水的连续性原理，管内下部水流也会随之向上补充. 当水流速度达到和超过底部泥沙的扬动流速时，泥沙便会随之被输送上来. 输送的重量浓度可达50%以上. 这一技术在我国有着广阔的应用前景，其工作原理见图 8-10.

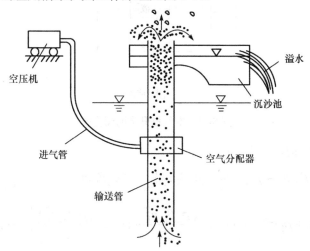

图 8-10　空气提升泵的工作原理

空气提升泵可用于在江、河、湖、海中建桥时桥墩孔的挖掘、建坝，河床、港湾的疏浚，巷道、深井的钻探，矿井内煤炭及其他矿物的垂直提升等；将海底深处发现的矿物输送到水面. 为了开采海底矿产，国外已应用三相流垂直提升技术采集锰结核，可把 5000m 深的海底的锰块提升上来.

图 8-10 可简化为图 8-11.

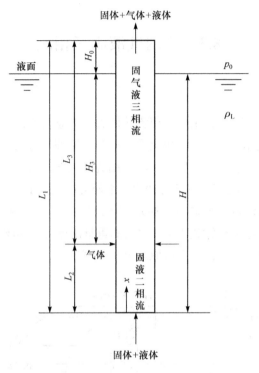

图 8-11　空气提升泵的简化图

对进出口写动量方程, 有

$$\left\{ \rho_{G}\beta_{G3}u_{G}^{2} + \rho_{L}\beta_{L3}u_{L}^{2} + \rho_{S}\beta_{S3}u_{S}^{2} \right\}_{out} - \left\{ \rho_{L}\beta_{L2}u_{L}^{2} + \rho_{S}\beta_{S2}u_{S}^{2} \right\}_{in}$$

$$= \left[\left(p_{0} + \rho_{L}gH \right) - \left\{ \left(1+\zeta_{L}\right)\frac{\rho_{L}\beta_{L2}u_{L}^{2}}{2} + \left(1+\zeta_{S}\right)\frac{\rho_{S}f_{S2}u_{S}^{2}}{2} \right\} \right]_{in} - \left(p_{0} \right)_{out}$$

$$- \left[\int_{0}^{L_{2}} g\left(\rho_{L}\beta_{L2} + \rho_{S}\beta_{S2} \right)dx + \int_{L_{2}}^{L_{2}+L_{3}} g\left(\rho_{G}\beta_{G3} + \rho_{L}\beta_{L3} + \rho_{S}\beta_{S3} \right)dx \right]$$

$$+ \left[\int_{0}^{L_{2}} \left(\frac{d\rho}{dx}\right)_{f_{2}} dx + \int_{L_{2}}^{L_{2}+L_{3}} \left(\frac{d\rho}{dx}\right)_{f_{3}} dx \right]$$

式中, β 为容积含量; 脚标 2、3 为二相或三相; ζ 为进口损失阻力系数; f_{2}、f_{3} 为二相或三相流的摩擦阻力系数. 右边第 1 项为作用在管底部的力; 第 2 项为作用在管顶部的力; 第 3 项为位置头; 第 4 项为摩擦损失.

显然, 驱动力

$$\rho_{L}gH - \left[\int_{0}^{L_{2}} g\left(\rho_{L}\beta_{L2} + \rho_{S}\beta_{S2} \right)dx + \int_{L_{2}}^{L_{2}+L_{3}} g\left(\rho_{G}\beta_{G3} + \rho_{L}\beta_{L3} + \rho_{S}\beta_{S3} \right)dx \right]$$

为了求解上式, 必须求得各相容积含量和摩擦阻力损失.

气固液三相流还多见于流化床、煤炭液化装置、固体的流体输送系统等. 过程加工技术中有许多三相反应装置的实例, 例如, 在石油工业、合成化工、生物反应器废气处理等工业, 涉及三相反应装置的流型、传质、传热等特性.

8.3.2　容积含量

根据垂直管内强制流动的实验结果, 可以将气液固三相流看成是在气液两相流中添加一定量的固体粒子所形成.

图 8-12 为 $\beta_{L3} + \beta_{S3}$ 随固体粒子体积浓度变化的实验结果. 实验用的固体颗粒为 $d_p = 2.7\text{mm}$ 粗砂, 管内径 $D = 46.5\text{mm}$, 液相折算流速 $J_L = 1.3\text{m/s}$, 气相折算流速 $J_G = 1.7\text{m/s}$. 可以看出, $\beta_{L3} + \beta_{S3}$ 基本上不随固体粒子体积浓度的增加而变化.

图 8-13 为固体容积含量与液体容积含量的关系的实验结果. 实验用固体颗粒为 $d_p = 7.57\text{mm}$ 的玻璃球, 管内径 $D = 19\text{mm}$, $J_G = 0.59\text{m/s}$. 可以看出, 仅增加 β_{S3}, β_{L3} 将减少, 图中实线 $\beta_{L3} + \beta_{S3}$ 为恒定的线.

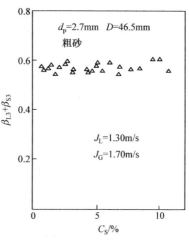

图 8-12　$\beta_{L3} + \beta_{S3}$ 与固体粒子体积浓度关系

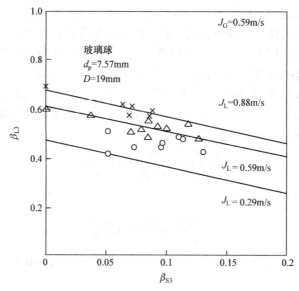

图 8-13　固体容积含量与液体容积含量的关系

图 8-14 为当保持液相折算流速 J_L 和固体粒子体积浓度一定时, 气相折算流速 J_G 与 $\beta_{L3} + \beta_{S3}$ 的关系.

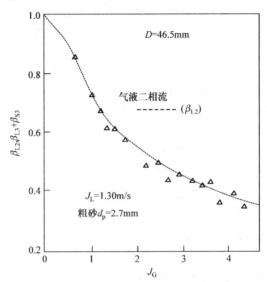

图 8-14 气相折算流速 J_G 与 $\beta_{L3} + \beta_{S3}$ 的关系

可以看出, 随着 J_G 的增加, $\beta_{L3} + \beta_{S3}$ 会下降, 并与同一气液流量下的气液两相流的液体体积含量 β_{L2} 一致. 即在气液两相流中加入的固体粒子对气体的流动几乎不产生任何影响. 这样, 固体粒子存在于液体中, 恰似同一种物体, 所以, 求取气固液三相流的容积含量时, 可以使用气液两相流的有关公式, 即用固液两相体积含量的和来代替气液两相流中的液体的体积含量, 于是, 气固液三相流可以看作是气体和液固混合物所形成的两相流. 可以借用气液两相流的有关研究成果, 在一定的范围内推广到三相流中, 但必须明确使用范围.

日本学者坂口忠司[①]根据垂直管内强制流动的气液固三相流的观察结果和容积含量的实验结果, 将三相流看作是气相和液固混合物形成的气液两相流, 建议将气液两相流的容积含量计算式

$$\frac{1-\beta_{L2}}{\beta_{L2}} = \frac{\beta_{G2}}{1-\beta_{G2}} = C\frac{J_G^n}{J_L^m}$$

推广到三相流中

$$\frac{1-(\beta_{L3}+\beta_{S3})}{\beta_{L3}+\beta_{S3}} = C\frac{J_G^n}{J_L^m}$$

当 $J_L < 0.5\mathrm{m/s}$, $C = 0.82$, $m = 0.69$, $n = 0.96$; $J_L > 0.5\mathrm{m/s}$, $C = 0.67$,

① 坂口忠司. 固气液三相流研究现状 1. 机械的研究, 1983, 35(10): 1113-1120.

$m = 0.69$，$n = 0.78$.

事实上，使用上式，仅能求得 β_{G3}.

都田等建议采用如下方法.

$$\frac{\beta_{S3}}{\beta_{S3} + \beta_{L3}} = \frac{C_S}{\exp\left(0.01 Re_p^{0.4}\right) - 0.0059 Re_p^{0.69}\left[\left(J_{L03} + J_{S03}\right)^2 / \{gD(S-1)\}\right]^{-0.5}}$$

式中，$Re_p = d_p J_S / \nu_L$，J_S 为固体粒子的终端速度；S 为比重.

由 Bankoff 方法，即

$$\beta_{G2} = K \frac{J_G}{J_G + J_L}$$

由 Hughmark 提出计算 K 的方法

$$Z = \frac{Re^{\frac{1}{6}} Fr^{\frac{1}{8}}}{y_L^{\frac{1}{4}}}$$

式中

$$\left.\begin{array}{l} Re = \dfrac{D\left(J_L \rho_L + J_G \rho_G\right)}{\mu_G \beta_{G2} + \mu_L \beta_{L2}} \\[3mm] Fr = \dfrac{\left(J_G + J_L\right)^2}{gD} \\[3mm] y_L = \dfrac{J_L}{J_G + J_L} \end{array}\right\}$$

由图 8-15 求得 K.

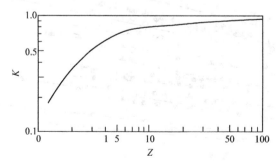

图 8-15 K 与 Z 的关系

推广到三相流中，有

$$\beta_{G3} = K \frac{J_G}{J_G + J_L + J_S}$$

$$Re = \frac{D\{\rho_G J_G + \rho_{SL}(J_L + J_S)\}}{\mu_G \beta_{G3} + \mu_L(1 - \beta_{G3})}$$

$$Fr = \frac{(J_G + J_L + J_S)^2}{gD}$$

$$y_L = \frac{J_L + J_S}{J_G + J_L + J_S}$$

式中

$$\rho_{SL} = \rho_L + (\rho_S - \rho_L)\frac{\beta_{S3}}{\beta_{LS} + \beta_{S3}}$$

具体的求解需要采用迭代法才能完成.

对于玻璃粒子或离子交换树脂球–水–空气三相流, 采用上述方法所获得的计算值与实验值的误差在 30% 以内.

8.3.3　压力损失

若垂直管内强制流动的气固液三相流的单位管长的压力损失水头为 $i_{T3}(10^4\,\text{Pa/m})$, 如图 8-16 所示的实验结果表明:

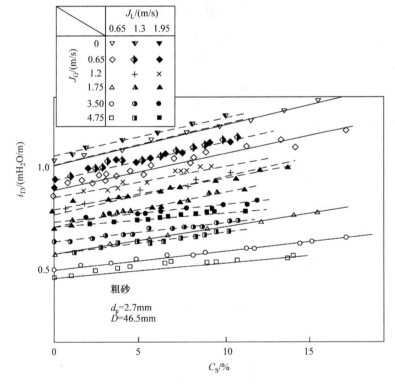

图 8-16　垂直管内三相流的压力损失 i_{T3} 与流速的关系

(1) 当气液两相流的容积流量保持一定，随固体粒子浓度 C_S 的增加，压力损失 i_{T3} 线性增加.

(2) 气相容积流量和固体粒子浓度 C_S 一定时，液体容积流量越大，i_{T3} 越大. 这是因为随 J_L 的增加，气相容积含量相对减小，位置水头增加，所以导致 i_{T3} 增加.

(3) J_L 和 C_S 保持一定，J_G 越大，i_{T3} 越小. 这是因为随着 J_G 的增加，气相容积含量相对增加，位置水头减小，所以 i_{T3} 减小.

在实验范围内，随气相容积流量的增加，i_{T3} 单调减小，但是，对于定常流动，压力损失由摩擦损失、位置损失和加速损失三部分组成. 一般来说，加速损失可予以忽略. 随气相容积流量的增加，气相容积含量增加位置水头下降，同时，摩擦损失应增加，因此，如果气相容积流量增加到某一数值，位置水头下降的影响将减小，而摩擦损失的变化将居支配地位. 所以，随着 J_G 的增加，总压力损失应先减小，达到某一极小值后再增加.

水平管内三相流的压力损失与容积流量的关系示于图 8-17 中. 一般来说，$\Delta P_{T3} / \Delta P_{SL0}$ 随 $J_G / (J_L + J_S)$ 的增加而增加，但当 $J_G / (J_L + J_S)$ 比较小时，存在三相流的压力损失小于固液混合物单独流的压力损失的区域，即 $\Delta P_{T3} / \Delta P_{SL0} < 1$.

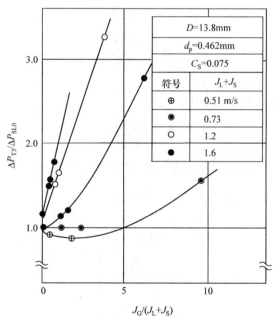

图 8-17 水平管内三相流的压力损失 i_{T3} 与流速的关系

定常流动时，由于加速损失较小，摩擦损失水头 i_{f3} 可由下式确定：

$$\Delta P_{f3} = \Delta P_{T3} - (\rho_G \beta_{G3} + \rho_L \beta_{L3} + \rho_S \beta_{S3}) gl$$

实验表明，对于垂直管内强制流动：

(1) J_G 和 J_L 一定，i_{f3} 随 C_S 的增加线性增加；

(2) J_G 和 C_S 一定，J_L 越大，i_{f3} 越大；

(3) J_L 和 C_S 一定，J_G 越大，i_{f3} 越大.

关于压力损失的计算，可以设法将气液两相流或固液两相流中的有关计算式推广到三相流中. 将固液两相流的压力损失 ΔP_{LS} 减去液体单独流动时的压力损失 ΔP_{LT} 后，所得的差 ΔP_{Sa} 看作是由加入固体粒子所引起的附加损失

$$\Delta P_{LS} = \Delta P_{LT} + \Delta P_{Sa}$$

常用如下方法计算固液两相流的压力损失：

$$\phi = \frac{i_{LS} - i_{LT}}{\mu i_{LT}}$$

式中，ϕ 为压力系数；μ 为混合比.

$$\mu = \frac{M_S}{M_L}$$

$$i_{LS} = \frac{\Delta P_{LS}}{\rho_L g L}$$

$$i_{LT} = \frac{\Delta P_{LT}}{\rho_L g L}$$

式中，M_S、M_L 为固、液质量流量.

将上述方法推广到三相流中，则有

$$\phi_3 = \frac{i_{T3} - i_{LT}}{C_S i_{LT}}$$

由于上式不能说明气体体积含量的影响，故提出了下式：

$$\phi_3' = \frac{(i_{T3} - i_{LT})}{\left[i_{LT} \left\{ C_S \left(\frac{\rho_S}{\rho_L} - 1 \right) + C_G \sin\theta \right\} \right]}$$

$$\left. \begin{array}{l} i_{T3} = \dfrac{\Delta P_{T3}}{\rho_L g L} \\[2mm] C_S = \dfrac{Q_S}{Q_L + Q_S} \\[2mm] C_G = \dfrac{Q_G}{Q_L + Q_S} \end{array} \right\}$$

采用该式整理水平、垂直倾斜管的强制流动的实验数据，结果令人满意.

气液两相流中的摩擦压降计算方法为

$$\frac{\Delta P_{f2}}{\Delta P_{L0}} = \beta_{L2}^{-1.51}$$

将垂直管内强制流动的三相流，看作是空气-固液混合物组成的两相流，则有

$$\frac{\Delta P_{f3}}{\Delta P_{L0}} = \left(\beta_{L3} + \beta_{S3}\right)^{-1.51}$$

式中，ΔP_{L0} 为液体单独流动时的摩擦压力损失.

设气液两相单独流动时的摩擦压力损失为 ΔP_{GL0}，固液两相流中，由于固体粒子加入单独流动的液体中，产生的附加损失为 $\Delta P_{Sa} = \Delta P_{SL0} - \Delta P_{LT}$，用气相体积含量进行修正来考虑气液混合物中加入固体的影响，则有

$$\Delta P_{T3} = \Delta P_{GL0} + \left(1 - \beta_{G3}\right)^{1.3}\left(\Delta P_{SL0} - \Delta P_{LT}\right)$$

$$\Delta P_{SL0} = \left[1 + 81 C_S \left\{\sqrt{C_D}\,\frac{i_{SL0}^2}{gD(S-1)}\right\}^{-1.1}\right]\Delta P_{LT}$$

式中，$S = \dfrac{\rho_S}{\rho_L}$，即比重.

$$\Delta P_{GL0} = 0.82\left(1 - \beta_{G3}\right)^{-2.24}\Delta P_{LT}$$

$$\Delta P_{LT} = \lambda_{LT}\frac{\Delta L}{D}\frac{J_{SL0}^2}{2}\rho_L$$

$$\lambda_{LT} = 0.3164\left(\frac{DJ_{SL0}}{\nu_L}\right)^{-0.25}$$

$$J_{SL0} = J_L + J_S$$

习　题　8

8.1　在管道悬浮输送时，气固两相流的压力损失有哪些确定原则.

8.2　管内液固两相流，分析非均质流的流区状况.

8.3　管内气液固三相流，分析单位管长压力损失的影响因素.

第9章 相似原理与量纲分析

实验既是发展理论的依据又是检验理论的准绳，解决科技问题往往离不开科学实验. 在探讨流体运动的内在机理和物理本质方面，当根据不同问题提出研究方法、发展流体力学理论、解决各种工程实际问题时，都必须以科学实验为基础.

工程流体力学的实验主要有两种：一种是工程性的模型实验，目的在于预测即将建造的大型机械或水工结构上的流动情况；另一种是探索性的观察实验，目的在于寻找未知的流动规律.

指导工程流体力学实验的理论基础是相似原理和量纲分析，本章将介绍其基本原理和分析方法.

9.1 相 似 原 理

9.1.1 力学相似的基本概念

为了能够在模型流动上表现出实物流动的主要现象和性能，也为了能够从模型流动上预测实物流动的结果，必须使模型流动和其相似的实物流动保持力学相似关系，所谓力学相似是指实物流动与模型流动在对应点上对应物理量都应该有一定的比例关系，具体地说力学相似应该包括三个方面.

(1) 几何相似，即模型流动与实物流动有相似的边界形状，一切对应线性尺寸成比例.

如果用下标为 p 的物理量符号表示实物流动，用下标为 m 的物理量符号表示模型流动，则长度比例尺 λ_l (也称线性比例尺)、面积比例尺 λ_A 和体积比例尺 λ_V 分别为

$$\lambda_l = \frac{l_p}{l_m}$$

$$\lambda_A = \frac{A_p}{A_m} = \frac{l_p^2}{l_m^2} = \lambda_l^2$$

$$\lambda_V = \frac{V_p}{V_m} = \frac{l_p^3}{l_m^3} = \lambda_l^3$$

其中, 长度比例尺 λ_l 是几何相似的基本比例尺, 面积比例尺 λ_A 和体积比例尺 λ_V 可由长度比例尺导出. 长度 l 的量纲是 L, 面积 A 的量纲是 L^2, 体积 V 的量纲是 L^3.

(2) 运动相似, 即实物流动与模型流动的流线应该几何相似, 而且对应点上的速度成比例. 因此, 速度比例尺

$$\lambda_v = \frac{\upsilon_p}{\upsilon_m}$$

是力学相似的又一个基本比例尺, 其他运动学的比例尺可以按照物理量的定义或量纲由 λ_l 及 λ_v 来确定.

时间比例尺

$$\lambda_t = \frac{t_p}{t_m} = \frac{l_p/\upsilon_p}{l_m/\upsilon_m} = \frac{\lambda_l}{\lambda_v}$$

加速度比例尺

$$\lambda_a = \frac{a_p}{a_m} = \frac{\upsilon_p/t_p}{\upsilon_m/t_m} = \frac{\lambda_v}{\lambda_t} = \frac{\lambda_v^2}{\lambda_l}$$

流量比例尺

$$\lambda_Q = \frac{Q_p}{Q_m} = \frac{l_p^3/t_p}{l_m^3/t_m} = \frac{\lambda_l^3}{\lambda_t} = \lambda_l^2 \lambda_v$$

(3) 动力相似, 即实物流动与模型流动应该受同种外力作用, 而且对应点上的对应力成比例.

密度比例尺

$$\lambda_\rho = \frac{\rho_p}{\rho_m}$$

是力学相似的第三个基本比例尺, 其他动力学的比例尺均可按照物理量的定义或量纲由 λ_ρ、λ_l、λ_v 来确定.

质量比例尺

$$\lambda_m = \frac{m_p}{m_m} = \frac{\rho_p V_p}{\rho_m V_m} = \lambda_\rho \lambda_l^3$$

力的比例尺

$$\lambda_F = \frac{F_p}{F_m} = \frac{m_p a_p}{m_m a_m} = \lambda_m \lambda_a = \lambda_\rho \lambda_l^2 \lambda_v^2$$

压强(应力)比例尺

$$\lambda_p = \frac{F_p/A_p}{F_m/A_m} = \frac{\lambda_F}{\lambda_A} = \lambda_\rho \lambda_v^2$$

值得注意的是，量纲为一的系数的比例尺

$$\lambda_C = 1$$

即在相似的实物流动与模型流动之间存在着一切量纲为一的系数皆对应相等的系数，这提供了在模型上测定实物流动中的流速系数、流量系数、阻力系数等的可能性.

此外，由于模型和实物大多处于同样的地心引力范围，故单位质量重力(或重力加速度)g 的比例尺 λ_g 一般等于 1，即

$$\lambda_g = \frac{g_p}{g_m} = 1$$

所有这些力学相似的比例尺均列在表 9-1 的"力学相似"栏中，基本比例尺 λ_l、λ_v、λ_ρ 是各自独立的，基本比例尺确定之后，其他一切物理量的比例尺都可以确定，模型流动与实物流动之间一切物理量的换算关系也就都确定了.

表 9-1 力学相似及相似模型法的比例尺

模型法	力学相似	重力相似 弗劳德模型法	黏性力相似 雷诺模型法	压力相似 欧拉模型法
相似准则	$Fr_p = Fr_m$ $Re_p = Re_m$ $Eu_p = Eu_m$	$\dfrac{v_p^2}{g_p l_p} = \dfrac{v_m^2}{g_m l_m}$	$\dfrac{v_p l_p}{\nu_p} = \dfrac{v_m l_m}{\nu_m}$	$\dfrac{p_p}{\rho_p v_p^2} = \dfrac{p_m}{\rho_m v_m^2}$
比例尺的制约关系	λ_l、λ_v、λ_ρ	$\lambda_v = \lambda_l^{\frac{1}{2}}$	$\lambda_v = \dfrac{\lambda_\nu}{\lambda_l}$	$\lambda_p = \lambda_\rho \lambda_v^2$
线性比例尺	基本比例尺	基本比例尺	基本比例尺	
面积比例尺	λ_l^2	λ_l^2	λ_l^2	
体积比例尺	λ_l^3	λ_l^3	λ_l^3	
速度比例尺	基本比例尺	$\lambda_l^{\frac{1}{2}}$	$\dfrac{\lambda_\nu}{\lambda_l}$	
时间比例尺	$\dfrac{\lambda_l}{\lambda_v}$	$\lambda_l^{\frac{1}{2}}$	$\dfrac{\lambda_l^2}{\lambda_\nu}$	
加速度比例尺	$\dfrac{\lambda_v^2}{\lambda_l}$	1	$\dfrac{\lambda_\nu^2}{\lambda_l^3}$	与"力学相似"栏相同
流量比例尺	$\lambda_l^2 \lambda_v$	$\lambda_l^{\frac{5}{2}}$	$\lambda_\nu \lambda_l$	
运动黏度比例尺	$\lambda_l \lambda_v$	$\lambda_l^{\frac{3}{2}}$	基本比例尺	
角速度比例尺	$\dfrac{\lambda_v}{\lambda_l}$	$\lambda_l^{\frac{1}{2}}$	$\dfrac{\lambda_\nu}{\lambda_l^2}$	

模型法	力学相似	重力相似 弗劳德模型法	黏性力相似 雷诺模型法	压力相似 欧拉模型法
密度比例尺	基本比例尺	基本比例尺	基本比例尺	
质量比例尺	$\lambda_\rho \lambda_l^3$	$\lambda_\rho \lambda_l^3$	$\lambda_\rho \lambda_l^3$	
力的比例尺	$\lambda_\rho \lambda_l^2 \lambda_v^2$	$\lambda_\rho \lambda_l^3$	$\lambda_\rho \lambda_v^2$	
力矩比例尺	$\lambda_\rho \lambda_l^3 \lambda_v^2$	$\lambda_\rho \lambda_l^4$	$\lambda_\rho \lambda_l \lambda_v^2$	与"力学相似" 栏相同
功、能的比例尺	$\lambda_\rho \lambda_l^3 \lambda_v^2$	$\lambda_\rho \lambda_l^4$	$\lambda_\rho \lambda_l \lambda_v^2$	
压强(应力)比例尺	$\lambda_\rho \lambda_v^2$	$\lambda_\rho \lambda_l$	$\dfrac{\lambda_\rho \lambda_v^2}{\lambda_l^2}$	
动力黏度比例尺	$\lambda_\rho \lambda_l \lambda_v$	$\lambda_\rho \lambda_l^{\frac{3}{2}}$	$\lambda_\rho \lambda_v$	
功率比例尺	$\lambda_\rho \lambda_l^2 \lambda_v^3$	$\lambda_\rho \lambda_l^{\frac{7}{2}}$	$\dfrac{\lambda_\rho \lambda_v^3}{\lambda_l}$	
单位质量比例尺	1	1	1	
量纲为一的系数比例尺	1	1	1	
适用范围	原理论证,自模区的管流等	水工结构,明渠水流,波浪阻力,闸孔出流等	管中流动,液压技术,孔口出流,水力机械等	自动模型区的管流,风洞实验,气体绕流等

9.1.2 相似准则

模型流动与实物流动如果力学相似,则必然存在着许多的比例尺,但是我们却不可能也不必要用一一检查比例尺的方法去判断两个流动是否力学相似,因为这样是不胜其烦的,判断相似的标准是相似准则.

设模型流动符合不可压缩流体的运动微分方程,其 x 方向的投影为

$$X - \frac{1}{\rho}\frac{\partial p}{\partial x} + \nu \nabla^2 u_x = \frac{\mathrm{d}u_x}{\mathrm{d}t} \tag{9-1}$$

则与其力学相似的实物流动中各物理量必与模型流动中各物理量存在一定的比例尺关系,故实物流动的运动方程可以表示为

$$\lambda_g X - \frac{\lambda_p}{\rho_\rho \lambda_l}\frac{1}{\rho}\frac{\partial p}{\partial x} + \frac{\lambda_\nu \lambda_v}{\lambda_l^2}\nu \nabla^2 u_x = \frac{\lambda_v^2}{\lambda_l}\frac{\mathrm{d}u_x}{\mathrm{d}t} \tag{9-2}$$

我们知道 N-S 方程中各项都具有加速度的量纲 LT^{-2},故式(9-2)每一项前面的比例尺都是加速度的比例尺,它们应该是相等的,即

$$\lambda_g = \frac{\lambda_p}{\lambda_\rho \lambda_l} = \frac{\lambda_v \lambda_v}{\lambda_l^2} = \frac{\lambda_v^2}{\lambda_l} \tag{9-3}$$

由式(9-1)及式(9-2)可以看出，式(9-3)中的四项都有确定的物理意义，它们分别代表实物流动与模型流动中,作用在单位质量流体上的质量力之比、压力之比、黏性力之比与惯性力之比.

用式(9-3)中的前三项分别去除第四项，则可写出下列三个等式.

(1)
$$\frac{\lambda_v^2}{\lambda_g \lambda_l} = 1$$

或

$$\frac{v_p^2}{g_p l_p} = \frac{v_m^2}{g_m l_m}$$

式中，$\dfrac{v^2}{gl} = Fr$ 称为弗劳德数，它代表惯性力与重力之比.

(2)
$$\frac{\lambda_\rho \lambda_v^2}{\lambda_p} = 1 \ \text{或} \ \frac{\lambda_p}{\lambda_\rho \lambda_v^2} = 1$$

即

$$\frac{p_p}{\rho_p v_p^2} = \frac{p_m}{\rho_m v_m^2}$$

式中，$\dfrac{p}{\rho v^2} = Eu$ 称为欧拉数，它代表压力与惯性力之比.

(3)
$$\frac{\lambda_v \lambda_l}{\lambda_v} = 1$$

或

$$\frac{v_p l_p}{\nu_p} = \frac{v_m l_m}{\nu_m}$$

式中，$\dfrac{vl}{\nu} = Re$ 称为雷诺数，它代表惯性力与黏性力之比.

总结以上可见，如果两个流动力学相似，则它们的弗劳德数、欧拉数、雷诺数必须各自相等. 于是

$$\begin{cases} Fr_p = Fr_m \\ Eu_p = Eu_m \\ Re_p = Re_m \end{cases}$$

称为不可压缩流体定常流动的力学相似准则. 据此判断两个流动是否相似，显然比——检查比例尺要方便得多.

相似准则不但是判断相似的标准，而且也是设计模型的准则，因为满足相似准则实质上意味着相似比例尺之间保持下列三个互相制约的关系：

$$\begin{cases} \lambda_v^2 = \lambda_g \lambda_l \\ \lambda_p = \lambda_\rho \lambda_v^2 \\ \lambda_v = \lambda_l \lambda_v \end{cases} \tag{9-4}$$

设计模型时，所选择的三个基本比例尺 λ_l、λ_v、λ_ρ 如果能满足这三个制约关系，模型流动与实物流动是完全力学相似的. 但这是有困难的，因为，如前所述一般单位质量力的比例尺 $\lambda_g = 1$，于是从式(9-4)的第一式可得

$$\lambda_v = \lambda_l^{\frac{1}{2}}$$

从式(9-4)的第三式可得

$$\lambda_v = \frac{\lambda_\nu}{\lambda_l}$$

因此

$$\lambda_\nu = \lambda_l^{\frac{3}{2}} \tag{9-5}$$

模型可大可小，即线性比例尺是可以任意选择的，但流体运动黏度的比例尺 λ_ν 要保持 $\lambda_l^{\frac{3}{2}}$ 的数值就不容易了. 工程上固然有办法配制各种黏度的流体(如用不同百分比的甘油水溶液等)，但用这种化学性质不稳定而又昂贵的流体作为模型流体是不合适的. 模型实验一般用水和空气作为工作介质者居多，如水洞、水工实验池、风洞等. 模型流体的黏度通常不能满足式(9-5)的要求.

一般情况下，模型与实物流动中的流体往往就是同一种介质(例如，航空器械往往在风洞中实验，水工模型往往用水做实验，液压元件往往就用工作液油做实验)，此时 $\lambda_\nu = 1$，于是由式(9-4)的第一式可得

$$\lambda_v = \lambda_l^{\frac{1}{2}}$$

由式(9-4)的第三式可得

$$\lambda_v = \frac{1}{\lambda_l}$$

显然速度比例尺绝对不可能使两者同时满足，除非 $\lambda_l = 1$，但这又不是模型而是原型实验了.

由于比例尺制约关系的限制，同时满足弗劳德准则和雷诺准则是困难的，因而一般模型实验难以实现全面的力学相似. 欧拉准则与上述两种准则并无矛盾，因此如果放弃弗劳德准则和雷诺准则，或者放弃其一，那么选择基本比例尺就不会遇到困难. 这种不能保证全面力学相似的模型设计方法叫作近似模型法.

9.1.3 近似模型法

近似模型法也不是没有科学根据的，弗劳德数代表惯性力与重力之比，雷诺数代表惯性力与黏性力之比，这三种力在一个具体问题上不一定具有同等的重要性，只要能针对所要研究的具体问题，保证它在主要方面不致失真，而有意识地摒弃与问题本质无关的次要因素，不仅无碍于实际问题的研究，而且从突出主要矛盾来说甚至是有益的.

近似模型法有如下三种.

(1) 弗劳德模型法. 在水利工程及明渠无压流动中，处于主要地位的力是重力. 用水位落差形式表现的重力是支配流动的原因，用静水压力表现的重力是水工结构中的主要矛盾. 黏性力有时不起作用，有时作用不太显著，因此弗劳德模型法的主要相似准则是

$$\frac{v_p^2}{g_p l_p} = \frac{v_m^2}{g_m l_m}$$

一般模型流体与实物流体中的重力加速度是相同的，于是

$$\frac{v_p^2}{l_p} = \frac{v_m^2}{l_m}$$

或

$$\lambda_v = \lambda_l^{\frac{1}{2}}$$

此式说明在弗劳德模型法中，速度比例尺可以不再作为需要选取的基本比例尺.

各物理量的比例尺与基本比例尺 λ_l、λ_ρ 的关系(列于表 9-1 的"重力相似"栏中).

弗劳德模型法在水利工程上应用甚广，大型水利工程设计必须首先经过模型实验的论证而后方可投入施工.

(2) 雷诺模型法. 管中有压流动是在压差下克服管道摩擦而产生的流动，黏性力决定压差的大小，也决定管内流动的性质，此时重力是无足轻重的次要因素，因此雷诺模型法的主要准则是

$$\frac{v_p l_p}{v_p} = \frac{v_m l_m}{v_m}$$

或

$$\lambda_v = \frac{\lambda_\nu}{\lambda_l}$$

这说明速度比例尺 λ_v 取决于线性比例尺 λ_l 和运动黏度比例尺 λ_ν.

各物理量的比例尺与基本比例尺 λ_l、λ_ν、λ_ρ 的关系(列于表 9-1 的 "黏性力相似" 栏中).

雷诺模型法的应用范围也很广泛,管道流动、液压技术、水力机械等方面的模型实验多数采用雷诺模型法.

(3) 欧拉模型法. 当雷诺数增大到一定界限之后,惯性力与黏性力之比也大到一定程度,黏性力的影响相对减弱,此时继续提高雷诺数,便不再对流动现象和流动性能产生质和量的影响,此时尽管雷诺数不同,但黏性效果却是一样的. 这种现象叫作自动模型化,产生这种现象的雷诺数范围叫作自动模型区,雷诺数处在自动模型区时,雷诺准则失去判别相似的作用. 这也就是说,研究雷诺数处于自动模型区时的黏性流动不满足雷诺准则也会自动出现黏性力相似. 因此设计模型时,黏性力的影响不必考虑了;如果是管中流动,或者是气体流动,其重力的影响也不必考虑;这样我们只需考虑代表压力和惯性力之比的欧拉准则就可以了. 事实上欧拉准则的比例尺制约关系 $\lambda_p = \lambda_\rho \lambda_v^2$ 就是全面力学相似中的压强比例尺式,这说明需要独立选取的基本比例尺仍然是 λ_l、λ_ν、λ_ρ,于是按欧拉准则设计模型实验时,其他物理量的比例尺与力学相似的诸比例尺是完全一致的.

欧拉模型法用于自动模型区的管中流动、风洞实验及气体绕流等情况.

例 9.1　有一直径为 15cm 的输油管,管长 5m,管中通过流量为 0.2m³/s 的油,现在改用水来做实验,模型管径和原型一样,原型中油的黏度 $\nu = 0.13\ \text{cm}^2/\text{s}$,模型中的水温为 10℃,问模型中水的流量为多少才能达到相似? 若测得 5m 长的模型管段的压差水头为 3cm,试问:在原型输油管中 100m 的管段长度上压差水头为多少? (用油柱高表示)

解　(1) 输油管中流动的主要作用力是黏性力,所以黏性力相似就是两种流动的雷诺数应该相等,即 $Re_p = Re_m$,由此得流量比例尺 $\lambda_Q = \lambda_v \lambda_l$.

已知油的 $\nu_p = 0.13\ \text{cm}^2/\text{s}$,查表得 10℃水的黏度 $\nu_m \approx 0.00131\ \text{cm}^2/\text{s}$,所以

$$\lambda_v = \frac{\lambda_p}{\lambda_m} = \frac{0.13}{0.0131} \approx 10.0$$

$$Q_m = \frac{Q_p}{\lambda_Q} = \frac{Q_p}{\lambda_v \lambda_l} = \frac{0.2}{10 \times 1} = 0.02(\text{m}^3/\text{s})$$

(2) 要使以黏性力为主的管流得到模型与原型在压强上的相似,就要保证两种流体中压力与黏性力成一定的比例,即要同时保证黏性力相似和压力相似,实

验模型应该按照雷诺模型法和欧拉模型法设计，此时

$$\lambda_\mathrm{p} = \frac{\lambda_\rho \lambda_v^2}{\lambda_l^2} = \frac{\lambda_\rho \lambda_l^2 \lambda_v^2}{\lambda_l^2} = \lambda_\rho \lambda_v^2$$

因 $\lambda_\gamma = \lambda_\rho \lambda_g$，则原型压强用油柱表示为

$$h_\mathrm{p} = \left(\frac{\Delta p}{\gamma}\right)_\mathrm{p} = h_\mathrm{m} \lambda_\mathrm{p} / \lambda_\gamma = h_\mathrm{m} \lambda_v^2 / \lambda_g \lambda_l^2$$

又 $\lambda_g = 1$，$\lambda_l = 1$，所以若 5m 长模型管段的压差水头为 0.03m 时，原型中的压差(油柱高)为

$$h_\mathrm{p} = 0.03 \times (0.13 / 0.0131)^2 / 1 \approx 2.95(\mathrm{m})$$

原型输油管中 100m 的管段长度上压差水头(油柱高)为

$$2.95 \times 100 / 5 = 59(\mathrm{m})$$

9.2　量纲分析及其应用

在流体力学及其他许多科学领域中都会遇到这样的情况：根据分析判断可以知道若干个物理量之间存在着函数关系，或者说其中一个物理量 N 受其余物理量 $n_i(i = 1 \sim k)$ 的影响，但是由于情况复杂，运用已有的理论方法尚不能确定出准确描述这种变化过程的方程，这时揭示这若干个物理量之间函数关系的唯一方法就是科学实验.

如果用依次改变每个自变量的方法实验，显然对于多种影响因素的情况来说是不适宜的. 为了合理地选择实验变量，同时又能使实验结果具有普遍使用价值，一般需要将物理量之间的函数式转化为量纲为一的数之间的函数式. 用量纲为一的数之间的函数式所表达的实验曲线具有更普遍的使用价值. 如何确定实验中量纲为一的数需要量纲分析的知识.

9.2.1　量纲分析

在流体力学中有很多需要进行实验研究的物理规律，例如，能量损失、阻力、升力、推进力的公式等. 影响这些物理规律的因素那就更多，例如，流体的黏度、压强、温度、重力加速度、弹性模量、流量、表面粗糙度、线性尺寸、管道直径、流体速度、密度等.

假定用函数

$$N = f(n_1, n_2, n_3, \cdots, n_i, \cdots, n_k) \tag{9-6}$$

表示一个需要研究的物理规律，在一定单位制下，这 $k+1$ 个物理量都有一定的单位和数值. 使用的单位制不同(如国际制、工程制、英制等)，物理量的单位和数值也不同，但物理规律是客观存在的，它与单位制的选择无关.

现在不取通常所用的长度、时间、质量(或力)为基本单位，而是取对所研究的问题有重大影响的几个物理量，例如，取 n_1、n_2、n_3 作为基本单位. 当然这种特殊的 n_1、n_2、n_3 单位制也必须满足两点要求：①基本单位应该是各自独立的；②利用这几个基本单位应该能够导出其他所需的一切物理量的单位. 由于研究问题各自不同，对每种问题起重大影响的因素自然也不同，满足上述两点要求的基本单位可以有很多种组合形式.

例如，研究水头损失及流体阻力等问题时，其影响因素常离不开线性尺寸 l、流体运动速度 v 及流体密度 ρ 这样三个基本物理量. 这三个物理量分别具有几何学、运动学和动力学的特征，它们各自独立，而且也足以导出其他任何物理量的单位. 因而以 $n_1 = l$，$n_2 = v$，$n_3 = \rho$ 就可以组成一组特殊单位制.

当研究其他问题时，可令 n_1、n_2、n_3 分别代表另外三个有重大影响而又满足上述两点要求的基本物理量. 在 n_1、n_2、n_3 单位制下，每一种物理量都应该有一定的单位和数值. 因而式(9-6)中的物理量都可以表示成这三个基本单位的一定幂次组合(即新的单位)与一个量纲为一的数的乘积，即

$$\begin{cases} N = \pi n_1^x n_2^y n_3^z \\ n_i = \pi_i n_1^{x_i} n_2^{y_i} n_3^{z_i} \end{cases}$$

式中，量纲为一的数

$$\begin{cases} \pi = \dfrac{N}{n_1^x n_2^y n_3^z} \\ \pi_i = \dfrac{n_i}{n_1^{x_i} n_2^{y_i} n_3^{z_i}} \end{cases} \tag{9-7}$$

就是物理量 N 与 n_i 在 n_1、n_2、n_3 基本单位制下的数值，或者说在新的单位制下 N 与 n_i 的数值各自变小了 $n_1^x n_2^y n_3^z$ 与 $n_1^{x_i} n_2^{y_i} n_3^{z_i}$ 倍. 因而在 n_1、n_2、n_3 基本单位制下式(9-6)的规律仍然不变，只是各物理量的数值有所改变. 于是式(9-6)可以写成

$$\frac{N}{n_1^x n_2^y n_3^z} = f\left(\frac{n_1}{n_1^{x_1} n_2^{y_1} n_3^{z_1}}, \frac{n_2}{n_1^{x_2} n_2^{y_2} n_3^{z_2}}, \frac{n_3}{n_1^{x_3} n_2^{y_3} n_3^{z_3}}, \cdots, \frac{n_i}{n_1^{x_i} n_2^{y_i} n_3^{z_i}}, \cdots, \frac{n_k}{n_1^{x_k} n_2^{y_k} n_3^{z_k}} \right)$$

从右端前三项不难看出，其分母上的乘幂为

$$\begin{cases} x_1 = 1, \quad y_1 = z_1 = 0 \\ y_2 = 1, \quad x_2 = z_2 = 0 \\ z_3 = 1, \quad x_3 = y_3 = 0 \end{cases}$$

根据式(9-7)可得 $\pi_1 = \pi_2 = \pi_3 = 1$，于是

$$\pi = f\left(1,1,1,\pi_4,\pi_5,\cdots,\pi_i,\cdots,\pi_k\right) \tag{9-8}$$

或

$$\pi = f\left(\pi_4,\pi_5,\cdots,\pi_i,\cdots,\pi_k\right)$$

这样，运用选择新基本单位的办法，可使原来 $k+1$ 个有量纲的物理量之间的函数式(9-6)变成 $k+1-3$ 个即 $k-2$ 个量纲为一的物理量之间的函数式(9-8)，这就是白金汉(E. Buckingham)定理，因为经常用 π 表示量纲为一的数，故又简称 π 定理.

π 定理只是说明了物理量函数式怎样转化为量纲为一的数的函数式，量纲为一的数的具体确定则要用量纲分析的方法. 因为 π 是量纲为一的数，因而式(9-7)右端分子分母的量纲必须相同，对每个物理量 n_i 列出其分子分母量纲(L，T，M)的幂次方程，联立求解，即可得出分母上的乘幂 x_i，y_i，z_i，这样逐个分析即可确定出式(9-8)中所有量纲为一的数，用这种自变量个数已经减少三个的量纲为一的数的函数式安排实验和整理实验结果要比用原来的物理量函数式方便得多.

9.2.2　量纲分析法的应用

例 9.2　根据实验观测，管中流动由沿程摩擦而造成的压强差 Δp 与下列因素有关：管路直径 d、管中平均速度 v、流体密度 ρ、流体动力黏度 μ、管路长度 l、管壁的粗糙度 Δ，试求水管中流动的沿程水头损失.

解　根据题意知

$$\Delta p = f\left(d,v,\rho,\mu,l,\Delta\right)$$

选择 d、v、ρ 作为基本单位，它们符合基本单位制的两点要求，于是

$$\pi = \frac{\Delta p}{d^x v^y \rho^z},\quad \pi_4 = \frac{\mu}{d^{x_4} v^{y_4} \rho^{z_4}},\quad \pi_5 = \frac{l}{d^{x_5} v^{y_5} \rho^{z_5}},\quad \pi_6 = \frac{\Delta}{d^{x_6} v^{y_6} \rho^{z_6}}$$

各物理量的量纲如下.

物理量	d	v	ρ	Δp	μ	l	Δ
量纲	L	LT^{-1}	ML^{-3}	$ML^{-1}T^{-2}$	$ML^{-1}T^{-1}$	L	L

首先分析 Δp 的量纲，因为分子分母的量纲应该相同，所以

$$ML^{-1}T^{-2} = L^x (LT^{-1})^y (ML^{-3})^z = M^z L^{x+y-3z} T^{-y}$$

由此解得

$$z=1,\quad y=2,\quad x=0$$

所以

$$\pi = \frac{\Delta p}{v^2 \rho}$$

其次分析 μ 的量纲，同理有

$$ML^{-1}T^{-1} = L^{x_4}(LT^{-1})^{y_4}(ML^{-3})^{z_4} = M^{z_4}L^{x_4+y_4-3z_4}T^{-y_4}$$

由此解得

$$z_4 = 1, \quad y_4 = 1, \quad x_4 = 1$$

所以

$$\pi_4 = \frac{\mu}{dv\rho}$$

同理可得

$$\pi_5 = \frac{l}{d}, \quad \pi_6 = \frac{\Delta}{d}$$

将所有 π 值代入式(9-8)可得

$$\frac{\Delta p}{v^2 \rho} = f\left(\frac{\mu}{dv\rho}, \frac{l}{d}, \frac{\Delta}{d}\right)$$

因为管中流动的水头损失 $h_f = \dfrac{\Delta p}{\rho g}$，令 $Re = \dfrac{vd}{\nu} = \dfrac{vd\rho}{\mu}$，则

$$h_f = \frac{\Delta p}{\rho g} = \frac{v^2}{g} f\left(\frac{1}{Re}, \frac{l}{d}, \frac{\Delta}{d}\right)$$

沿程损失与管长 l 成正比，与管径 d 成反比，故 $\dfrac{l}{d}$ 可从函数符号中提出. 另外，Re 与其倒数在函数中是等价的，将右式分母乘以 2 也不影响公式的结构，故最后公式可写成

$$h_f = f\left(Re, \frac{\Delta}{d}\right)\frac{l}{d}\frac{v^2}{2g} = \lambda \frac{l}{d}\frac{v^2}{2g}$$

上式就是计算管路沿程阻力损失的达西公式，沿程阻力系数 λ 只由雷诺数和管壁的相对粗糙度决定，在实验中只要改变这两个自变量即可得出 λ 的变化规律. 本例用量纲分析法得到了达西公式，可见量纲分析法在解决未知规律和指导实验方面有巨大作用.

例 9.3　用孔板测流量. 管路直径为 D，孔的直径为 d，流体的密度为 ρ，运动黏度为 ν，流体经过孔板的速度为 v，孔板前、后的压强差为 Δp. 用量纲分析法导出流量 Q 的表达式.

解　根据题意知

$$Q = f(D,d,v,\upsilon,\rho,\Delta p) = f(d,\upsilon,\rho,D,v,\Delta p)$$

选择孔的直径 d 、流体速度 υ 、流体密度 ρ 作为基本单位，它们符合基本单位制的两点要求，于是

$$\pi = \frac{Q}{d^x \upsilon^y \rho^z}, \quad \pi_4 = \frac{D}{d^{x_4}\upsilon^{y_4}\rho^{z_4}}, \quad \pi_5 = \frac{v}{d^{x_5}\upsilon^{y_5}\rho^{z_5}}, \quad \pi_6 = \frac{\Delta p}{d^{x_6}\upsilon^{y_6}\rho^{z_6}}$$

各物理量的量纲如下.

物理量	d	υ	ρ	Q	D	v	Δp
量纲	L	LT^{-1}	ML^{-3}	L^{3}T^{-1}	L	L^{2}T^{-1}	ML^{-1}T^{-2}

首先分析 Q 的量纲，因为分子分母的量纲应该相同，所以

$$L^3T^{-1}=L^x(LT^{-1})^y(ML^{-3})^z=M^zL^{x+y-3z}T^{-y}$$

由此解得

$$z=0, \quad y=1, \quad x=2$$

所以

$$\pi = \frac{Q}{d^2\upsilon}$$

同理可得

$$\pi_4 = \frac{D}{d}, \quad \pi_5 = \frac{v}{d\upsilon}, \quad \pi_6 = \frac{\Delta p}{\rho\upsilon^2}$$

将所有 π 值代入式(9-8)可得

$$\frac{Q}{d^2\upsilon} = f\left(\frac{D}{d}, \frac{v}{d\upsilon}, \frac{\Delta p}{\rho\upsilon^2}\right)$$

式中，$\frac{\upsilon d}{v}$ 是雷诺数；Δp 与 υ 是相互关联的，υ 可以用 $\sqrt{\frac{\Delta p}{\rho}}$ 代换，而将 $\frac{\Delta p}{\rho\upsilon^2}$ 消去；

$\frac{Q}{d^2\upsilon}$ 与 $Q/\left(d^2\sqrt{\frac{\Delta p}{\rho}}\right)$ 相等，是孔板流量系数 μ 的定义. 所以上式可以写成

$$\frac{Q}{d^2\upsilon} = \varphi\left(Re, \frac{D}{d}\right) \quad 或 \quad Q = \varphi\left(Re, \frac{D}{d}\right)d^2\upsilon$$

即孔板的流量系数 μ 是管径对孔径比 D/d 和雷诺数 Re 的函数. 根据这种关系，通过实验，以取得的雷诺数 Re 值为横坐标，流量系数 μ 值为纵坐标，以直径比 D/d 为附加参数，可以画出 μ 对 Re 的线图. 图 9-1 表示不同 D/d 值的孔板流量计在各种 Re 值时的流量系数 μ 之值.

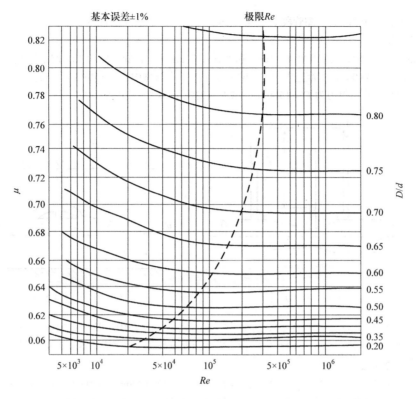

基本误差±1%　　　　　　极限 Re

图 9-1　孔板流量计的流量系数 μ

上述两例说明了量纲分析法在解决未知函数规律上的作用，不过需要注意的是，使用量纲分析法首先要列出关系式 $N = f(n_1, n_2, n_3, \cdots, n_i, \cdots, n_k)$，式中的影响因素既要可靠又要全面. 从影响因素中选取基本单位时既要是主要物理量又要符合单位制的两项条件. 这些都说明只有对所要研究问题的物理本质认识的越透彻，才有可能更好地运用量纲分析法. 归根到底，这种方法只是从实验中来又到实验中去的一种分析手段，缺乏由实验取得的一手资料而单纯依靠量纲分析是不可能得出什么成果的. 与其他许多原理一样，量纲分析法虽然是科学技术上的一种重要的手段，但它也并不是万能的.

习　题　9

9.1　如图 9-2 所示，煤油管路上的文丘里流量计 $D = 300\,\mathrm{m}$，$d = 150\,\mathrm{mm}$，流量 $Q = 100\,\mathrm{L/s}$，煤油的运动黏度 $\nu = 4.5 \times 10^{-6}\,\mathrm{m^2/s}$，煤油的密度 $\rho = 820\,\mathrm{kg/m^3}$. 用运动黏度 $\nu_\mathrm{m} = 1 \times 10^{-6}\,\mathrm{m^2/s}$ 的水在缩小为原型 1/3 的模型上实验，试求模型上的流量是多少. 如果在模型上测出水头

损失 $h_{fm} = 0.2m$，收缩管段上压强差 $\Delta p_m = 10^5 Pa$，试求煤油管路上的水头损失和收缩管段的压强差.

9.2 如图 9-3 所示，汽车高度 $h = 2m$，速度 $v = 100km/h$，行驶环境为 20℃时的空气. 模型实验的空气为 0℃，气流速度为 $v' = 60m/s$. (1) 试求模型中汽车的高度 h'；(2) 在模型中测得汽车的正面阻力为 $F' = 1500N$，试求实物汽车行驶时的正面阻力为多少.

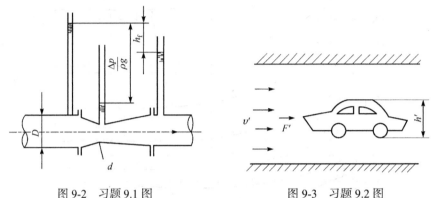

图 9-2　习题 9.1 图　　　　　　　　图 9-3　习题 9.2 图

9.3 一枚鱼雷长 5.8m，淹没在 15℃的海水($v = 1.5×10^{-6} m^2/s$)中，以时速 74km 行驶. 一鱼雷模型长 2.4m，在 20℃的清水中实验，模型速度应为多少? 若在标准状态的空气中实验，模型速度应为多少?

9.4 20℃的蓖麻油($\rho = 965kg/m^3$)以 5m/s 的速度在内径为 75mm 的管中流动. 以一根 50mm 直径的管子作为模型，标准状态的空气在其中流动. 为了动力相似，空气的平均速度应为多少?

9.5 在实验室中用 $\lambda_l = 20$ 的比例模型研究溢流堰的流动，如图 9-4 所示. (1) 如果原型堰上水头 $h = 3m$，试求模型上的堰上水头；(2) 如果模型上的流量 $Q_m = 0.19m^3/s$，试求原型上的流量；(3) 如果模型上的堰顶真空度 $h_{vm} = 200mmH_2O$，试求原型上的堰顶真空度.

9.6 煤油罐上的管路流动，准备用水塔进行模拟实验，如图 9-5 所示. 已知煤油黏度 $v = 4.5×10^{-6} m^2/s$，煤油管直径 $d = 75mm$，水的黏度 $v_m = 1×10^{-6} m^2/s$，试求: (1) 水管直径；(2) 液面高度的比例尺；(3) 流量比例尺.

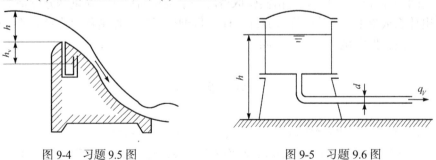

图 9-4　习题 9.5 图　　　　　　　　图 9-5　习题 9.6 图

9.7 有一圆管直径为 20cm，输送 $v_p = 0.4cm^2/s$ 的油，其流量为 121L/s，若在实验中用 5cm 的圆管做模型实验，假如做实验时，(1) 采用 20℃的水($v_m = 1.003 \times 10^{-6}\,\mathrm{m^2/s}$)，(2) 采用 $v_m = 0.17\,\mathrm{cm^2/s}$ 的空气，则模型实验中流量各为多少？假定主要作用力为黏性力.

9.8　一个通风巷道，按 1：30 的比例尺建造几何相似的模型. 用动力黏度为空气 50 倍、密度为空气 800 倍的水进行实验，保持动力相似的条件. 若在模型上测得的压强降是 $22.8 \times 10^4\,\mathrm{Pa}$，则原型上相应的压强降为多少 $\mathrm{mmH_2O}$？

9.9　如图 9-6 所示，矩形堰单位长度上的流量 $\dfrac{Q}{B} = kH^x g^y$，式中 k 为常数，H 为堰顶水头，g 为重力加速度，试用量纲分析法确定待定指数 x、y.

9.10　如图 9-7 所示，经孔口出流的流量与孔口直径 d、流体压强 p、流体密度 ρ 有关，试用量纲分析法确定流量的函数式.

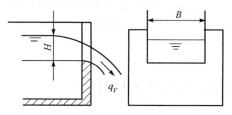
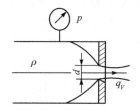

图 9-6　习题 9.9 图　　　　　　　　图 9-7　习题 9.10 图

9.11　当液体在几何相似的管道中流动时，其压强损失的表达式为 $p = \dfrac{\rho l v^2}{d} \varphi\left(\dfrac{v d \rho}{\mu}\right)$ (d 为管道直径，l 为管道长度，ρ 为流体质量密度，μ 为流体的动力黏度，v 为流体在管中的速度，φ 表示函数)，试证明之.

9.12　淹没在流体中并在其中运动的平板的阻力为 R. 已知其与流体的密度 ρ、动力黏性 μ 有关，也与平板的速度 v、长度 l、宽度 b 有关. 求阻力的表达式.

9.13　风机的输入功率与叶轮直径 D、旋转角速度 ω 以及流体的动力黏度 μ 有关，试用量纲分析法确定功率与其他变量间的关系.

第10章　计算流体力学基础

计算流体力学(computational fluid dynamics，CFD)是一门新兴的独立学科，它将数值计算方法和数据可视化技术有机结合起来，通过数值方法求解流体力学控制方程，得到流场离散点的定量描述，并以此揭示流体的运动规律. 计算流体力学是流体力学科学研究的三大方法之一，是理论方法与实验方法的有效补充手段. 随着计算机技术的快速发展，计算流体力学已广泛应用于各种现代科学研究和工程之中.

10.1　计算流体力学基本知识

10.1.1　计算流体力学的发展

从20世纪60年代开始，计算流体力学在全世界范围内形成规模，现已取得了许多丰硕的成果. 计算流体力学的发展历程可以分为三个阶段.

(1) 萌芽初创阶段(1965～1974年). 1965年，美国科学家 Harlow 和 Welch 提出交错网格. 1966年，世界上第一本介绍流体力学及计算传热学的杂志 *Journal of Computational Physics* 创刊. 1972年，SIMPLE 算法问世. 1974年，美国学者 Thompson、Thames 和 Mastin 提出采用微分方程来生成适体坐标的方法(简称 TTM 方法).

(2) 工业应用阶段(1975～1984年). 1977年，由 Spalding 及其学生开发的 GENMIX 程序公开发行. 1979年，大型通用软件 PHOENICS 第一版问世. 1981年，因为 CHAM 公司把 PHOENICS 软件正式投放市场，开创了 CFD 商用软件市场的先河. 求解算法获得了进一步发展，先后提出了 SIMPLER、SIMPLEC 算法.

(3) 蓬勃发展阶段(1985年至今). 前、后台处理软件得到迅速发展，个人计算机成为 CFD 研究领域的一种重要工具. 多个计算流动与传热问题的大型商业通用软件陆续投放市场. 数值计算方法向更高的计算精度、更好的区域适应性及更强的鲁棒性的方向发展.

10.1.2　计算流体力学的基本思想与特点

CFD 的基本思想为：把原来在时间域和空间域上连续的物理量场，用一系列离散点的变量值的集合来代替，并按照一定的原则和方式建立起反映这些离散点场变量之间关系的代数方程组，然后求解代数方程组获得场变量的近似值.

CFD 可以看成是在流动基本方程(质量守恒方程、动量守恒方程、能量守恒方程)控制下对流动过程进行的数值模拟. 通过模拟，得到极其复杂流场内各个位置上流体基本物理量(如速度、压力、温度、浓度等)的分布，以及这些物理量随时间的变化情况. 此外, CFD 与计算机辅助设计(computer aided design, CAD)结合，还可以进行优化设计.

CFD 是除理论分析方法和实验测量方法之外的又一种研究流体力学的技术手段. 首先，流动问题的控制方程一般是非线性的，其自变量多，计算域的几何形状和边界条件复杂，很难求得解析解，而采用 CFD 技术则有可能找出满足工程需要的数值解. 其次，在计算机上进行一次数值计算，就好像在计算机上做一次实验, CFD 技术可以形象地再现流体运动情况. 此外，采用 CFD 技术还可以选择不同的流动参数进行各种数值模拟，得到详细的结果,从而方便地进行方案比较，而且这种数值模拟不受物理模型和实验模型的限制，具有较好的灵活性，经济省时，还可以模拟特殊尺寸、高温、有毒、易燃等真实条件和实验中只能接近而无法达到的理想条件.

10.1.3　计算流体力学的应用

近年来, CFD 有了很大的发展，替代了经典流体力学中一些近似计算法和图解法. 所有涉及流体流动、热交换、分子输运等现象的问题，几乎都可以通过 CFD 的方法进行分析和模拟. CFD 不仅作为一个研究工具，而且还作为设计工具在流体机械、航空航天、汽车工程、土木工程、环境工程、安全工程、食品工程等领域发挥作用，部分应用如图 10-1 所示. 典型的应用场合及相关的工程问题包括：

(1) 水轮机、风机和泵等流体机械内部的流体流动；

(2) 飞机和航天飞机等飞行器的设计；

(3) 汽车流线型外形对性能的影响；

(4) 洪水波及河口潮流计算；

(5) 河流中污染物的扩散；

(6) 汽车尾气对环境的污染；

(7) 有毒有害气体的扩散；

(8) 风载荷对高层建筑物稳定性及结构性能的影响；

(9) 温室及室内的空气流动与环境分析；

(10) 食品中细菌的运移.

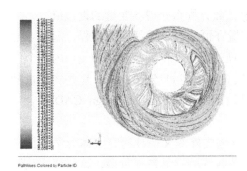

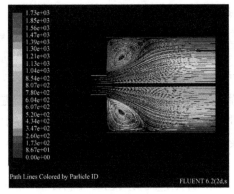

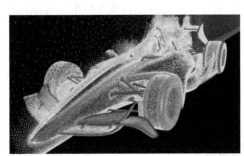

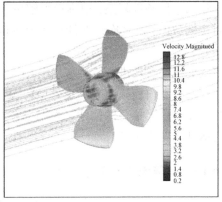

图10-1彩图

图 10-1　CFD 的应用领域

10.1.4　计算流体力学的工作流程

计算流体力学的工作流程如图 10-2 所示，主要包括四个步骤.

(1) 建立数学模型. 就是建立反映工程问题或物理问题本质的数学模型，包括建立控制方程和确定边界条件及初始条件两个方面，这是数值模拟的出发点.

建立控制方程是求解任何问题前都必须首先进行的一步. 流体流动基本控制方程通常包括质量守恒方程、动量守恒方程、能量守恒方程. 边界条件及初始条件是控制方程有确定解的前提，控制方程与相应的初始条件、边界条件的组合构成对一个物理过程完整的数学描述. 初始条件是所研究对象在过程开始时刻各个求解变量的空间分布情况，而边界条件是在求解区域的边界上所求解的变量或其导数随地点和时间的变化规律.

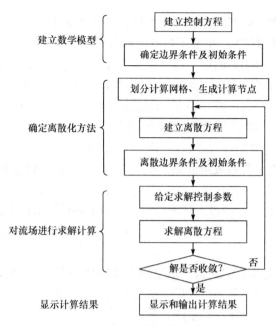

图 10-2　CFD 的工作流程

(2) 确定离散化方法. 即寻求高效率、高精度的计算方法，确定针对控制方程的数值离散化方法，如有限差分法、有限元法、有限体积法等. 确定离散化方法包括划分计算网格、生成计算节点、建立离散方程和离散边界条件及初始条件三个方面.

要想在空间域上离散控制方程，必须使用网格. 不同的问题采用不同数值解法时，所需要的网格形式是有一定区别的，但生成网格的方法基本是一致的. 目前，网格分结构网格和非结构网格两大类.

建立离散方程就是通过数值方法把计算域内有限数量位置(网格节点或网格中心点)上的因变量值当作基本未知量来处理，从而建立一组关于这些未知量的代数方程组，然后通过求解代数方程组来得到这些节点值，而计算域内其他位置上的值则根据节点位置上的值来确定.

前面所给定的初始条件和边界条件是连续性的，例如，在静止壁面上速度为0，现在需要针对所生成的网格，将连续型的初始条件和边界条件转化为特定节点上的值，才能对方程组进行求解.

(3) 对流场进行求解计算. 及时编制程序和进行计算，包括计算网格划分、初始条件和边界条件的输入、控制参数的设定等，这是整个工作中花时间最多的部分. 求解计算包括给定求解控制参数、求解离散方程和判断解的收敛性三个方面.

在离散空间上建立离散化的代数方程组，并施加离散化的初始条件和边界条件后，还需要给定流体的物理参数和紊流模型的经验系数等. 此外，还要给定迭代计算的控制精度、瞬态问题的时间步长和输出频率等.

在进行了上述设置后,生成了具有定解条件的代数方程组. 对于这些方程组,数学上已有相应的解法,例如,线性方程组可采用 Gauss 消去法或 Gauss-Seidel 迭代法求解,而对于非线性方程组,可采用 Newton-Raphson 方法.

对于稳态问题的解,或是瞬态问题在某个特定时间步上的解;往往要通过多次迭代才能得到. 有时,因网格形式或网格大小、对流项的离散插值格式等原因,可能导致解的发散. 对于瞬态问题,若采用显式格式进行时间域上的积分,当时间步长过大时,也可能造成解的振荡或发散. 因此,在迭代过程中,要对解的收敛性随时进行监视,并在系统达到指定精度后,结束迭代过程.

(4) 显示计算结果. 通过上述求解过程得出了各计算节点上的解后,需要通过适当的手段将整个计算域上的结果表示出来,可采用线值图、矢量图、等值线图、流线图、云图等方式对计算结果进行表示.

所谓线值图,是指在二维或三维空间上,将横坐标取为空间长度或时间历程,将纵坐标取为某一物理量,然后用光滑曲线或曲面在坐标系内绘制出某一物理量沿空间或时间的变化情况. 矢量图是直接给出二维或三维空间里矢量(如速度)的方向及大小,一般用不同颜色和长度的箭头表示速度矢量. 矢量图可以比较容易地让用户发现其中存在的旋涡区. 等值线图是用不同颜色的线条表示相等物理量(如温度)的一条线. 流线图是用不同颜色线条表示质点运动轨迹. 云图是使用渲染的方式,将流场某个截面上的物理量(如压力或温度)用连续变化的颜色块表示其分布.

10.1.5 计算流体力学的局限性和发展前景

计算流体力学不只是探求流体力学微分方程初值问题和边值问题的各种数值解法,其实质是要在物理直观和力学实验的基础上建立各种流体运动的有限的数值模型. 当问题本身遵循的规律比较清楚,所建立的数学模型比较准确,并为现实所证明能反映问题本质时,数值模拟具有较大的优越性. 相对于流体实验方法而言,数值模拟有几个独特的优点:数值模拟大幅度减少完成新设计所需的时间和成本;能研究难以进行或不可能进行受控实验的系统,如星体内部温度推测;能超出通常的行为极限,研究危险条件下的系统,如模拟核反应堆失水事故;比实验研究更自由、更灵活,可以无限量地提供研究结果的细节,便于优化设计. 数值模拟具有很好的重复性,条件容易控制,这对紊流的数值模拟尤为重要. 通过数值模拟可能发现新现象,例如,两个孤立波相互作用的一些特性就是通过数值模拟首先发现的.

目前建立具有数值模拟能力的实验室的投资成本不低,但高质量的实验设备的开销更大. 实验费用随租用设备、人工费、测点布置和待测试装置的数量成比例变化. 对比之下, CFD 的数值模拟能在几乎不增加费用的情况下得到更详细的结果. 除了基本投资, 一个部门需要专业人员运行 CFD 的数值模拟软件, 因此, 也许制约 CFD 在工程应用中继续发展的将会是缺少训练有素的人员, 而不是有没有合适的硬件、软件及价格.

另一方面, 数值模拟也有一定的局限性, 并面临不少问题. 了解这些局限性既有助于适当地评估数值模拟的结果, 又有助于我们在陷入困境时找到解决问题的对策.

1. 数值模拟要有准确的数学模型

流动现象的机理尚未完全清楚之前, 其数学模型很难准确化. 流体力学曾极大地推动了偏微分方程理论、复变函数、向量和张量分析以及非线性方法的发展. 但是, 计算流体力学不是纯理论分析, 非线性偏微分方程数值解的现有理论尚不充分, 还没有严格的稳定性分析、误差估计或收敛性证明. 尽管唯一性和存在性问题的研究已有一些进展, 但还不足以对很多有实际意义的问题给出明确的回答. 在计算流体力学中, 必须依赖一些对简单化、线性化了的相关问题的严格数学分析, 以及启发性的物理直观、推理、实验和边试边改的方法.

2. 数值实验不能代替物理实验或理论分析

完成一次特定的计算就像进行了一次物理实验. 从这个意义上说, 计算流体力学的数值模拟更接近实验流体力学. 例如, 在数值实验中发现了亚声速斜坡的分离现象, 之后在风洞实验中得到了证实. 在数值实验中可以完全控制实验参数. 但是, 数值实验与物理实验有相同的限制, 它不能给出任何函数关系, 因而不能代替哪怕最简单的理论.

计算流体力学中有限的数值模型只能在网格尺度为零的极限情况下才能精确地模拟连续介质, 而这种极限是无法达到的. 离散化的结果不仅在数量上可能影响计算的精度, 而且在性质上还可能会改变流动的特征(产生伪物理效应, 如数值黏性与色散; 在非线性问题中的反常能谱转移效应等). 即使有了可靠的理论模型方程, 数值模型的可靠性仍需得到实践的验证.

数值模型的有效性, 要求与一个问题有关的边界条件的详尽信息. 为此, 必须在一定范围做出实验数据以提供边界条件. 这可能涉及用热线仪或激光多普勒测速仪测量点流速. 然而, 若环境太恶劣或这些精密仪器根本不能用, 也可用皮托静压管测量证实流场边界条件提法的有效性. 有时进行实验工作的条件尚不具备, 数值模拟必须依赖于以前的经验, 与相似的简单流动的分析解比较, 或者与文献报道的密切相关问题中的高质量实验数据比较.

3. 计算方法的稳定性和收敛性问题

在数值模拟中，对数学方程进行离散化时需要对计算中所遇到的稳定性和收敛性等进行分析. 这些分析方法大部分对线性方程是有效的，对非线性方程来说只有启发性，没有完整的理论. 对于边界条件影响的分析，困难就更大些. 所以计算方法本身的正确与可靠也要通过实际计算加以确定. 在计算过程中有时还需要一定的技巧.

4. 数值模拟受到计算机条件的限制

计算流体力学必须给出实现数值模拟的快速算法，但是计算机的运行速度和容量限制了模拟的实现，数值模拟还不能完全达到工程实用的要求. 计算一般的紊流还不可能，目前只能就几个最简单的情形进行紊流的数值模拟. 因为网格的最小尺度难以达到紊流的最小尺度，但是紊流的最小尺度却可能影响大范围的流动性质. 计算流体力学早已具有分析一定飞行条件下整架飞机流场的技术能力，但由于高雷诺数黏性流在大攻角绕流时产生分离和涡旋，即使在巡航条件下忽略紊流，达到角部边界层和尾流的分辨率仍需要 5×10^6 到 10^7 个网格点，精度要求和成本太高约束了直接数值模拟紊流的雷诺平均 N-S 方程，使得这种分析目前还不能在工业环境中实现.

C.Hastings 1955 年写于前 IT 时代的话有先见之明："计算的目的是了解而不是数字."他强调需要注意的是信息. 任何 CFD 实践的主要输出是改进对于一个系统特性的理解. 但是，既然没有关于一次模拟的精确度的绝对保证，就需要经常地、严格地验证结果的有效性. 反复验证有效性将如同最后的质量控制机理一样起到关键作用. 然而，成功的 CFD 的主要因素是经验和对流体流动物理及数值算法基础的透彻理解. 没有这些，就不能得到软件的最好结果.

计算流体力学在近期需要解决的问题将是寻求高效率、高准确度的计算方法和发展高容量高性能的计算机系统. 计算流体力学的方法在各相关学科中将得到广泛应用并取得成果，反过来，应用成果也会促进计算流体力学自身的发展.

10.2 控制方程的离散

10.2.1 控制方程的通用形式

流体运动的控制方程包括连续性方程、动量方程(N-S 方程)、能量方程、组分质量方程、紊流控制方程等. 如果引入一个因变量 φ，则这些控制方程均可写成以下通用形式：

$$\frac{\partial(\rho\varphi)}{\partial t} + \mathrm{div}(\rho\boldsymbol{u}\varphi) = \mathrm{div}(\varGamma \cdot \mathrm{grad}\,\varphi) + S \tag{10-1}$$

其展开形式为

$$\frac{\partial(\rho\varphi)}{\partial t} + \frac{\partial(\rho u_x \varphi)}{\partial t} + \frac{\partial(\rho u_y \varphi)}{\partial t} + \frac{\partial(\rho u_z \varphi)}{\partial t}$$

$$= \frac{\partial}{\partial x}\left(\Gamma \frac{\partial \varphi}{\partial x}\right) + \frac{\partial}{\partial y}\left(\Gamma \frac{\partial \varphi}{\partial y}\right) + \frac{\partial}{\partial z}\left(\Gamma \frac{\partial \varphi}{\partial z}\right) + S$$

(10-2)

式中，φ 为通用变量，可代表速度、温度等求解变量；Γ 为广义扩散系数；S 为广义源项. 式(10-1)中各项依次为瞬态项、对流项和源项. 对于特定的控制方程，φ、Γ 和 S 具有特定的形式. 表 10-1 给出了三个符号和各特定控制方程的对应关系.

表 10-1　通用控制方程中各类符号的具体形式

方程	φ	Γ	S	方程	φ	Γ	S
连续性方程	1	0	0	能量方程	T	k/c	S_T
x-动量方程	u_x	μ	$-\partial p/\partial x + S_x$	组分方程	c_s	$D_s\rho$	S_S
y-动量方程	u_y	μ	$-\partial p/\partial y + S_y$	湍动能方程	k	$\mu + \mu_t/\sigma_t$	$-\rho\varepsilon + \mu_t P_G$
z-动量方程	u_z	μ	$-\partial p/\partial z + S_z$	紊流耗散率方程	ε	$\mu + \mu_t/\sigma_t$	$-\rho C_2 \varepsilon^2/k$ $+\mu_t C_1(\varepsilon/k) P_G$

对于不同的通用变量 φ，只需重复调用同一解算程序，并给定 Γ 和 S 的表达式及相关的初始条件和边界条件，便可求解.

10.2.2　离散化方法分类

根据离散原理的不同，CFD 中常用的离散化方法有有限差分法(finite difference method，FDM)、有限元法(finite element method，FEM)、有限体积法(finite volume method，FVM).

(1) 有限差分法. 有限差分法是数值解法中应用最早、最为经典的方法. 它是将求解域划分为网格单元，采用有限个网格节点代替连续的求解域，然后将偏微分方程的导数用差商代替，推导出含有离散点上有限个未知数的差分方程组. 求解该差分方程组，获得微分方程的数值近似解.

有限差分法用差商代替微商，形式简单，但微分方程中各项所代表的物理意义以及微分方程所反映的守恒定律在差分方程中并没有体现. 因此，它是一种直接将微分问题变为代数问题的近似数值解法.

有限差分法发展较早，比较成熟，较多地用于求解双曲形和抛物形问题. 但用它求解边界条件较复杂，尤其是椭圆形问题则不如有限元法或有限体积法方便.

(2) 有限元法. 有限元法是将一个连续的求解域任意分成适当形状的许多微小单元，并于各微小单元分片构造插值函数，然后根据极值原理(变分或加权余量法)，将问题的控制方程转化为所有单元上的有限元方程，把总体的极值作为各单元极值之和，即将局部单元总体合成，形成嵌入了指定边界条件的代数方程组，求解该方程组就得到各节点上待求的函数值.

有限元法吸收了有限差分法中离散处理的内核，又采用了变分计算中选择逼近函数对区域进行积分的合理方法. 它具有广泛的适应性，特别适用于几何及物理条件比较复杂的问题，对椭圆形问题具有较好的适用性. 有限元法也没有反映物理特征，而且对计算中出现的误差也难以改进.

有限元法在固体力学的数值计算方面占绝对优势，但因求解速度较有限差分法和有限体积法慢，因此应用不是特别广泛.

(3) 有限体积法. 有限体积法又称控制体积法，其基本思想为：将计算区域划分为网格，并使每个网格点周围有一个互不重复的控制体积；将待解的偏微分方程对每一个控制体积积分，从而得出一组离散方程，其中的未知量是网格点上的特征变量. 为了求出控制体积的积分，必须假定特征变量值在网格点之间的变化规律. 子域法加上离散就是有限体积法的基本思想.

有限体积法的基本思想易于理解，并能得出直接的物理解释. 有限体积法即使在粗网格情况下，也能表现出准确的积分守恒.

有限体积法可视为有限元法和有限差分法的中间物，是目前流动和传热问题中最有效的数值计算方法. 绝大多数 CFD 软件都采用有限体积法.

10.2.3　有限体积法原理

有限体积法与有限差分法和有限元法一样，也需要对计算域进行离散，将其分割成有限大小的离散网格. 每一网格节点按一定的方式形成一个包围该节点的控制容积 ΔV ，如图 10-3 所示.

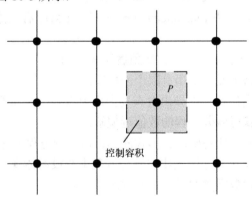

图 10-3　有限体积法的节点、网格和控制容积

有限体积法的关键步骤为将控制方程(通用形式)在控制容积内进行积分，即

$$\int_{\Delta V} \frac{\partial(\rho\varphi)}{\partial t}\,\mathrm{d}V + \int_{\Delta V} \mathrm{div}(\rho\boldsymbol{u}\varphi)\,\mathrm{d}V = \int_{\Delta V} \mathrm{div}(\varGamma \cdot \mathrm{grad}\,\varphi)\,\mathrm{d}V + \int_{\Delta V} S\,\mathrm{d}V$$

区域离散的实质就是用有限个离散点来代替原来的连续空间，即生成计算网

络. 有限体积法的区域离散的过程为: 将计算域划分为多个互不重叠的子域, 即计算网格, 然后确定每个子域中的节点位置及该节点所代表的控制体积.

在区域离散化过程中, 通常会产生四种几何要素.

(1) 节点. 节点是指需要求解的未知物理量的几何位置.

(2) 控制容积. 控制容积是指应用控制方程或守恒定律的最小几何单位.

(3) 界面. 它规定了与各节点相对应的控制容积的分界面位置.

(4) 网格线. 网格线是指连接相邻两节点而形成的曲线簇.

节点通常被看成是控制容积的代表, 在离散过程中, 将一个控制容积的物理量定义并存储在该节点上.

图 10-4 为一维问题的有限体积法计算网格, 图中 P 表示所研究的节点, 其周围的控制体积也用 P 表示. 东侧相邻的节点及相应的控制容积均用 E 表示, 西侧相邻的节点及相应的控制容积均用 W 表示. 控制容积 P 的东西两个界面分别用 e 和 w 表示, 两个界面间的距离用 Δx 表示.

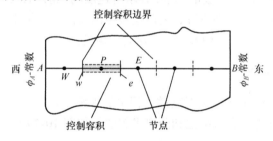

图 10-4　一维问题的有限体积法计算网格

二维问题的有限体积法计算网格如图 10-5 所示, 图中阴影区域为节点 P 的控制容积. 三维问题的有限体积法控制容积及相邻节点如图 10-6 所示.

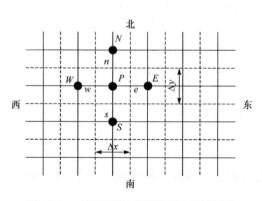

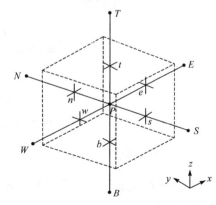

图 10-5　二维问题的有限体积法计算网格　　图 10-6　三维问题的控制容积及相邻节点

10.3 流场的求解计算

10.3.1 求解计算的难点

二维定常不可压缩流体流动的控制方程包括连续性方程和运动方程(或称为动量方程),若采用数值方法直接求解会遇到两个难点.

(1) 非线性. 运动方程中的对流项包括非线性量.

(2) 压力与速度耦合. 速度分量既出现在运动方程中,又出现在连续性方程中;同时,压力梯度项也出现在运动方程中,使得两者互相耦合、相互影响.

对于难点(1),可以通过迭代计算的方法来解决. 先假设一个预估的速度场,通过迭代求解运动方程,从而获得速度分量的收敛解.

对于(2),如果压力梯度已知,则可以根据运动方程生成速度分量的离散方程,求解离散方程即可. 但在一般情况下,在求解速度场之前,压力场是未知的. 考虑到压力场间接地满足连续性方程,因此最直接的想法是求解由运动方程与连续性方程构成的离散方程组. 这种方法就是耦合求解法.

10.3.2 求解计算的方法

流场求解计算的本质就是对离散方程组的求解. 根据前面的分析,离散方程组的求解方法可分为耦合求解法和分离求解法,如图 10-7 所示.

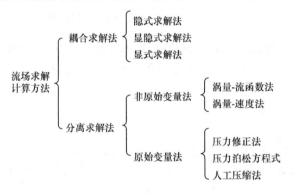

图 10-7 流场求解计算方法分类

1. 耦合求解法

耦合求解法的特点是联立求解离散方程,获得各变量值(u_x、u_y、u_z、p),其求解过程如下.

(1) 假定初始压力和速度,确定离散方程的系数及常数项;

(2) 联立求解连续性方程、动量方程、能量方程;

(3) 求解紊流方程及其他方程;

(4) 判断当前时间步长上的计算是否收敛. 若不收敛, 返回到第二步, 进行迭代计算; 若收敛, 重复上述步骤, 计算下一时间步的各物理量.

耦合求解法又分为隐式求解法(所有变量整场联立求解)、显隐式求解法(部分变量整场联立求解)和显式求解法(在局部地区对所有变量联立求解). 对于显式求解法, 在求解每个单元时, 通常要求相邻单元的物理量值已知.

当流体的密度、能量、动量存在相互依赖关系时, 耦合求解法具有很大的优势, 但其计算效率低, 内存消耗大, 一般只用于小规模问题.

2. 分离求解法

分离求解法不直接求解联立方程组, 而是按顺序逐个求解各变量的离散方程组. 根据是否直接求解原始变量(u_x、u_y、u_z、p), 分离求解法可分为原始变量法和非原始变量法.

非原始变量法包括涡量-速度法和涡量-流函数法. 原始变量法包含的求解算法比较多, 常用的有压力泊松方程法、人工压缩法和压力修正法.

目前工程上使用最广泛的流场求解计算方法为压力修正法, 其实质是迭代法, 求解过程如下.

(1) 假定初始压力场;

(2) 利用压力场求解动量方程, 得到速度场;

(3) 利用速度场求解连续性方程, 使压力场得到修正;

(4) 根据需要, 求解紊流方程及其他标量方程;

(5) 判断当前时间步长上的计算是否收敛. 若不收敛, 返回到步骤(2), 进行迭代计算; 若收敛, 重复上述步骤, 计算下一时间步的各物理量.

10.3.3 SIMPLE 算法及其改进

SIMPLE 算法是目前工程上应用最为广泛的一种流场求解计算方法, 它属于压力修正法的一种. SIMPLE(semi-implicit method for pressure-linked equations)意为"求解压力耦合方程组的半隐式方法".

SIMPLE 算法由 Patankar 和 Spalding 于 1972 年提出, 是一种压力预测-修正方法. SIMPLE 算法需要假设初始的压力场与速度场, 随着迭代的进行, 所得到的压力场与速度场逐渐逼近真解, 最后求出 u_x、u_y、u_z、p 的收敛解.

SIMPLE 算法自问世以来, 在被广泛应用的同时, 也以不同方式不断得到改进与发展, 其中最著名的改进算法有 SIMPLER(SIMPLE revised)、SIMPLEC(SIMPLE consistent)和 PISO(pressure implicit with splitting of operators)算法.

　　SIMPLER 算法是由 Patankar 于 1980 年在 SIMPLE 算法的基础上提出的一个改进算法，它利用假设的或前次迭代得到的速度场直接求出一个中间压力场，用来代替假设的压力场. 而压力修正方程得到的压力改进量 p' 值用于修正速度，压力则根据连续性方程推导出的压力方程计算.

　　SIMPLEC 算法将周围节点速度对主节点速度产生的影响部分考虑进来，从而使 SIMPLE 算法推导中速度修正方程式忽略项引起的不协调得以恢复，具有更好的收敛性.

　　PISO 算法包含一个预测步骤和两个校正步骤，可以认为是在 SIMPLE 算法的基础上增加了一个校正步骤，是 SIMPLE 算法的推广.

　　SIMPLE 算法通过求解压力修正方程(实质为连续性方程)得到压力的修正量 p'，当 p' 被用于修正速度值时效果较好，但 p' 被用于压力值时则不甚理想. SIMPLER 算法没有忽略方程中任一影响项，因此由压力方程计算得到的压力改进值可更好地与速度场计算值匹配，从而更容易收敛. SIMPLER 算法的每一迭代步的计算工作量要比 SIMPLE 算法大 30%，但总的计算时间减少 30%～50%. SIMPLEC 算法和 PISO 算法在许多类型的流动计算中与 SIMPLER 算法一样有效.

　　针对不同的流动问题，不同算法的应用效果也有所不同，在实际计算中只能对具体问题分别试探选用.

10.4　边界条件和网格生成

10.4.1　边界条件

　　边界条件是 CFD 问题有定解的必要条件，而且需要给定合理的边界条件. 在 CFD 中，基本边界条件包括：进口边界条件、出口边界条件、固壁边界条件、恒压边界条件、对称边界条件、周期性边界条件.

　　下面以不可压缩流体流经一个二维突扩区域的定常层流换热问题为例，给出控制方程的边界条件. 控制方程包括连续性方程、动量方程、能量方程. 假定流动是对称的，取一半作为研究对象，如图 10-8 所示.

　　(1) 在进口边界 AC 上，给定 u_x、u_y 和 T 随 y 的分布；

　　(2) 在固体壁面 CDE 上，$u_x=0$，$u_y=0$，$T=T_w$；

　　(3) 在对称线 AB 上，$\dfrac{\partial u_x}{\partial y}=0$，$\dfrac{\partial T}{\partial y}=0$，$u_y=0$；

　　(4) 在出口边界 BE 上，$\dfrac{\partial (\ \ )}{\partial x}=0$.

　　对于出口边界，从数学的角度应给出 u_x、u_y 和 T 随 y 的分布，但实际上，在

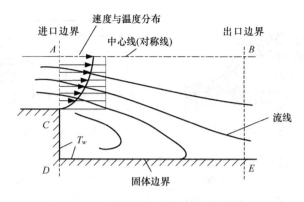

图 10-8　二维突扩区内的流动与换热问题

计算之前常常很难实现，因此，对于出口边界条件通常认为流动在出口处已充分发展，在流动方向上无梯度变化.

应用边界条件的基本原则为：确保在合适的位置应用合适的边界条件，同时让边界条件不过约束，也不欠约束. 应用边界条件时应注意：

(1) 边界条件的组合. 不合理的边界条件会导致计算的发散，因此需合理确定壁面、进口、恒压、出口边界条件的组合. 应用出口边界条件需要特别注意，该边界条件只有当计算域中进口边界条件给定时才能使用，且仅在只有一个出口的计算域中使用.

(2) 出口边界位置的选取. 为了得到准确的计算结果，出口边界必须位于最后一个障碍物后 10 倍于障碍高度的位置.

(3) 近壁面网格. 为了获得较高的精度，常常需要加密计算网格，而在近壁面处为了快速求解，必须将 $k\text{-}\varepsilon$ 模型与壁面函数法结合起来使用.

(4) 随时间变化的边界条件. 通常用于非定常流动问题，而且与初始条件一起给定.

10.4.2　网格类型及网格生成

网格是 CFD 模型的几何表达式，也是模拟与分析的载体. 网格质量对 CFD 的计算精度和计算效率具有重要影响.

网格分为结构网格和非结构网格两大类. 结构网格即网格中节点排列有序，邻点间的关系明确，如图 10-9 所示. 对于复杂的几何区域，结构网格通常分块构造，形成块结构网格，如图 10-10 所示.

非结构网格与结构网格不同，节点的位置无法用一个固定的法则予以有序地命名，如图 10-11 所示. 非结构网格虽然生成过程比较复杂，但有极好的适应性.

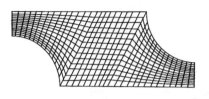

图 10-9　结构网格示例图

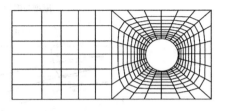

图 10-10　块结构网格示例

　　单元是构成网格的基本元素. 在结构网格中, 常用的二维网格单元为四边形单元, 三维网格单元为六面体单元; 而在非结构网格中, 常用的二维网格单元为三角形单元, 三维网格单元有四面体单元和五面体单元. 图 10-12 和图 10-13 分别为常用的二维和三维网格单元.

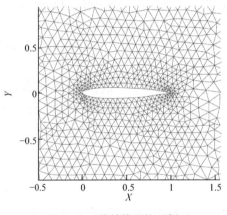

图 10-11　非结构网格示例

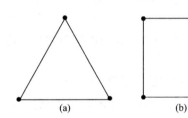

图 10-12　常用的二维网格单元

(a) 三角形; (b) 四边形

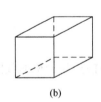

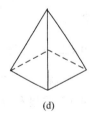

(a)　　　　　　　(b)　　　　　　　(c)　　　　　　　(d)

图 10-13　常用的三维网格单元

(a) 四面体; (b) 六面体; (c) 五面体(棱锥); (d) 五面体(金字塔)

　　无论是结构网格还是非结构网格, 网格生成过程通常为:

　　(1) 建立几何模型. 几何模型是网格和边界的载体. 对于二维问题, 几何模型为二维面; 对于三维问题, 几何模型为三维实体.

　　(2) 划分网格. 在几何模型上应用特定的网格类型、网格单元和网格密度对面或体进行划分，获得网格.

(3) 指定边界区域. 为几何模型的每个区域指定名称和类型，为后续给定物理属性、边界条件和初始条件奠定基础.

生成网格的关键在于步骤(2). 由于传统的 CFD 技术大多基于结构网格，因此，目前针对结构网格具有多种成熟的生成技术，而非结构网格的生成技术更加复杂.

10.5　计算流体力学软件及应用

10.5.1　计算流体力学软件的结构

CFD 的实际求解过程比较复杂，为方便用户使用 CFD 软件处理不同类型的工程问题，CFD 软件通常将复杂的 CFD 过程集成，通过一定的接口，让用户快速地输入问题的有关参数. 所有的 CFD 软件均包括三个基本环节：前处理、求解和后处理，与之对应的程序模块常简称前处理器、求解器、后处理器.

1. 前处理器

前处理器用于完成前处理工作. 前处理环节是向 CFD 软件输入所求问题的相关数据，该过程一般是借助与求解器相对应的对话框等图形界面来完成的. 在前处理阶段需要用户进行以下工作.

(1) 定义所求问题的几何计算域；

(2) 将计算域划分成多个互不重叠的子区域，形成由单元组成的网格；

(3) 对所要研究的物理和化学现象进行抽象，选择相应的控制方程；

(4) 定义流体的属性参数；

(5) 为计算域边界处的单元指定边界条件；

(6) 对于瞬态问题，指定初始条件.

流动问题的解是在单元内部的节点上定义的，解的精度由网格中单元的数量所决定. 一般来讲，单元越多、尺寸越小，所得到的解精度越高，但所需要的计算机内存资源及 CPU 时间也相应增加. 为了提高计算精度，在物理量梯度较大的区域，以及我们感兴趣的区域，往往要加密计算网格.

目前在使用商用 CFD 软件进行计算时，有超过 50%的时间花在几何区域的定义及计算网格的生成上. 我们可以使用CFD软件自身的前处理器来生成几何模型，也可以借用其他商用CFD 或 CAD/CAE 软件提供的几何模型.

2. 求解器

求解器的核心是数值求解方案. 常用的数值求解方案包括有限差分、有限元和有限体积法等，这些方法的求解过程大致包括以下步骤.

(1) 借助简单函数来近似待求的流动变量;

(2) 将该近似关系代入连续型的控制方程中,形成离散方程组;

(3) 求解代数方程组.

各种数值求解方案的主要差别在于流动变量被近似的方式及相应的离散化过程. 目前,有限体积法是商用 CFD 软件广泛采用的方法.

3. 后处理器

后处理的目的是有效地观察和分析流动计算结果. 随着计算机图形功能的提高,目前的 CFD 软件均配备了后处理器,提供了较为完善的后处理功能.

(1) 计算域的几何模型及网格显示;

(2) 矢量图(如速度矢量线);

(3) 等值线图;

(4) 填充型的等值线图(云图);

(5) XY 散点图;

(6) 粒子轨迹图;

(7) 图像处理功能(平移、缩放、旋转等).

借助后处理功能,还可动态模拟流动效果(动画),直观地了解 CFD 的计算结果.

10.5.2　计算流体力学常用软件

CFD 软件的出现与商业化,对 CFD 技术在工程应用中的推广起了巨大的促进作用. 通过 CFD 软件,可以分析和显示发生在流场中的现象,在短时间内能预测性能并通过修改各种参数来达到最佳设计效果. CFD 软件由前处理、求解器、后处理三部分组成. 网格生成器就是 CFD 软件的前处理部分,流动显示则是 CFD 软件的后处理部分,CFD 软件的求解器依据流体的控制方程和离散化方法制成. CFD 软件以功能全面、适用性强、便于造型和网格划分、具有较完备的操作界面、稳定性高、兼容性强等特点,得到广泛的应用. 目前,常用的 CFD 软件主要有 PHOENICS、CFX、STAR-CD、FIDIP、FLUENT-ANSYS 等.

1. PHOENICS

PHOENICS 是世界上第一套计算流体力学与传热学的商用软件,它是 parabolic hyperbolic or elliptic numerical integration code series 的缩写,是英国皇家学会 D. B. SPALDING 教授及 40 多位博士 20 多年心血的典范之作. PHOENICS 已广泛应用于航空航天、船舶、汽车、暖通空调、环境工程、能源动力、化工等各个领域. 它的第一个正式版本于 1981 年开发完成. 目前,PHOENICS 主要由 Concentration

Heat and Momentum Limited (CHAM)公司开发.

PHOENICS 软件的主要特点包括以下几个.

(1) 开放性. PHOENICS 最大限度地向用户开放了程序,用户可以根据需要添加用户程序和模块. PLANT 和 INFORM 功能的引入使使用户不再需要编写 FORTRAN 源程序,GROUND 程序功能使用户修改添加模型更加任意、方便.

(2) CAD 接口. PHOENICS 可以读入几乎任何 CAD 软件的图形文件.

(3) 运动物体功能. 利用 MOVOBJ 模块,可以定义物体运动,克服了使用相对运动方程的局限性.

(4) 多种物理模型的选择功能. PHOENICS 提供了紊流模型、多相流模型、多流体模型、燃烧模型、辐射模型等多种物理模型的分析模块,可满足实际问题的分析需要.

(5) 双重算法的选择. 它既提供了欧拉算法,又提供了基于粒子运动轨迹的拉格朗日算法.

此外,PHOENICS 软件还提供了面向不同专业问题的专用模块,例如,应用于暖通建筑行业的 FLAIR 模块、用于电子元件散热分析的 HOTBOX 模块、用于工业锅炉煤燃烧分析的 COFFUS 模块、用于爆炸燃烧分析的 EXPLOIT 模块等.

2. CFX

CFX 是世界上第一个通过 ISO 9001 质量认证的大型商业 CFD 软件,是英国 AEA Technology 公司为解决其在科技咨询服务中遇到的工业实际问题而开发的软件. 诞生在工业应用背景中的 CFX,一直将精确的计算结果、丰富的物理模型、强大的用户扩展性作为其发展的基本要求,并以其在这些方面的卓越成就推动 CFD 技术的不断发展. 2003 年,CFX 被 ANSYS 收购,完善了 ANSYS 在固体力学、流体力学、传热学、电学、磁学等多物理场及多场耦合问题的整体解决方案. 目前,CFX 已经遍及航空航天、旋转机械、能源、石油化工、机械制造、汽车、生物技术、水处理、火灾安全、冶金、环保等领域,为其在全球 6000 多个用户解决了大量的实际问题.

CFX 软件是世界上第一个在复杂几何、网格、求解这三个 CFD 传统瓶颈问题上均获得重大突破的商业软件. CFX 软件的主要技术特点如下.

(1) 精确的数值方法. 与大多数 CFD 软件不同的是,CFX 采用了基于有限元的有限体积法,在保证有限体积法守恒特性的基础上,吸收了有限元的数值精准性.

(2) 快速稳健的求解技术. CFX 是第一个发展和使用全隐式多网格耦合求解技术的商业化软件,再加上它采用自适应多网格技术,其计算速度和稳定性较传统方法提高了 1～2 个数量级. CFX 可以在混合网络上与 UNIX、LINUX、

WINDOWS 平台之间随意并行，而且计算时间不受 CPU 影响.

(3) 丰富的物理模型. CFX 包括多相流、辐射、燃烧、紊流、传热、多孔介质和动网格等多种物理模型.

(4) 领先的流固耦合技术. CFX 采用双向流固耦合技术，可以分析有结构变形的流动问题；且耦合过程的数据交换无须引入第三方耦合软件，内部自动建立. 除了流固耦合外，CFX 还能和电场、磁场、声场等模块耦合计算.

(5) 旋转机械一体化解决方案. 在旋转机械领域，CFX 向用户提供从设计到 CFD 分析的一体化解决方案 Turbo System. 它提供了四个旋转机械设计分析的专用工具：交互式涡轮机械叶片设计工具 BladeModeler、叶栅通道网格生成工具 Turbo Grid、叶片二维性能评估的快速工具 Vista TF、气动／水动力学分析和设计工具 CFX.

因此，CFX 软件被公认为是最好的旋转机械工程 CFD 软件.

3. STAR-CD

STAR-CD 是 Computational Dynamics 公司开发的世界上第一个采用完全非结构化网格生成技术和有限体积方法来研究工业领域中复杂流动的流体分析商用软件包. STAR-CD 软件采用基于完全非结构化网格和有限体积方法的核心解算器，具有丰富的物理模型、最少的内存占用、良好的稳定性、易用性、收敛性和众多的二次开发接口. Computational Dynamics 公司与全球许多著名的高等院校、科研机构、大型跨国公司合作，不断丰富和完善 STAR-CD 的各种功能，使得该软件广泛用于汽车工业的内燃机计算中.

STAR-CD 的主要特点如下.

(1) 可自动生成非结构网格. 根据结构特点，STAR-CD 可自动进行各类型网格的组合，生成最佳网格而获得精确的分析结果.

(2) 具有丰富的边界条件和物理模型.

(3) 具有解算器的高效性.

(4) 具有完整的燃烧模型.

4. FLUENT

FLUENT 软件是美国 FLUENT 公司于 1983 年推出的 CFD 商用软件，是继 PHOENICS 软件之后第二个投放市场的基于有限体积法的软件. 2006 年, FLUENT 软件成为 ANSYS 家族中的一员. 该软件是目前功能最全面、适用性最广、国内使用最广泛的 CFD 软件之一.

FLUENT 软件的主要特点如下.

(1) 灵活的网格特征. 用户可以使用非结构网格，包括三角形、四边形、四面体、六面体、金字塔形网格来解决具有复杂外形的流动问题，甚至可以用混合型非结构网格. 它允许用户根据解的具体情况对网格进行修改，它还可读入多种 CAE 软件的网格模型.

(2) 可进行多维流动分析. FLUENT 可用于二维平面、二维轴对称和三维流动分析，可完成多种参考系下的流场模拟，如稳定与非稳定流动分析、不可压缩流和可压缩流计算、层流和紊流模拟、传热和热混合分析、化学组分混合和反应分析、多相流分析、流固耦合传热分析、多孔介质分析等.

(3) 用户可自行定义边界条件和控制方程. FLUENT 可让用户定义多种边界条件，例如，流动入口及出口边界条件、壁面条件等，可采用多种局部的笛卡儿和圆柱坐标系的分量输入，所有边界条件均可随着空间和时间变化，包括轴对称和周期变化的问题. FLUENT 还提供了用户自定义子程序功能，用户可自行设定控制方程的体积源项、自定义初始条件、流体的物理性质，添加新的标量方程等.

(4) 具有 C 语言程序的写入功能. 在 FLUENT 中，解的计算与显示可以通过交互式的用户界面来完成. 用户可以使用 C 语言自定义程序优化界面，或对 FLUENT 进行扩展.

(5) FLUENT 具有专用的软件包. 除了有基于有限元法的 FIDAP 外，还有专门用于黏弹性和聚合物流动模拟的 POLYFLOW、专用于电子热分析的 ICEPAK、专用于分析搅拌混合的 MIXSIM、专用于通风计算的 AIRPAK 等.

10.5.3　计算流体力学软件应用实例

以采矿工程中常遇到的管道输送问题为实例,分析 CFD 软件在实际工程中的运用. 采矿行业内常采用管道输送尾矿料浆、水煤浆、矿石、矿山充填材料等. 使用水力管道进行长距离料浆输送，相比于普通的间断运输方式具有：成本低、运量大、效率高、不易受外界环境影响的一系列优点，已在采矿界内得到了广泛应用. 矿山采用管道输送时，因输送的料浆浓度较高，在视为连续介质模型下，其流变行为不再满足牛顿流体假设下剪切应力与剪切速率之间的线性关系，并且料浆通常存在一个屈服应力值，在管道输送中存在明显的柱塞流动行为(参考本书第 7 章). 在非牛顿流变行为下，高浓度尾矿材料通常具有剪切变稀或剪切增稠的黏度变化规律，可以用屈服-假塑性流体或屈服-膨胀性流体(Herschel-Bulkley 流体，H-B 流体)流变行为进行描述. 因此在非牛顿流变行为条件下，管道内的速度场与压力场问题，相较于简单牛顿流体将变得复杂化. 而在采用计算流体动力学 CFD 的技术下，可提供较为精确的管道输送速度场与压力场的数值解，为计算管道输送阻力提供一种便捷的方式.

本例即对 H-B 流体在简单直管内流动时的速度场与压力场进行数值求解，以体现 CFD 技术在处理复杂流动问题时的便捷性.

1. 工程背景

简单直管的模型尺寸如图 10-14 所示，管道入口为简单速度入口，料浆平均流速为 1 m/s，管道出口为简单压力出口，出口压力设为 0 Pa，料浆视为 H-B 流体，其流变模型如式(10-3)所示

$$\begin{cases} \tau = \tau_y + k\dot{\gamma}^n, & \tau > \tau_y \\ \dot{\gamma} = 0, & \tau \leqslant \tau_y \end{cases} \tag{10-3}$$

式中，τ 为剪切应力，Pa；τ_y 为屈服应力，Pa；$\dot{\gamma}$ 为剪切速率，s^{-1}；k 为稠度系数，$Pa \cdot s^n$；n 为幂律指数，对于 H-B 流体 $n < 1$，当 $n=1$ 时 H-B 流变方程同宾厄姆流变方程，此时稠度系数 k 是具有黏度的量纲.

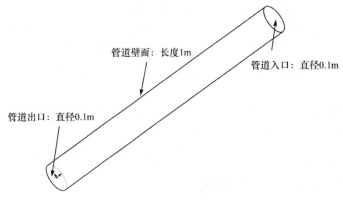

图 10-14　管道模型尺寸

管道壁面：长度1m

管道入口：直径0.1m

管道出口：直径0.1m

2. 模型建立

使用前处理网格划分软件进行几何建模和网格划分，网格如图 10-15 所示，网格类型为六面体结构化网格. 采用 FLUENT 软件进行数值模拟求取压力场与速度场，单相连续介质模型下，料浆选取 H-B 流变模型. 因 H-B 流变模型下存在屈服应力点，为保证式(10-3)在数值求解时的连续性，FLUENT 中对式(10-3)的计算形式可修正为式(10-4)

$$\begin{cases} \tau = \tau_y + k\dot{\gamma}^n, & \dot{\gamma} > \dot{\gamma}_c \\ \tau = \dfrac{\tau_y \dot{\gamma}\left(2 - \dfrac{\dot{\gamma}}{\dot{\gamma}_c}\right)}{\dot{\gamma}_c} + \dot{\gamma}k\left(\dot{\gamma}_c\right)^{n-1}\left[(2-n) + (n-1)\dfrac{\dot{\gamma}}{\dot{\gamma}_c}\right], & \dot{\gamma} \leqslant \dot{\gamma}_c \end{cases} \tag{10-4}$$

式中，$\dot{\gamma}_c$ 为临界剪切速率，计算时可取一非常小的值. 式(10-4)条件下 H-B 流变模型在屈服点处保证了剪切应力与剪切速率曲线的连续性，如图 10-16 所示. 尾砂高浓度悬浮液的黏度除受剪切速率值的影响，还受相应温度值变化的影响，

Fluent 中模拟 H-B 流变方程时，忽略了温度变化对黏度值的影响，即不考虑温度变化对能量方程以及黏度的影响，设置流体活化能与热力学常数的比值参数为 0.

图 10-15 彩图

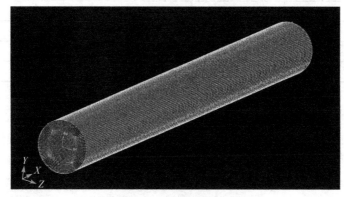

图 10-15　管道网格划分

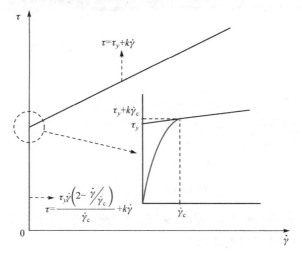

图 10-16　H-B 流变方程数值实现原理示意图(n=1)

求解算法设置，采用基于压力的求解类型. 使用压力耦合方程半隐式 SIMPLE 算法. 求解时压力、动量项分别采用二阶与二阶迎风离散方法，松弛因子分别设置为 0.3、0.7. 详细模拟参数设置如表 10-2 所示.

表 10-2　模拟参数的设定

项目	名称	参数设置	项目	名称	参数设置
边界条件	管道入口	1.0m/s	料浆物理参数	密度	1800 kg/m³
	管道出口	0 Pa	计算参数	计算步长	10^{-5} s
	管道壁面			网格尺寸	3 mm × 3 mm × 3 mm

续表

项目	名称	参数设置	项目	名称	参数设置
流变参数	屈服应力	80Pa	求解参数	计算时间	0.5s
	幂律指数	1		求解算法	SIMPLE
	稠度系数	1.5Pa·s		压力离散因子	0.3
	临界剪切速率	0.01s⁻¹		动量离散因子	0.7

3. 模拟结果

计算结束后的残差曲线如图 10-17 所示，各监测项已经达到了预设的残差监测精度值，可看出计算已经收敛.

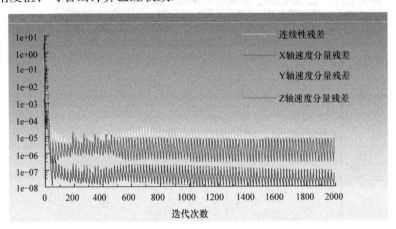

图10-17彩图

图 10-17　残差曲线图

H-B 流体管道输送时压力、速度、黏度、剪切速率的模拟结果分别如图 10-18、图 10-19、图 10-20 和图 10-21 所示.

(a)

动压/Pa

(b)

全压/Pa

(c)

图 10-18　H-B 流体管道输送压力云图

(a) 管道静压云图；(b) 管道动压云图；(c) 管道全压云图

图 10-18 彩图

轴向速度/(m/s)

(a)

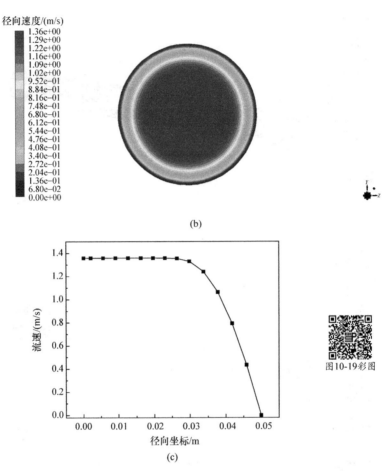

(b)

(c)

图 10-19 H-B 流体管道输送速度云图

(a) 管道轴向截面速度云图；(b) 管道径向截面速度云图；(c) 管道径向流速分布图

图 10-20 H-B 流体管道输送黏度云图

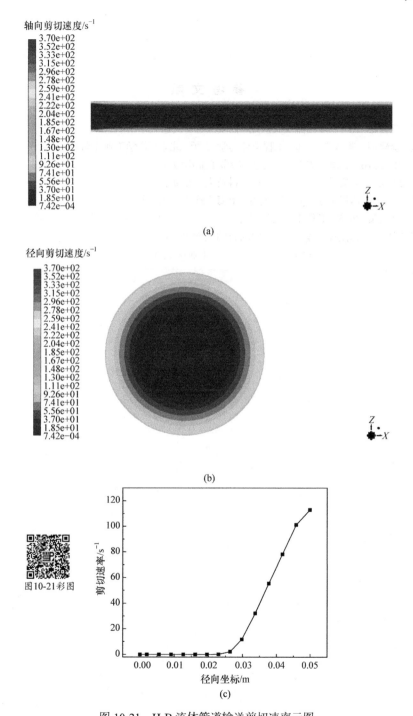

图 10-21　H-B 流体管道输送剪切速率云图

(a) 管道轴向截面剪切速率云图；(b) 管道径向截面剪切速率云图；(c) 管道径向剪切速率分布图

参 考 文 献

车得福, 李会雄. 2007. 多相流及其应用. 西安: 西安交通大学出版社.

黄卫星, 李建明, 肖泽仪. 2009. 工程流体力学. 2 版. 北京: 化学工业出版社.

李良, 周雄. 2016. 工程流体力学. 北京: 冶金工业出版社.

李万平. 2004. 计算流体力学. 武汉: 华中科技大学出版社.

刘红敏. 2014. 流体机械泵与风机. 上海: 上海交通大学出版社.

刘宏升, 孙文策. 2015. 工程流体力学. 5 版. 大连: 大连理工大学出版社.

倪玲英. 2012. 工程流体力学. 青岛: 中国石油大学出版社.

谢振华. 2013. 工程流体力学. 4 版. 北京: 冶金工业出版社.